中国畜禽种业发展报告2023

ZHONGGUO CHUQIN ZHONGYE FAZHAN BAOGAO 2023

农业农村部种业管理司
全国畜牧总站 编

中国农业科学技术出版社

图书在版编目（CIP）数据

中国畜禽种业发展报告2023 / 农业农村部种业管理司，全国畜牧总站编. --北京：中国农业科学技术出版社，2023. 12

ISBN 978-7-5116-6587-4

Ⅰ. ①中… Ⅱ. ①农… ②全… Ⅲ. ①畜禽育种－研究报告－中国－2023 Ⅳ. ①S813.2

中国国家版本馆CIP数据核字（2023）第 246568 号

责任编辑 闫庆健
责任校对 贾若妍 李向荣
责任印制 姜义伟 王思文

出 版 者 中国农业科学技术出版社
　　　　　　北京市中关村南大街 12 号　　邮编：100081
电　　话 （010）82106632（编辑室）　　（010）82109702（发行部）
　　　　　　（010）82109709（读者服务部）
网　　址 https:// castp.caas.cn
经 销 者 各地新华书店
印 刷 者 北京地大彩印有限公司
开　　本 210 mm × 285 mm　1/16
印　　张 16.25
字　　数 406 千字
版　　次 2023 年 12 月第 1 版　　2023 年 12 月第 1 次印刷
定　　价 180.00 元

◀━━━ 版权所有·侵权必究 ▶━━━

《中国畜禽种业发展报告 2023》

编审委员会

主　　任：张兴旺

副 主 任：孙好勤　魏宏阳　黄路生

委　　员：谢　焱　杨海生　储玉军　张冬晓　邹　奎　吴凯锋　王　杕　陶伟国
　　　　　何庆学　于福清　杨红杰　张桂香　刘丑生　孙飞舟　陈瑶生　杨　宁
　　　　　文　杰　李俊雅　李发弟　宫桂芬

编写委员会

主　　编：谢　焱　聂善明

副 主 编：张冬晓　于福清　杨红杰

委　　员：陈瑶生　杨　宁　文　杰　李俊雅　李发弟　宫桂芬　刘　杰
　　　　　周晓鹏　蒋　尧　何　洋　李立望

参编人员（按姓氏笔画排序）：
　　　　　于福清　马　毅　马亚冰　马亚宾　王　杕　王　然　王　磊　王志跃
　　　　　王克华　王重龙　王济民　王起山　王晓峰　王继文　王维民　王雅春
　　　　　文　杰　计　坚　尹华东　邓　超　厉建萌　石守定　田　蕊　田连杰
　　　　　史建民　白　皓　白文娟　包文斌　皮劲松　邢诗晗　曲　亮　曲鲁江
　　　　　朱　波　朱　砺　朱化彬　刘　刚　刘　林　刘　杰　刘　瑶　刘小红
　　　　　刘丰泽　刘天飞　刘文忠　刘丑生　刘冉冉　刘光磊　刘建斌　刘剑锋
　　　　　闫　萍　孙　伟　孙　雯　孙飞舟　孙从佼　孙东晓　孙夜晴　苏衍青
　　　　　李　剑　李　姣　李　辉　李广栋　李立望　李发弟　李庆贺　李红燕
　　　　　李建斌　李树静　李俊雅　李慧芳　杨　宁　杨长锁　杨红杰　杨润军
　　　　　杨朝武　束婧婷　连　玲　肖石军　吴凯锋　邱小田　何　洋　何庆学
　　　　　何珊珊　余春林　邹　奎　邹剑敏　辛翔飞　汪聪勇　宋　伟　张　哲
　　　　　张　慧　张　震　张　毅　张巧荟　张红平　张细权　张桂香　张雅惠
　　　　　陆　健　陈绍祜　罗　文　周正奎　周晓鹏　郑麦青　孟　飞　赵书红
　　　　　赵玉民　赵桂苹　胡书梅　侯卓成　晉林森　饶泉钦　姜润深　倪俊卿
　　　　　徐　磊　高会江　高海军　陶伟国　黄必志　黄加祥　黄瑞华　曹伟胜
　　　　　常国斌　崔焕先　阎青霞　梁春年　蒋　尧　韩　旭　韩　威　韩红兵
　　　　　覃广胜　程文强　舒鼎铭　谢凯舟　腰文颖　蔡更元　廖　明　戴　伟
　　　　　魏忠华　瞿　浩

目 录

蛋鸡篇

肉鸡篇

羊　篇

肉鸭篇

综合篇

党的二十大提出了加快建设农业强国、全方位夯实粮食安全根基的重大任务，要求深入实施种业振兴行动，确保中国人的饭碗牢牢端在自己手中。习近平总书记强调把种业振兴行动切实抓出成效，把当家品种牢牢攥在自己手里。2022年，各地各有关部门认真贯彻落实中央决策部署，地方党委政府贯彻党政同责要求迅速行动抓落实，制定出台种业振兴行动实施方案。各级农业农村部门积极牵头谋划落实，会同有关部门群策群力、共同推进，我国畜禽种业种源保障能力和自主创新水平持续提升，高质量发展成效显著。种质资源保护与利用顺利推进，新品种审定和新资源鉴定持续开展；创新攻关加快推进，优良畜禽种源有效供给；企业扶优呈现良好局面，畜禽种业振兴骨干力量基本形成；培养和遴选国家级核心育种场，良种繁育和应急保障体系逐步健全；种业市场净化取得积极成效，质量监督检验不断强化。种业振兴行动在良好开局基础上又迈出坚实一步。

一、我国畜禽种业发展概况

（一）新修订畜牧法强化畜禽种业振兴法律保障

2022年10月30日，新修订的《中华人民共和国畜牧法》（以下简称《畜牧法》）由第十三届全国人民代表大会常务委员会第三十七次会议审议通过。同日，习近平主席签署第一二四号主席令予以公布，自2023年3月1日起施行。

一是完善了立法目的。畜牧业是防范公共卫生风险的重要领域之一，种业是确保国家粮食安全和重要农产品供给的基础，保障畜禽产品供给已成为畜牧业发展的首要任务。因此，为了顺应新时代畜牧业发展的客观需要，《畜牧法》第一条在立法目的中补充了保障畜禽产品供给、培育和推广畜禽优良品种、振兴畜禽种业、防范公共卫生风险、促进畜牧业高质量发展等内容。二是强化了畜禽遗传资源保护。畜禽遗传资源是重要的战略性资源，是农业科技原始创新和现代种业发展的物质基础。此次《畜牧法》修订在第二章中强化了畜禽遗传资源保护的相关要求，明确了畜禽遗传资源保护以国家为主、多元参与，坚持保护优先、高效利用的原则，实行分类、分级保护。同时，明确县级以上地方人民政府应当保障畜禽遗传资源保种场和基因库用地的需求。确需关闭或者搬迁的，应当经原建立或者确定机关批准，搬迁按照先建后拆的原则妥善安置。三是支持畜禽种业自主创新和扶持畜禽种业企业发展。实现畜禽种业振兴，要坚持以种业企业为主体，以自主创新为核心。新修订的《畜牧法》第十九条、第二十条明确提出国家扶持畜禽品种的选育和优良品种的推广使用，实施全国畜禽遗传改良计划。国家鼓励和支持畜禽种业自主创新，加强育种技术攻关，扶持选育生产经营相结合的创新型企业发展。四是实行种畜禽生产经营许可证全国统一管理。种畜禽生产经营许可证制度，是行业主管部门加强种畜禽生产经营管理的重要手段。新修订的《畜牧法》第二十六条明确规定，国家对种畜禽生产经营许可证实行统一管理、分级负责，在统一的信息平台办理。主要目的是通过信息化手段实现种畜禽生产经营精准化管理和服务，及时有效规范种畜禽生产经营行为，维护市场秩序，提高种畜禽及其遗传材料质量，提升我国畜禽种业发展水平。五是完善畜禽养殖用地政策。养殖用地是畜牧业的基本要素，也是当前最突出的制约发展因素。新修订的《畜牧法》第三十七条在原先用地政策基础上进一步强化了用地保障，明确各级人民政府应当保障畜禽养殖用地合理需求。县级国土空间规划根据本地实际情况，安排畜禽养殖用地。

（二）畜禽种源供给总体稳定充足

我国是畜牧业大国，也是畜禽种业大国。2022年我国畜禽种源供给稳定，全国种畜禽场数量为8 791个。其中，种猪场4 465个，存栏种猪3 730.5万头；种牛场650个，存栏种牛193.1万头；种羊场1 064个，存栏种羊395.1万只；种禽场2 280个，祖代及以上种禽存栏种蛋鸡3 401.4万只，种肉鸡12 636.4万只；种鸭场306个，存栏种鸭1 719.9万只；种鹅场140个，存栏种鹅140.5万只；种马场49个，存栏种马1.7万头；种兔场59个，存栏种兔144.3万只；其他种畜禽（种蜂）场224个。种畜站832个。其中，种公牛站44个，种公牛存栏5 871头，当年生产精液3 763.2万份；种公羊站11个，存栏种公羊5 535只，当年生产精液5.0万份；种公猪站779个，存栏种公猪23.2万头，当年生产精液5 071.4万份。

（三）种畜禽性能持续提高

1. 种畜遗传评估持续开展

种畜遗传评估持续开展。全国生猪遗传评估中心每周2次估算核心育种场种猪育种值，计算父系指数和母系指数，每3个月发布1次全国种猪遗传评估报告。我国奶牛常规和基因组遗传评估技术平台已实现青年公牛基因组检测全覆盖，每年定期发布《中国乳用种公牛遗传评估概要》，指导全国奶牛场科学选种选配。肉牛遗传评估平台每年开展1次全国肉用及乳肉兼用种公牛遗传评估工作，发布《中国肉用及乳肉兼用种公牛遗传评估概要》。

2. 主要畜禽种源生产供应稳定

行业统计数据显示，2022年，我国共有各类种畜禽场8 791个，比上年增加193个；种畜站832个，比上年减少24个。各类种畜禽场、站具体情况如下。

（1）种猪。2022年，共有种猪场4 465个，比上年增加142个。存栏3 730.5万头，其中，能繁母猪存栏949.8万头。年提供种猪1 841.8万头。

（2）种牛。2022年，共有种牛场650个，比上年增加46个。存栏种牛193.1万头，存栏能繁母牛111.1万头，年提供种牛15.1万头，生产胚胎7.2万枚。其中，种奶牛场318个，存栏种奶牛140.7万头，存栏能繁母牛83.7万头，年提供种奶牛8.9万头，生产胚胎4.9万枚；种肉牛场281个，存栏种肉牛37.6万头，存栏能繁母牛20.2万头，年提供种肉牛4.0万头，生产胚胎2.0万枚；种水牛场11个，存栏水牛3 011头；种牦牛场40个，存栏牦牛14.5万头。

（3）种羊。2022年，共有种羊场1 064个，比上年减少98个。存栏种羊395.1万头，存栏能繁母羊226.0万头，年提供种羊156.6万头，生产胚胎31.2万枚。其中，种绵羊场673个，存栏种绵羊341.4万头，存栏能繁母羊197.0万头，年提供种绵羊131.5万头，生产胚胎24.1万枚；种山羊场391个，存栏种山羊53.6万头，存栏能繁母羊29.0万头，年提供种山羊25.1万头，生产胚胎7.1万枚。

（4）种禽。2022年，共有种禽场2 280个，比上年增加87个。其中，种蛋鸡场476个（祖代及以上97个、父母代379个），存栏种蛋鸡3 401.4万只；种肉鸡场1 358个（祖代及以上191个、父母代1 167个），存栏种肉鸡12 636.4万只；种肉鸭场306个，存栏肉种鸭1 719.9万只；种肉鹅场140个，存栏种肉鹅140.5万只。

（5）其他种畜禽。2022年，共有种马场49个，存栏种马1.7万头；种兔场59个，存栏种兔144.3万只；种蜂场97个，存栏种蜂7.3万箱；其他种畜场127个。

二、畜禽种质资源保护与利用

（一）第三次全国畜禽遗传资源普查深入开展

2022年，第三次全国畜禽遗传资源普查工作重点由面上普查转向性能测定，各级种业管理部门、各普查机构和各专家技术团队，深入贯彻中央种业振兴决策部署，全面落实农业农村部党组关于农业种质资源普查的部署要求，顺利完成面上普查核查，系统调查进展迅速，抢救性保护重点突出，为普查行动全面收官奠定了坚实基础。一是系统调查现场测定基本完成。遴选测定单位714个、指导专家609名，安排测定畜禽品种973个、蜂36个、蚕436个，实现所有品种全覆盖测定。研发性能测定和工作调度系统，动态掌握测定进展，畜禽（蜂、蚕）性能测定完成率达80%。二是面上普查圆满完成。在对全国所有行政村实行进村入户面上普查填报基础上，组织有关专家和省级普查机构完成了面上普查数据的再审核、再确认，经现场抽查和综合评估，确定面上普查行政村62.5万个，有效普查数据390万条。三是抢救性保护及时有力。基于面上普查结果，紧急启动抢救性保护行动，组织编制《濒危畜禽品种抢救性保护方案（2022—2026年）》，压实各级各方责任，构建抢救性保护长效机制，确保资源不灭失。国家家畜基因库收集遗传材料7万多份，各地抢救性收集保存深县猪、蒙山牛等畜禽遗传材料超过20万份。

（二）一批新发现的畜禽遗传资源通过鉴定

2022年，第三次全国畜禽遗传资源普查发现的亚丁牦牛、雁荡麻鸡和祁门豆花鸡3个新遗传资源，经国家畜禽遗传资源委员会鉴定通过，以农业农村部公告形式正式发布，其中，亚丁牦牛为第三次全国普查以来在青藏高原区域发现的第14个新资源，进一步摸清了青藏高原区域畜禽遗传资源家底。

（三）畜禽遗传资源保护体系进一步完善

2022年12月，农业农村部发布第631号公告，公布国家畜禽遗传资源保种场和基因库名单（第二批），共确定国家级保护单位12个，其中，国家级保种场10个，国家级基因库2个。这12家单位所保护畜种涵盖了9个国家级畜禽保护品种和蚕遗传资源，其中敖鲁古雅驯鹿、温岭高峰牛、西藏羊（草地型）、长顺绿壳蛋鸡、静原鸡等5个畜禽品种和蚕遗传资源首次确定了国家级保护主体，为实现应保尽保的目标又迈出了坚实一步。国家蚕遗传资源基因库的确定，标志着《中华人民共和国畜牧法》管理的所有物种，均拥有了国家级保护主体。截至2022年底，我国共确定国家级畜禽遗传资源保护单位217个，其中，国家级保种场183个，国家级保种区24个，国家级基因库10个。

为提高国家畜禽遗传资源保护体系信息化水平，全国畜牧总站开发构建了畜禽遗传资源管理系统，实现了畜禽新品种配套系审定和畜禽遗传资源鉴定、畜禽遗传资源保种场保护区和基因库确定、畜禽遗传资源进出境审批等业务在线申请、变更、审核、审批的一站式全方位服务。这是我国首个集畜禽遗传资源动态监测、业务办理、分子鉴定等功能于一身的大数据平台。畜禽遗传资源管理系统还可在线查询畜禽品种特性、地理分布、种源历史等信息，发布畜禽遗传资源精准鉴定研发结果，提升了我国畜禽遗传资源保护利用的管理效率和信息化水平。

（四）畜禽种质资源精准鉴定取得新进展

在组织制定畜禽品种分子身份证构建技术方案方面，以猪种为前期模拟试验物种，组织中国农业大学、中国农业科学院北京畜牧兽医研究所、中国农业科学院农业基因组研究所等国内权威科研机构开展了基于MGISEQ-2000、HiSeq2000、NovaSeq6000 3个测序平台全基因组重测序试验，分析比较3个平台的原始数据质量、比对质量和单核苷酸变异检测情况，其中MGISEQ-2000平台相比于其他两个测序平台，在测序质量和稳定性上表现出色，可以为后续的生物信息学分析提供更可靠的重测序数据，为之后牛、羊、鸡等畜种分子身份证构建提供了重要的技术保障。

一是在猪品种分子身份证构建方面。通过高通量测序技术对各个畜禽品种基因组进行测序，获取不同畜禽品种的全基因组遗传变异图谱，进而构建我国畜禽品种分子身份证，开发具有我国畜禽品种特色和自主知识产权的DNA特征库，是精准鉴定项目的中心内容。目前猪基因组重测序已全面完成，猪种分子身份证构建牵头专家正在加快数据整理和分析。

二是在畜禽优良性状评价和优势基因挖掘方面。目前已初步构建了秦川牛、梅山猪、文昌鸡、北京鸭、五龙鹅等7类畜种近20个中国特色品种的肉质、繁殖和蛋品质等性状的表型评价体系，共筛选评价肉质、繁殖、生长等9类性状指标48个。一方面，对地方品种的高原适应性、耐近交等难度量的特色性状开展了初步研究，以牦牛为例，通过不同海拔高度群体检测结果的差异分析，确定红细胞数作为牦牛、藏猪高原适应候选性状，并且通过组学分析技术筛选获得了性状相关候选基因。另一方面，初步筛选出部分特色表型性状的重要候选基因。初步筛选出*COL5A1*、*OLFM1*等影响鸡肉品质性状的候选基因，*PRL*、*PRLHR*、*ESR*、*FSHβ*、*MAPK1*、*CPNE4*等与种鹅或猪繁殖性状相关的候选基因。

三是在组建畜禽参考基因组方面。根据项目整体设计，参考基因组组装所选品种均为我国古老的品种，这些品种演变历史悠久、外貌特征独特、生产性能优良、遗传性能稳定、经济价值重要，并在培育新品种和配套系中发挥过重要作用。目前，已获取五指山猪、藏猪基因组的重测序数据并完成其基因组组装、基因组重复序列的注释与基因预测、基因功能注释等一系列工作，成功构建了五指山猪和藏猪染色体级别的高精度基因组；完成了北京油鸡、北京鸭、连城白鸭等品种全基因组深度测序与参考基因组组装。

（五）第四届国家畜禽遗传资源委员会成立

2022年12月26日，农业农村部印发了《农业农村部关于成立第四届国家畜禽遗传资源委员会的通知》（农种发〔2022〕8号），成立了第四届国家畜禽遗传资源委员会，负责畜禽遗传资源的鉴定、评估和畜禽新品种、配套系的审定，承担畜禽遗传资源保护和利用规划论证及有关畜禽遗传资源保护的咨询工作。委员会办公室设在全国畜牧总站，负责委员会的日常工作。

第四届委员会设立猪、牛、羊、马驴驼、家禽Ⅰ、家禽Ⅱ、兔和特种家畜、蜂、蚕等9个专业委员会，委员由高等院校、科研院所、种业阵型企业、技术推广等有关方面114位专家担任，委员会主任由中国科学院院士、江西农业大学教授黄路生担任。

三、畜禽种业创新攻关

（一）畜禽育种联合攻关全面部署

2022年8月，农业农村部印发了《国家育种联合攻关总体方案》，推动构建以十大优势企业自主攻关为塔尖、以十大主要粮食作物和重要畜种联合攻关为塔身、以64个重要特色物种育种联合攻关为塔基的"金字塔"式国家畜禽育种攻关阵型，明确了攻关工作总体要求、重点任务、攻关机制及政策措施，探索建立产学研用深度融合的种业创新体系。推动种业企业和科研院校在资源发掘、材料创制、育种技术创新等领域开展合作，加快培育具有自主知识产权的优良品种，加快专用突破性新品种选育攻关和示范推广，保障优良种源有效供给。

2022年11月，国家育种联合攻关工作推进会在北京召开。农业农村部张兴旺副部长出席会议，对育种联合攻关工作做了全面部署，要求深刻把握"一、二、三、四"的基本安排，也就是打造一个"金字塔"式攻关阵型、聚焦2025年和2030年两个阶段性攻关目标、实施好三大重点攻关任务、建立健全四大攻关机制，提高政治站位，主动担当作为，做到"5个要"，也就是领导上要加强、机制上要创新、政策上要跟进、推广上要用力、宣传上要强化，为深入落实好国家育种联合攻关项目工作指明了主攻方向，提供了基本遵循。

（二）畜禽遗传改良计划深入实施

2021年，农业农村部发布了《全国畜禽遗传改良计划（2021—2035年）》，主要目标是力争用10~15年的时间，建成比较完善的商业化育种体系，显著提升种畜禽生产性能和品质水平，自主培育一批具有国际竞争力的突破性品种，确保畜禽核心种源自主可控。

2021年10月我国自主培育的肉牛品种华西牛通过国家审定，其具有遗传性能稳定、生产性能良好的特点，与国外主要品种性能持平，符合肉牛产业发展和市场需求，同时打破了当前我国肉牛核心种源严重依赖进口的局面。华西牛推广期间，在内蒙古、吉林、河南、湖北、云南及新疆等地共推广种公牛599头，推广冷冻精液约762万剂，累计改良各地母牛305.2万余头，屠宰改良后代约250万头。经华西牛改良后的蒙古牛育肥犊牛出栏重平均提升34千克，按照每千克32元计算，养殖户平均每头牛可增产1 100元。

2021年底，"圣泽901""广明2号""沃德188"三个自主培育白羽肉鸡新品种通过国家审定，结束了白羽肉鸡种源全部依赖进口的被动局面。2022年9月22日，白羽肉鸡新品种产业化推进对接活动在北京进行，国家畜禽遗传资源委员会发布3个国产新品种信息。"圣泽901""广明2号""沃德188"品种性能与国际先进水平不相上下、各有千秋，部分指标更优，综合效益指数达到或超过国际水平，产品特性更加符合中国人消费习惯。截至2022年底，国内的市场份额已经超过了15%。2022年12月30日，农业农村部发布第635公告，审定鉴定通过香雪白猪、杜蒙羊、甬青獭兔等15个新品种及配套系，亚丁牦牛、雁荡麻鸡、祁门豆花鸡等3个畜禽遗传资源。

国家种畜禽遗传评估中心建设项目持续推进，筹建了猪、奶牛、肉牛、羊等11个专业遗传评估中心。项目建设主要任务是将BLUP遗传评估和基因组选择遗传评估技术相结合，构建技术先进、智能高效的国家级种畜禽遗传评估系统及畜禽种业数字化管理综合应用平台，深入挖掘种业大数据的价值，将为实现我国种业科技自立自强、种源自主可控总目标，提升我国种畜禽国际竞争力发挥重要作用。

四、畜禽种业企业扶优

2022年7月，国家畜禽种业企业阵型公布。为扶持优势企业做大做强，加快打造种业振兴骨干力量，基于各物种育种水平和种源竞争力分布特点，根据企业科研能力、资产实力、市场规模、发展潜力等情况，按照企业填报、省级推荐、专家评审、部门审定等程序，农业农村部从8 000多家畜禽种业企业中遴选出86家企业，着力构建"破难题、补短板、强优势"的国家畜禽种业企业阵型。

"破难题"企业阵型遴选了3家白羽肉鸡种业龙头企业，主要任务是持续提升自主培育品种性能水平，加快产业化应用。"补短板"企业阵型遴选了25家生猪、7家奶牛、7家肉牛、9家羊种业龙头企业，主要任务是深入开展育种联合攻关，加快现代育种技术应用，全面提升育种创新水平。"强优势"企业阵型遴选了2家蛋鸡、10家黄羽肉鸡、7家肉鸭、2家蛋鸭种业龙头企业，主要任务是建立健全商业化育种体系，巩固和强化育种创新能力。此外，还遴选了1家金融投资、3家育种服务、4家技术支撑和8家监督检测等专业服务平台（机构），主要任务是在金融、创新、质检等方面为企业发展提供支撑和服务。

下一步，农业农村部将贯彻落实党中央、国务院关于全面推进种业振兴的决策部署，深入实施企业扶优行动，强化企业创新主体地位，在重点品种、重点领域、重点环节上给予分类指导、精准扶持，通过引导资源、技术、人才、资本等要素向重点优势企业集聚，打造一批具有核心研发能力、产业带动力、国际竞争力的"航母级"领军企业、"隐形冠军"企业和专业化平台企业，加快形成优势种业企业集群，推动我国畜禽种业高质量发展。

五、畜禽种业基地提升

（一）种业基地提升推进会和种业基地现代化建设指导意见

2022年9月，全国种业基地提升工作推进会在京召开。会议强调，要深入学习习近平总书记重要指示精神，贯彻落实党中央、国务院种业振兴决策部署，深入实施种业基地提升行动，加快建设现代化种业基地，健全良种繁育和应急保障体系，实现重要农产品种源自主可控，确保农业生产用种安全。会议指出，党的十八大以来，不断加大甘肃、四川、海南、黑龙江四大国家级育制种基地投入，支持建设216个制种大县和区域性良繁基地，以及262家国家畜禽核心育种场、扩繁基地和种公畜站。各地各部门积极推进种业基地建设，但对标中央种业振兴部署要求，基地在现代化水平、管理服务能力等方面还亟待优化提升。会议要求，各地各部门务必提高政治站位，强化责任落实，创新工作机制，加大政策支持和资金投入，分层次、分类别、分物种布局建设种业基地，着力加强畜禽基地场区设施标准化、饲养管理自动化、测定评估智能化和疫病防控立体化建设，搞好基地管理和服务，建立健全良种供应应急保障体系，为从源头上强化粮食安全保障奠定坚实基础。

2022年9月，农业农村部办公厅印发《关于加快推进种业基地现代化建设的指导意见》，意见指出，一是要优化基地布局，打造国家种源保障战略力量。完善农作物种业基地布局，加强畜禽种业基地布局。二是要加强基地建设，提高产业链现代化水平。建设现代化农作物制种基地，建设现代化畜禽种业基地，建设现代种业产业园。三是要强化管理服务，营造基地发展良好环境。加强基地监管，加强基地服务，推进基地与优势企业合作共建。四是要强化监测储备，提高应急供种保障水平。建立健全农业用种供需监测体系，完善两级农作物种子储备制度，强化良种应急保障。五是要强化组织保障，确保各项任务落实落地。加强组织领导，强化政策保障，强化宣传引导。

（二）国家畜禽核心育种场（基地、站）遴选及规模提升情况

根据《全国生猪遗传改良计划（2021—2035年）》《全国奶牛遗传改良计划（2021—2035年）》《全国肉牛遗传改良计划（2021—2035年）》《全国羊遗传改良计划（2021—2035年）》《全国肉鸡遗传改良计划（2021—2035年）》《全国水禽遗传改良计划（2020—2035年）》及相关规定，2022年，农业农村部组织全国畜禽遗传改良计划工作领导小组办公室和专家委员会，组织开展国家畜禽核心育种场、良种扩繁推广基地和核心种公猪站的遴选工作。共遴选出9家国家生猪核心育种场、4家国家奶牛核心育种场、5家国家肉牛核心育种场、9家国家羊核心育种场、3家国家肉鸡核心育种场、2家国家肉鸡良种扩繁推广基地、3家国家水禽核心育种场、6家国家水禽良种扩繁推广基地和2家国家核心种公猪站等43家单位。

截至2022年底，共有国家生猪核心育种场104家，国家奶牛核心育种场20家，国家肉牛核心育种场44家，国家羊核心育种场47家，国家肉鸡核心育种场20家，国家肉鸡良种扩繁基地18家，国家蛋鸡核心育种场5家，国家蛋鸡良种扩繁基地16家，国家水禽核心育种场7家，国家水禽良种扩繁基地

11家，国家核心种公猪站8家，国家核心种公牛站44家，共计344家。中央财政持续支持生猪等主要畜禽国家核心育种场开展生产性能测定，2022年支持经费达到2.53亿元，有效扩大了种畜禽生产性能测定规模，畜禽遗传改良计划的基础性性能测定工作进一步夯实。

六、畜禽种业市场净化

（一）畜禽遗传资源进出境审批规范开展

2022年，全国畜牧总站组织国家畜禽遗传资源委员会专家，站在国家畜禽种源安全的高度，以种业健康发展为出发点，按照种畜禽进出口技术要求，对国外畜禽遗传资源引进执行严格审批制度，严把种畜禽进出口技术审查，避免盲目引进造成国内畜禽遗传资源的破坏，保障进口种畜禽质量安全，全年共审查进口畜禽遗传资源346批次，受理审批主要来源于美国、新西兰、澳大利亚等12个国家的进口种畜禽及畜禽遗传材料452.6万头（只、剂、枚），其中，种畜禽活体304.6万头（只），遗传材料148万剂（枚）。共引进猪、牛、羊、马、兔、鸡、鸽等7种畜禽，涉及长白猪、荷斯坦牛、爱拔益加肉鸡等24个品种，丰富了我国的畜禽遗传资源，提高了我国畜禽品种生产性能，保障了畜产品有效供给。

（二）种畜禽生产经营许可管理扎实推进

为贯彻落实新修订《畜牧法》第26条关于"国家对种畜禽生产经营许可证实行统一管理、分级负责、在统一的信息平台办理"的规定，农业农村部种业管理司会同全国畜牧总站起草了《种畜禽生产经营许可管理办法》明确了许可条件、办理程序，强化了学科管理和监督检查。国家对种畜禽生产经营许可证实行统一管理、分级负责，规范种畜禽生产经营秩序，保障畜牧业生产用种安全，有利于维护养殖者合法权益，推进畜禽种业振兴，促进畜牧业持续健康发展。同时，组织北京、内蒙古等10个省份首次开展种畜禽质量交叉互检，加强许可事后监管，规范种畜禽生产经营行为。

（三）种畜禽质量监督检验不断强化

按照种业监管执法年活动有关安排，2022年，全国畜牧总站对2017—2021年种公牛冷冻精液检测数据整理分析，印发了《关于公布2017—2021年种公牛冷冻精液质量抽检合格企业名单的通知》，对连续5年种公牛冷冻精液质量抽检合格的24家企业进行通报。合格企业名单以全国畜牧总站正式文件形式公布，受到社会各界广泛关注，提高了畜禽生产企业的积极性，营造了公平竞争的市场环境。各地种公牛站将入选名单作为业绩考核的依据。多个省（自治区、直辖市）在种公牛冷冻精液政府采购招标文件中把入选合格企业名单作为评分项。部分省农业农村厅将入选名单作为表彰本省畜牧业管理工作的重要指标。

七、我国畜禽种业发展展望

（一）持续完善畜禽种业自主创新体系

畜禽种业的根本出路在于创新。要围绕种业科技自立自强、种源自主可控，深入实施新一轮畜禽遗传改良计划，强化生产性能测定、遗传评估、分子育种技术开发应用，持续开展新品种培育和引进品种的本土化选育。要围绕产业需求，聚焦重点问题和关键技术，由优势企业牵头，联合科研院所和其他企业，深入推进畜禽育种联合攻关，建立健全畜禽种业自主创新体系。

（二）强化种畜禽市场治理体系

在全国推行统一的种畜禽生产经营许可管理系统，优化许可证信息上传、备案、查询和统计功能，规范全国种畜禽生产经营许可证审核发放，强化种畜禽生产经营许可监管，强化种畜禽行业监管履职能力，推动畜禽种业健康发展。加强种畜禽进口管理，健全进口种畜禽活体、冷冻精液和胚胎常态化质量监测机制。加大执法检查力度，严厉打击无证生产经营、低代次充当高代次种畜禽销售等违法违规行为。

（三）加强畜禽种业政策创设

一是完善畜禽种业政策性保险。目前，仅有生猪、奶牛、牦牛等畜种已纳入政策性保险，建议进一步完善畜禽种业政策性保险，将祖代家禽、羊等纳入政策性保险，提高抵御灾害和疫病能力。二是强化育种创新支持政策。保障种畜禽生产性能测定财政专项稳定支持，系统组织开展生产性能测定，为育种提供数据支撑。鼓励有条件的地区采取以奖代补方式，对持续开展育种创新，选育出市场占有率高、生产性能优异品种（配套系）或品种生产性能大幅提升的企业和科研及技术推广单位予以奖励。增强畜禽育种创新重大科研专项，鼓励开展全基因组选择育种技术、地方品种资源挖掘等方面研究。三是做大现代种业提升工程，支持"育、繁、推"一体化企业建设。

附　录

附件一　国家级畜禽遗传资源保护名录及保护单位名单

1. 国家级畜禽遗传资源保护名录（159个）

一、猪（42个）

八眉猪、大花白猪、马身猪、淮猪、莱芜猪、内江猪、乌金猪（大河猪）、五指山猪、二花脸猪、梅山猪、民猪、两广小花猪（陆川猪）、里岔黑猪、金华猪、荣昌猪、香猪、华中两头乌猪（沙子岭猪、通城猪、监利猪）、清平猪、滇南小耳猪、槐猪、蓝塘猪、藏猪、浦东白猪、撒坝猪、湘西黑猪、大蒲莲猪、巴马香猪、玉江猪（玉山黑猪）、姜曲海猪、粤东黑猪、汉江黑猪、安庆六白猪、莆田黑猪、嵊县花猪、宁乡猪、米猪、皖南黑猪、沙乌头猪、乐平猪、海南猪（屯昌猪）、嘉兴黑猪、大围子猪。

二、牛（21个）

九龙牦牛、天祝白牦牛、青海高原牦牛、甘南牦牛、独龙牛（大额牛）、海子水牛、温州水牛、槟榔江水牛、延边牛、复州牛、南阳牛、秦川牛、晋南牛、渤海黑牛、鲁西牛、温岭高峰牛、蒙古牛、雷琼牛、郏县红牛、巫陵牛（湘西牛）、帕里牦牛。

三、绵羊（14个）

小尾寒羊、乌珠穆沁羊、同羊、西藏羊（草地型）、贵德黑裘皮羊、湖羊、滩羊、和田羊、大尾寒羊、多浪羊、兰州大尾羊、汉中绵羊、岷县黑裘皮羊、苏尼特羊。

四、山羊（13个）

辽宁绒山羊、内蒙古绒山羊（阿尔巴斯型、阿拉善型、二狼山型）、中卫山羊、长江三角洲白山羊（笔料毛型）、西藏山羊、济宁青山羊、雷州山羊、成都麻羊、龙陵黄山羊、太行山羊、莱芜黑山羊、牙山黑绒山羊、大足黑山羊。

五、马（7个）

德保矮马、蒙古马、鄂伦春马、晋江马、宁强马、岔口驿马、焉耆马。

六、驴（5个）

关中驴、德州驴、广灵驴、泌阳驴、新疆驴。

七、骆驼（1个）

阿拉善双峰驼。

八、兔（2个）

福建黄兔、四川白兔。

九、鸡（28个）

大骨鸡、白耳黄鸡、仙居鸡、北京油鸡、丝羽乌骨鸡、茶花鸡、狼山鸡、清远麻鸡、藏鸡、矮脚鸡、浦东鸡、溧阳鸡、文昌鸡、惠阳胡须鸡、河田鸡、边鸡、金阳丝毛鸡、静原鸡、瓢鸡、林甸鸡、怀乡鸡、鹿苑鸡、龙胜凤鸡、汶上芦花鸡、闽清毛脚鸡、长顺绿壳蛋鸡、拜城油鸡、双莲鸡。

十、鸭（10个）

北京鸭、攸县麻鸭、连城白鸭、建昌鸭、金定鸭、绍兴鸭、莆田黑鸭、高邮鸭、缙云麻鸭、吉安红毛鸭。

十一、鹅（11个）

四川白鹅、伊犁鹅、狮头鹅、皖西白鹅、豁眼鹅、太湖鹅、兴国灰鹅、乌鬃鹅、浙东白鹅、钢鹅、溆浦鹅。

十二、鹿（2个）

敖鲁古雅驯鹿、吉林梅花鹿。

十三、蜂（3个）

中蜂、东北黑蜂、新疆黑蜂。

2. 国家级畜禽遗传资源保种场、保护区和基因库名单

国家畜禽遗传资源保种场名单

序号	编号	名称	建设单位
1	C1110101	国家五指山猪保种场	中国农业科学院北京畜牧兽医研究所
2	C1111301	国家北京油鸡保种场	中国农业科学院北京畜牧兽医研究所
3	C1111401	国家北京鸭保种场	中国农业科学院北京畜牧兽医研究所
4	C1111402	国家北京鸭保种场	北京南口鸭育种科技有限公司
5	C1311001	国家德州驴保种场	海兴县绿洲生态畜禽养殖有限公司
6	C1410101	国家马身猪保种场	大同市农业种质资源保护试验中心
7	C1410201	国家晋南牛保种场	运城市国家级晋南牛遗传资源基因保护中心
8	C1410801	国家太行山羊保种场	左权县新世纪农业科技有限责任公司
9	C1411001	国家广灵驴保种场	广灵县畜牧兽医服务中心
10	C1411301	国家边鸡保种场	山西省农业科学院畜牧兽医研究所
11	C1510201	国家蒙古牛保种场	阿拉善左旗绿森种牛场
12	C1510701	国家乌珠穆沁羊保种场	东乌珠穆沁旗东兴畜牧综合开发基地乌珠穆沁羊原种场
13	C1510702	国家苏尼特羊保种场	苏尼特右旗苏尼特羊良种场

（续表）

序号	编号	名称	建设单位
14	C1510801	国家内蒙古绒山羊（二狼山型）保种场	巴彦淖尔市同和太种畜场
15	C1510802	国家内蒙古绒山羊（阿尔巴斯型）保种场	内蒙古亿维白绒山羊有限责任公司
16	C1510803	国家内蒙古绒山羊（阿拉善型）保种场	内蒙古阿拉善白绒山羊种羊场
17	C1511101	国家阿拉善双峰驼保种场	阿拉善双峰驼种驼场
18	C1520301	国家敖鲁古雅驯鹿保种场	根河市敖鲁古雅鄂温克族乡综合保障和技术推广中心
19	C2110101	国家民猪（荷包猪）保种场	凌源禾丰牧业有限责任公司
20	C2110201	国家复州牛保种场	瓦房店市种牛场
21	C2110801	国家辽宁绒山羊保种场	辽宁省辽宁绒山羊原种场有限公司
22	C2111301	国家大骨鸡保种场	庄河市大骨鸡繁育中心
23	C2111302	国家大骨鸡保种场	辽宁庄河大骨鸡原种场有限公司
24	C2111501	国家豁眼鹅保种场	辽宁省辽宁绒山羊原种场有限公司
25	C2130101	国家中蜂保种场	辽宁春兴畜牧兽医服务中心
26	C2210201	国家延边牛保种场	延边东盛黄牛资源保种有限公司
27	C2210202	国家延边牛保种场	珲春市吉兴牧业有限公司
28	C2220101	国家吉林梅花鹿保种场	东丰县文福种鹿场
29	C2230101	国家中蜂（长白山中蜂）保种场	吉林省养蜂科学研究所
30	C2310101	国家民猪保种场	兰西县种猪场有限公司
31	C2310901	国家鄂伦春马保种场	黑河市新生剌尔滨种马有限公司
32	C2311301	国家林甸鸡保种场	黑龙江省林甸鸡原种场有限公司
33	C2330201	国家东北黑蜂保种场	饶河东北黑蜂产业（集团）有限公司
34	C3110101	国家梅山猪保种场	上海市嘉定区动物疫病预防控制中心
35	C3110102	国家浦东白猪保种场	上海浦汇良种繁育科技有限公司
36	C3110103	国家沙乌头猪保种场	上海市崇明区种畜场
37	C3111301	国家浦东鸡保种场	上海浦汇浦东鸡繁育有限公司
38	C3210101	国家梅山猪保种场	江苏农林职业技术学院
39	C3210102	国家二花脸猪保种场	常熟市牧工商有限公司
40	C3210103	国家二花脸猪、梅山猪保种场	苏州苏太企业有限公司
41	C3210104	国家姜曲海猪保种场	江苏姜曲海种猪场

序号	编号	名称	建设单位
42	C3210105	国家淮猪保种场	江苏东海老淮猪产业发展有限公司
43	C3210106	国家梅山猪保种场	太仓市种猪场
44	C3210107	国家米猪保种场	常州市金坛米猪原种场
45	C3210108	国家沙乌头猪保种场	江苏兴旺农牧科技发展有限公司
46	C3210109	国家梅山猪保种场	昆山市梅山猪保种有限公司
47	C3210401	国家海子水牛保种场	射阳县种牛场
48	C3210402	国家海子水牛保种场	东台市种畜场
49	C3210701	国家湖羊保种场	苏州太湖东山湖羊产业发展有限公司
50	C3210801	国家长江三角洲白山羊（笔料毛型）保种场	南通市海门区长江三角洲白山羊保种繁殖研究所
51	C3211301	国家狼山鸡保种场	如东县狼山鸡种鸡场
52	C3211302	国家溧阳鸡保种场	溧阳市种畜场
53	C3211303	国家鹿苑鸡保种场	张家港市畜禽有限公司
54	C3211401	国家高邮鸭保种场	高邮市高邮鸭良种繁育中心
55	C3211501	国家太湖鹅保种场	苏州市乡韵太湖鹅有限公司
56	C3310101	国家金华猪保种场	浙江加华种猪有限公司
57	C3310102	国家嵊县花猪保种场	绍兴市嵊花种猪有限公司
58	C3310103	国家嘉兴黑猪保种场	嘉兴青莲黑猪原种场有限公司
59	C3310201	国家温岭高峰牛保种场	温岭市农业农村发展有限公司
60	C3310401	国家温州水牛保种场	平阳县挺志温州水牛乳业有限公司
61	C3310701	国家湖羊保种场	浙江华丽牧业有限公司
62	C3311301	国家仙居鸡保种场	浙江省仙居种鸡场
63	C3311401	国家绍兴鸭保种场	绍兴咸亨绍鸭育种有限公司
64	C3311402	国家绍兴鸭保种场	浙江国伟科技有限公司
65	C3311403	国家缙云麻鸭保种场	浙江欣昌农业开发有限公司
66	C3311501	国家太湖鹅保种场	湖州卓旺太湖鹅原种场
67	C3311502	国家浙东白鹅保种场	象山县浙东白鹅研究所
68	C3410101	国家淮猪保种场	安徽省浩宇牧业有限公司
69	C3410102	国家安庆六白猪保种场	望江县现代良种养殖有限公司
70	C3410103	国家安庆六白猪保种场	安徽省花亭湖绿色食品开发有限公司

（续表）

序号	编号	名称	建设单位
71	C3410104	国家皖南黑猪保种场	广德市三溪生态农业有限公司
72	C3411501	国家皖西白鹅保种场	安徽省皖西白鹅原种场有限公司
73	C3510101	国家莆田黑猪保种场	莆田市乡里香黑猪开发有限公司
74	C3510102	国家槐猪保种场	上杭绿琦槐猪保种场
75	C3510901	国家晋江马保种场	晋江市峻富生态林牧有限公司
76	C3511201	国家福建黄兔保种场	福建省连江玉华山自然生态农业试验场
77	C3511301	国家河田鸡保种场	福建省长汀县南塅河田鸡保种场有限公司
78	C3511401	国家连城白鸭保种场	连城县白鸭原种场
79	C3511402	国家金定鸭、莆田黑鸭保种场	泉州市诚信农牧发展有限公司
80	C3610101	国家玉江猪（玉山黑猪）保种场	江西省玉山黑猪原种场
81	C3611301	国家丝羽乌骨鸡保种场	江西省泰和县泰和鸡原种场
82	C3611302	国家白耳黄鸡保种场	上饶市广丰区白耳黄鸡原种场
83	C3611401	国家吉安红毛鸭保种场	江西省吉水八都板鸭有限公司吉安红毛鸭原种场
84	C3611501	国家兴国灰鹅保种场	江西省兴国灰鹅原种场
85	C3630101	国家中蜂（华中中蜂）保种场	江西益精蜂业有限公司
86	C3710101	国家莱芜猪保种场	济南市莱芜种猪繁育有限公司
87	C3710102	国家大蒲莲猪保种场	济宁东三大蒲莲猪原种场
88	C3710103	国家里岔黑猪保种场	青岛里岔黑猪繁育基地
89	C3710201	国家渤海黑牛保种场	山东无棣华兴渤海黑牛种业股份有限公司
90	C3710202	国家鲁西牛保种场	鄄城鸿翔牧业有限公司
91	C3710203	国家鲁西牛保种场	山东科龙畜牧产业有限公司
92	C3710701	国家小尾寒羊保种场	嘉祥县种羊场
93	C3710702	国家大尾寒羊保种场	临清润林牧业有限公司
94	C3710801	国家济宁青山羊保种场	济宁青山羊原种场
95	C3710802	国家莱芜黑山羊保种场	山东峰祥畜牧种业科技有限公司莱芜黑山羊原种场
96	C3710803	国家牙山黑绒山羊保种场	山东广耀牧业集团有限公司
97	C3711001	国家德州驴保种场	山东省无棣良种畜禽繁育场
98	C3711002	国家德州驴保种场	山东东阿黑毛驴牧业科技有限公司
99	C3711003	国家德州驴保种场	山东俊驰驴业有限公司
100	C3711301	国家汶上芦花鸡保种场	山东金秋农牧科技股份有限公司

序号	编号	名称	建设单位
101	C4110101	国家淮猪保种场	河南三高农牧股份有限公司
102	C4110201	国家南阳牛保种场	南阳市黄牛良种繁育场
103	C4110202	国家郏县红牛保种场	平顶山市犇牛畜禽良种繁育有限公司
104	C4111001	国家泌阳驴保种场	泌阳县兴盛泌阳驴种业有限公司
105	C4111501	国家皖西白鹅保种场	固始县恒歌鹅业有限公司
106	C4210101	国家华中两头乌猪（通城猪）保种场	通城县国营种畜场
107	C4210102	国家清平猪保种场	当阳市清平种猪场
108	C4210103	国家华中两头乌猪（监利猪）保种场	湖北荆贡种猪有限公司
109	C4211301	国家双莲鸡保种场	湖北民大农牧发展有限公司
110	C4310101	国家湘西黑猪保种场	桃源县桃源黑猪资源场
111	C4310102	国家宁乡猪保种场	湖南省流沙河花猪生态牧业股份有限公司
112	C4310103	国家湘西黑猪保种场	湖南湘西牧业有限公司
113	C4310104	国家华中两头乌（沙子岭猪）保种场	湘潭市家畜育种站（湘潭市饲料监测站）
114	C4310105	国家大围子猪保种场	湖南天府生态农业有限公司
115	C4310106	国家华中两头乌猪（沙子岭猪）保种场	衡阳县种畜场
116	C4310201	国家巫陵牛（湘西牛）保种场	湖南德农牧业集团有限公司
117	C4311401	国家攸县麻鸭保种场	攸县麻鸭资源场
118	C4311501	国家溆浦鹅保种场	湖南鸿羽溆浦鹅业科技发展有限公司
119	C4410101	国家大花白猪、蓝塘猪保种场	新丰板岭原种猪场
120	C4410102	国家粤东黑猪保种场	蕉岭县泰农黑猪发展有限公司
121	C4410201	国家雷琼牛保种场	湛江市麻章区畜牧技术推广站
122	C4411301	国家清远麻鸡保种场	广东天农食品集团股份有限公司
123	C4411302	国家怀乡鸡保种场	广东盈富农业有限公司
124	C4411303	国家惠阳胡须鸡保种场	广东金种农牧科技股份有限公司
125	C4411304	国家惠阳胡须鸡保种场	广东智威农业科技股份有限公司
126	C4411501	国家狮头鹅保种场	汕头市白沙禽畜原种研究所
127	C4411502	国家乌鬃鹅保种场	清远市金羽丰鹅业有限公司
128	C4411503	国家狮头鹅保种场	广东立兴农业开发有限公司

（续表）

序号	编号	名称	建设单位
129	C4510101	国家香猪（环江香猪）保种场	环江毛南族自治县环江香猪原种保种场
130	C4510102	国家巴马香猪保种场	巴马原种香猪农牧实业有限公司
131	C4510103	国家两广小花猪（陆川猪）保种场	陆川县良种猪场
132	C4510901	国家德保矮马保种场	德保矮马研究所
133	C4511301	国家龙胜凤鸡保种场	龙胜县宏胜禽业有限责任公司
134	C4610101	国家五指山猪保种场	海南省农业科学院畜牧兽医研究所
135	C4610102	国家海南猪（屯昌猪）保种场	海南龙健畜牧开发有限公司
136	C4611301	国家文昌鸡保种场	海南罗牛山文昌鸡育种有限公司
137	C5010101	国家荣昌猪保种场	重庆市种猪场
138	C5010701	国家大足黑山羊保种场	重庆腾达牧业有限公司
139	C5110101	国家内江猪保种场	内江市种猪场
140	C5110501	国家九龙牦牛保种场	四川省甘孜州九龙牦牛良种繁育场
141	C5110801	国家成都麻羊保种场	成都市西岭雪农业开发有限公司
142	C5111201	国家四川白兔保种场	四川省畜牧科学研究院
143	C5111301	国家藏鸡保种场	乡城县藏咯咯农业开发有限公司
144	C5111401	国家建昌鸭保种场	德昌县种鸭场
145	C5111501	国家四川白鹅保种场	宜宾市南溪区四川白鹅育种场
146	C5111502	国家钢鹅保种场	西昌华农禽业有限公司
147	C5130101	国家中蜂（阿坝中蜂）保种场	马尔康市农业畜牧局
148	C5210101	国家香猪（从江香猪）保种场	贵州从江粤黔香猪开发有限公司
149	C5211301	国家长顺绿壳蛋鸡保种场	长顺县三原农业产业发展有限公司
150	C5310101	国家滇南小耳猪保种场	西双版纳小耳猪生物科技有限公司
151	C5310102	国家乌金猪（大河猪）保种场	富源县大河种猪场
152	C5310103	国家撒坝猪保种场	楚雄彝族自治州种猪种鸡场
153	C5310401	国家槟榔江水牛保种场	腾冲市巴福乐槟榔江水牛良种繁育有限公司
154	C5310601	国家独龙牛保种场	贡山县独龙牛种牛场
155	C5310801	国家龙陵黄山羊保种场	龙陵县黄山羊核心种羊有限责任公司
156	C5311301	国家瓢鸡保种场	镇沅云岭广大瓢鸡原种保种有限公司
157	C5311302	国家茶花鸡保种场	西双版纳云岭茶花鸡产业发展有限公司

（续表）

序号	编号	名称	建设单位
158	C5410801	国家西藏山羊（白绒型）保种场	阿里地区日土县白绒山羊原种场
159	C5410802	国家西藏山羊（紫绒型）保种场	措勤县绒山羊良种扩繁殖场
160	C6110101	国家八眉猪保种场	定边县农业畜禽种业服务中心
161	C6110102	国家汉江黑猪保种场	勉县黑河猪种猪场
162	C6110201	国家秦川牛保种场	陕西省农牧良种场
163	C6110701	国家汉中绵羊保种场	勉县汉中绵羊保种场
164	C6110702	国家同羊保种场	白水县同羊原种场
165	C6110901	国家宁强马保种场	宁强县良种繁育中心
166	C6111001	国家关中驴保种场	陕西省农牧良种场
167	C6130101	国家中蜂保种场	榆林市畜牧兽医服务中心
168	C6210101	国家八眉猪保种场	灵台县旺富鑫八眉猪良种猪场
169	C6210501	国家甘南牦牛保种场	玛曲县阿孜畜牧科技示范园区
170	C6211301	国家静原鸡保种场	静宁绿洲生态农业科技发展有限公司
171	C6310101	国家八眉猪保种场	互助县八眉猪养殖技术服务中心
172	C6310501	国家青海高原牦牛保种场	青海省大通种牛场
173	C6310701	国家贵德黑裘皮羊保种场	贵南县黑羊场
174	C6310702	国家西藏羊（草地型）保种场	青海省种羊繁育推广服务中心
175	C6410701	国家滩羊保种场	宁夏回族自治区盐池滩羊选育场
176	C6410702	国家滩羊保种场	红寺堡区天源良种羊繁育养殖有限公司
177	C6410801	国家中卫山羊保种场	宁夏回族自治区中卫山羊选育场
178	C6411301	国家静原鸡保种场	宁夏万升实业有限责任公司
179	C6510701	国家多浪羊保种场	新疆五征绿色农业发展有限公司
180	C6510901	国家焉耆马保种场	和静县伊克扎尔尕斯台牧业发展有限公司
181	C6511301	国家拜城油鸡保种场	新疆诺奇拜城油鸡发展有限公司
182	C6511501	国家伊犁鹅保种场	额敏县恒鑫实业有限公司
183	C6530201	国家新疆黑蜂保种场	尼勒克县种蜂繁殖场

国家畜禽遗传资源保护区名单

序号	编号	名称	建设单位
1	B1411001	广灵驴国家保护区	广灵县农业农村局
2	B1510801	内蒙古绒山羊（阿拉善型）国家保护区	阿拉善左旗家畜改良工作站

（续表）

序号	编号	名称	建设单位
3	B1510901	蒙古马国家保护区	锡林郭勒盟畜牧工作站
4	B1511101	阿拉善双峰驼国家保护区	阿拉善左旗家畜改良工作站
5	B2230101	中蜂（长白山中蜂）国家保护区	吉林省蜜蜂遗传资源基因保护中心
6	B2330201	东北黑蜂国家保护区	黑龙江饶河东北黑蜂国家自然保护区管理局
7	B3210101	二花脸猪国家保护区	常州市舜溪畜牧科技有限公司
8	B3210701	湖羊国家保护区	苏州市吴中区东山动物防疫站
9	B3310701	湖羊国家保护区	湖州菰城湖羊合作社联合社
10	B3510901	晋江马国家保护区	晋江市畜牧业兽医站
11	B3730101	中蜂（北方型）国家保护区	临沂市畜牧技术推广站（临沂市蜂业发展技术中心）
12	B4230101	中蜂（华中中蜂）国家保护区	神农架林区农业农村局
13	B4310101	宁乡猪国家保护区	宁乡市畜牧水产事务中心
14	B4430101	中蜂（华南中蜂）国家保护区	蕉岭县畜牧兽医技术推广站
15	B5010101	荣昌猪国家保护区	重庆市荣昌区畜牧发展中心
16	B5110101	藏猪国家保护区	乡城县农牧农村和科技局
17	B5310101	藏猪国家保护区	迪庆藏族自治州畜牧兽医科学研究院
18	B5410101	藏猪国家保护区	工布江达县农业农村局
19	B5410501	帕里牦牛国家保护区	亚东帕里牦牛原种场
20	B6210101	藏猪（合作猪）国家保护区	甘南藏族自治州畜牧工作站
21	B6210501	天祝白牦牛国家保护区	甘肃省天祝白牦牛育种实验场
22	B6510701	和田羊国家保护区	和田地区畜牧技术推广站
23	B6511001	新疆驴国家保护区	和田地区畜牧技术推广站
24	B6530201	新疆黑蜂国家保护区	尼勒克县畜牧兽医发展中心

国家畜禽遗传资源基因库名单

序号	编号	名称	建设单位
1	A1101	国家家畜基因库	全国畜牧总站
2	A1108	国家蜜蜂基因库（北京）	中国农业科学院蜜蜂研究所
3	A2202	国家蜜蜂基因库（吉林）	吉林省养蜂科学研究所
4	A3203	国家地方鸡种基因库（江苏）	江苏省家禽科学研究所
5	A3204	国家水禽基因库（江苏）	江苏农牧科技职业学院
6	A3209	国家蚕遗传资源基因库（江苏）	中国农业科学院蚕业研究所

（续表）

序号	编号	名称	建设单位
7	A3305	国家地方鸡种基因库（浙江）	浙江光大农业科技发展有限公司
8	A3506	国家水禽基因库（福建）	石狮市种业发展中心
9	A4507	国家地方鸡种基因库（广西）	广西金陵家禽育种有限公司
10	A5010	国家蚕遗传资源基因库（重庆）	西南大学

3. 新鉴定的畜禽遗传资源和新审定的畜禽新品种、配套系

审定通过的畜禽新品种配套系名单

序号	证书编号	畜禽（蚕）名称	类型	培育单位	参加培育单位
1	农01新品种证字第34号	香雪白猪	配套系	上海交通大学 上海浦汇良种繁育科技有限公司 上海祥欣畜禽有限公司 浙江青莲食品股份有限公司	—
2	农03新品种证字第26号	杜蒙羊	新品种	内蒙古赛诺种羊科技有限公司 内蒙古农业大学 内蒙古自治区农牧业科学院 内蒙古大学	内蒙古自治区农牧业技术推广中心 乌兰察布市畜牧工作站 四子王旗畜牧业技术服务中心
3	农03新品种证字第27号	皖临白山羊	新品种	合肥博大牧业科技开发有限责任公司 安徽农业大学 安徽恒丰牧业有限公司 中国农业科学院北京畜牧兽医研究所 阜阳师范大学 安徽省牛羊产业协会 临泉县中原牧业发展中心	安徽省畜禽遗传资源保护中心 临泉县农业农村局 临泉县欣达生态羊业有限公司 临泉县天缘牧业有限公司 临泉县羊之源山羊养殖有限公司 临泉县瓦店镇黄大村山羊养殖专业合作社 临泉县宋集镇鑫源养殖厂 铜陵成贵牧业科技有限公司 六安市裕皖生物科技有限公司 合肥合丰牧业有限公司 定远县现代农业技术合作推广中心 肥东县动物疫病预防控制中心
4	农07新品种证字第10号	甬青獭兔	新品种	余姚市欣农兔业有限公司 扬州大学 浙江省农业科学院	—
5	农09新品种证字第96号	光大梅岭4号肉鸡	配套系	浙江光大农业科技发展有限公司	—
6	农09新品种证字第97号	东禽1号麻鸡	配套系	山东纪华家禽育种股份有限公司 山东农业大学	山东新合心技术有限公司
7	农09新品种证字第98号	裕禾1号黄鸡	配套系	珠海市裕禾农牧有限公司 华南农业大学	珠海市斗门区农业技术推广总站 珠海市现代农业发展中心 佛山科学技术学院

（续表）

序号	证书编号	畜禽（蚕）名称	类型	培育单位	参加培育单位
8	农09新品种证字第99号	富凤麻鸡	配套系	广西富凤农牧集团有限公司	广西壮族自治区畜牧研究所 广西大学
9	农10新品种证字第12号	武禽10肉鸭	配套系	武汉市农业科学院 华中农业大学	襄阳富襄现代农业开发有限公司 湖北省畜牧技术推广总站 湖北省农业科学院畜牧兽医研究所
10	农17新品种证字第24号	中畜长白半番鸭	配套系	中国农业科学院北京畜牧兽医研究所 吉林正方农牧股份有限公司	—
11	农17新品种证字第25号	明湖春江	新品种	浙江省农业科学院蚕桑与茶叶研究所	—
12	农17新品种证字第26号	皖蚕6号	新品种	安徽省农业科学院蚕桑研究所	金寨县天丰桑蚕原种场有限公司 安徽联丰制丝有限公司 安徽珂欣茧业有限公司
13	农17新品种证字第27号	楚凤汉韵	新品种	湖北省农业科学院经济作物研究所	湖北省果茶办公室 罗田县三宝蚕种有限公司
14	农17新品种证字第28号	锦绣3号	新品种	湖南省蚕桑科学研究所 中国农业科学院蚕业研究所	常德市鼎城区蚕种场
15	农17新品种证字第29号	云蚕11号	新品种	云南省农业科学院蚕桑蜜蜂研究所	—

鉴定通过的畜禽遗传资源名单

序号	畜禽名称	申请单位	参加申请单位	资源保存单位
1	亚丁牦牛	四川省农业农村厅	甘孜藏族自治州畜牧站 四川省草原科学研究院 甘孜藏族自治州稻城县农牧农村和科技局 甘孜藏族自治州乡城县农牧农村和科技局 四川省畜牧总站	—
2	雁荡麻鸡	浙江省农业农村厅	浙江绿雁农业开发有限公司 温州科技职业学院（温州市农业科学研究院） 浙江省农业科学院 乐清市农业农村局 温州市农业农村局	浙江绿雁农业开发有限公司
3	祁门豆花鸡	安徽省农业农村厅	安徽省畜禽遗传资源保护中心 安徽农业大学 祁门县动物疫病预防与控制中心 祁门县畜牧兽医水产站 黄山市畜牧兽医技术推广中心 黄山市畜牧兽医站	黄山祥华生态养殖有限公司

附件二　国家畜禽核心育种场、扩繁基地和种公畜站名单

国家畜禽核心育种场、扩繁基地和种公猪站名单

序号	畜种	单位名称
1	国家生猪核心育种场	北京顺鑫农业股份有限公司小店畜禽良种场
2	国家生猪核心育种场	北京六马科技股份有限公司
3	国家生猪核心育种场	北京中育种猪有限责任公司
4	国家生猪核心育种场	天津市宁河原种猪场有限责任公司
5	国家生猪核心育种场	天津市惠康种猪育种有限公司
6	国家生猪核心育种场	河北裕丰京安养殖有限公司
7	国家生猪核心育种场	安平县浩源养殖股份有限公司
8	国家生猪核心育种场	河北美丹畜牧科技有限公司
9	国家生猪核心育种场	中道农牧有限公司
10	国家生猪核心育种场	赤峰家育种猪生态科技集团有限公司
11	国家生猪核心育种场	上海祥欣畜禽有限公司
12	国家生猪核心育种场	光明农牧科技有限公司
13	国家生猪核心育种场	江苏康乐农牧有限公司
14	国家生猪核心育种场	江苏省永康农牧科技有限公司
15	国家生猪核心育种场	杭州大观山种猪育种有限公司
16	国家生猪核心育种场	安徽长风农牧科技有限公司
17	国家生猪核心育种场	安徽省安泰种猪育种有限公司
18	国家生猪核心育种场	安徽大自然种猪股份有限公司
19	国家生猪核心育种场	安徽禾丰浩翔农业发展有限公司
20	国家生猪核心育种场	安徽绿健种猪有限公司
21	国家生猪核心育种场	史记种猪育种（马鞍山）有限公司池州分公司
22	国家生猪核心育种场	福清市永诚畜牧有限公司
23	国家生猪核心育种场	漳浦县赵木兰养殖有限公司
24	国家生猪核心育种场	福建光华百斯特生态农牧发展有限公司
25	国家生猪核心育种场	福清市丰泽农牧科技开发有限公司
26	国家生猪核心育种场	宁德市南阳实业有限公司
27	国家生猪核心育种场	福建一春农业发展有限公司
28	国家生猪核心育种场	福建华天农牧生态股份有限公司
29	国家生猪核心育种场	江西省原种猪场有限公司吉安分公司

（续表）

序号	畜种	单位名称
30	国家生猪核心育种场	江西双美猪业有限公司
31	国家生猪核心育种场	泰和县傲牧育种有限公司
32	国家生猪核心育种场	江西加大种猪有限公司
33	国家生猪核心育种场	山东省日照原种猪场（有限合伙）
34	国家生猪核心育种场	烟台大北农种猪科技有限公司
35	国家生猪核心育种场	菏泽宏兴原种猪繁育有限公司
36	国家生猪核心育种场	山东益生种畜禽股份有限公司
37	国家生猪核心育种场	山东华特希尔育种有限公司
38	国家生猪核心育种场	山东鼎泰牧业有限公司
39	国家生猪核心育种场	山东中慧牧业有限公司
40	国家生猪核心育种场	河南省新大牧业股份有限公司
41	国家生猪核心育种场	河南省诸美种猪育种集团有限公司
42	国家生猪核心育种场	牧原食品股份有限公司
43	国家生猪核心育种场	河南省黄泛区鑫欣牧业股份有限公司
44	国家生猪核心育种场	河南省谊发牧业有限责任公司
45	国家生猪核心育种场	延津县太平种猪繁育有限公司
46	国家生猪核心育种场	武汉天种畜牧有限责任公司
47	国家生猪核心育种场	湖北金林原种畜牧有限公司
48	国家生猪核心育种场	湖北三湖畜牧有限公司
49	国家生猪核心育种场	湖北省正嘉原种猪场有限公司桑梓湖种猪场大悟基地
50	国家生猪核心育种场	武汉市江夏区金龙畜禽有限责任公司
51	国家生猪核心育种场	湖北龙王畜牧有限公司
52	国家生猪核心育种场	浠水长流牧业有限公司
53	国家生猪核心育种场	湖北金旭爵士种畜有限公司
54	国家生猪核心育种场	湖南新五丰股份有限公司湘潭分公司
55	国家生猪核心育种场	湖南美神育种有限公司
56	国家生猪核心育种场	湖南天心种业有限公司
57	国家生猪核心育种场	佳和农牧股份有限公司汨罗分公司
58	国家生猪核心育种场	湘村高科农业股份有限公司
59	国家生猪核心育种场	广东广三保养猪有限公司
60	国家生猪核心育种场	广东温氏种猪科技有限公司

（续表）

序号	畜种	单位名称
61	国家生猪核心育种场	深圳市农牧实业有限公司
62	国家生猪核心育种场	中山市白石猪场有限公司
63	国家生猪核心育种场	广东德兴食品股份有限公司雷岭绿都原种猪场
64	国家生猪核心育种场	广东王将种猪有限公司
65	国家生猪核心育种场	惠州市广丰农牧有限公司
66	国家生猪核心育种场	肇庆市益信原种猪场有限公司
67	国家生猪核心育种场	东瑞食品集团股份有限公司
68	国家生猪核心育种场	广东广垦广前种猪有限公司
69	国家生猪核心育种场	广西柯新源原种猪有限责任公司
70	国家生猪核心育种场	广西农垦永新畜牧集团有限公司良圻原种猪场
71	国家生猪核心育种场	广西里建桂宁种猪有限公司
72	国家生猪核心育种场	广西扬翔农牧有限责任公司
73	国家生猪核心育种场	广西一遍天原种猪有限责任公司
74	国家生猪核心育种场	海南罗牛山新昌种猪有限公司
75	国家生猪核心育种场	重庆市六九畜牧科技股份有限公司
76	国家生猪核心育种场	四川省乐山牧源种畜科技有限公司
77	国家生猪核心育种场	四川御咖牧业有限公司
78	国家生猪核心育种场	四川天兆猪业股份有限公司
79	国家生猪核心育种场	江油新希望海波尔种猪育种有限公司
80	国家生猪核心育种场	犍为巨星农牧科技有限公司
81	国家生猪核心育种场	绵阳明兴农业科技开发有限公司
82	国家生猪核心育种场	自贡德康畜牧有限公司
83	国家生猪核心育种场	四川省眉山万家好种猪繁育有限公司
84	国家生猪核心育种场	云南福悦发畜禽养殖有限公司
85	国家生猪核心育种场	云南西南天佑牧业科技有限责任公司
86	国家生猪核心育种场	陕西省安康市秦阳晨原种猪有限公司
87	国家生猪核心育种场	兰州正大食品有限公司
88	国家生猪核心育种场	新疆天康畜牧科技有限公司加美育种分公司
89	国家生猪核心育种场	辽宁伟嘉农牧生态食品有限公司
90	国家生猪核心育种场	山西长荣农业科技股份有限公司
91	国家生猪核心育种场	贵阳德康农牧有限公司

序号	畜种	单位名称
92	国家生猪核心育种场	重庆琪泰佳牧畜禽养殖有限公司
93	国家生猪核心育种场	吉林精气神有机农业股份有限公司
94	国家生猪核心育种场	浙江加华种猪有限公司
95	国家生猪核心育种场	安徽省花亭湖绿色食品开发有限公司
96	国家生猪核心育种场	广德市三溪生态农业有限公司
97	国家生猪核心育种场	上杭傲农槐猪产业发展有限公司
98	国家生猪核心育种场	福建哈客生态农业有限公司
99	国家生猪核心育种场	济南市莱芜猪种猪繁育有限公司
100	国家生猪核心育种场	鲁山县丰源和普农牧有限公司
101	国家生猪核心育种场	湖南省流沙河花猪生态牧业股份有限公司
102	国家生猪核心育种场	遂溪壹号畜牧有限公司
103	国家生猪核心育种场	成都旺江农牧科技有限公司
104	国家生猪核心育种场	四川省丽天牧业有限公司
105	国家核心种公猪站	上海祥欣国家核心种公猪站（普通合伙）
106	国家核心种公猪站	河南精旺猪种改良有限公司
107	国家核心种公猪站	广西贵港秀博基因科技股份有限公司
108	国家核心种公猪站	广西农垦永新畜牧集团有限公司良圻原种猪场
109	国家核心种公猪站	湖北金旭国家核心种公猪站有限公司
110	国家核心种公猪站	兰州正大食品有限公司
111	国家核心种公猪站	吉安市傲宝生物科技有限公司
112	国家核心种公猪站	山东傲农种猪有限公司
113	国家奶牛核心育种场	北京首农畜牧发展有限公司奶牛中心良种场
114	国家奶牛核心育种场	北京首农畜牧发展有限公司（金银岛牧场）
115	国家奶牛核心育种场	石家庄天泉良种奶牛有限公司
116	国家奶牛核心育种场	河北康宏牧业有限公司
117	国家奶牛核心育种场	大连金弘基种畜有限公司丛家牛场
118	国家奶牛核心育种场	东营神州澳亚现代牧场有限公司
119	国家奶牛核心育种场	河南花花牛畜牧科技有限公司
120	国家奶牛核心育种场	新疆塔城地区种牛场
121	国家奶牛核心育种场	昌吉市吉缘牧业有限公司
122	国家奶牛核心育种场	贺兰中地生态牧场有限公司

（续表）

序号	畜种	单位名称
123	国家奶牛核心育种场	内蒙古犇腾牧业有限公司第十二牧场
124	国家奶牛核心育种场	现代牧业（通辽）有限公司
125	国家奶牛核心育种场	光明牧业有限公司金山种奶牛场
126	国家奶牛核心育种场	天津梦得集团有限公司
127	国家奶牛核心育种场	宁夏农垦乳业股份有限公司（平吉堡第三奶牛场）
128	国家奶牛核心育种场	云南牛牛牧业股份有限公司
129	国家奶牛核心育种场	北京首农畜牧发展有限公司（南口二场）
130	国家奶牛核心育种场	山东视界牧业有限公司
131	国家奶牛核心育种场	泰安金兰奶牛养殖有限公司
132	国家奶牛核心育种场	宁夏农垦乳业股份有限公司（平吉堡第六奶牛场）
133	国家肉牛核心育种场	河北天和肉牛养殖有限公司
134	国家肉牛核心育种场	张北华田牧业科技有限公司
135	国家肉牛核心育种场	运城市国家级晋南牛遗传资源基因保护中心
136	国家肉牛核心育种场	内蒙古奥科斯牧业有限公司
137	国家肉牛核心育种场	内蒙古科尔沁肉牛种业股份有限公司
138	国家肉牛核心育种场	通辽市高林屯种畜场
139	国家肉牛核心育种场	呼伦贝尔农垦谢尔塔拉农牧场有限公司
140	国家肉牛核心育种场	延边畜牧开发集团有限公司
141	国家肉牛核心育种场	延边东盛资源保种有限公司
142	国家肉牛核心育种场	长春新牧科技有限公司
143	国家肉牛核心育种场	吉林省德信生物工程有限公司
144	国家肉牛核心育种场	龙江元盛食品有限公司雪牛分公司
145	国家肉牛核心育种场	凤阳县大明农牧科技发展有限公司
146	国家肉牛核心育种场	太湖县久鸿农业综合开发有限责任公司
147	国家肉牛核心育种场	高安市裕丰农牧有限公司
148	国家肉牛核心育种场	鄄城鸿翔牧业有限公司
149	国家肉牛核心育种场	山东无棣华兴渤海黑牛种业股份有限公司
150	国家肉牛核心育种场	河南省鼎元种牛育种有限公司
151	国家肉牛核心育种场	泌阳县夏南牛科技开发有限公司
152	国家肉牛核心育种场	南阳市黄牛良种繁育场
153	国家肉牛核心育种场	平顶山市牶牛畜禽良种繁育有限公司

（续表）

序号	畜种	单位名称
154	国家肉牛核心育种场	沙洋县汉江牛业发展有限公司
155	国家肉牛核心育种场	荆门华中农业股份有限公司
156	国家肉牛核心育种场	湖南天华实业有限公司
157	国家肉牛核心育种场	广西水牛研究所水牛种畜场
158	国家肉牛核心育种场	四川省龙日种畜场
159	国家肉牛核心育种场	四川省阳平种牛场
160	国家肉牛核心育种场	云南省草地动物科学研究院
161	国家肉牛核心育种场	云南省种畜繁育推广中心
162	国家肉牛核心育种场	云南谷多农牧业有限公司国家肉牛核心育种场
163	国家肉牛核心育种场	云南省种羊繁育推广中心
164	国家肉牛核心育种场	腾冲县巴福乐槟榔江水牛良种繁育有限公司
165	国家肉牛核心育种场	陕西省秦川肉牛良种繁育中心
166	国家肉牛核心育种场	甘肃共裕高新农牧科技开发有限公司
167	国家肉牛核心育种场	甘肃农垦饮马牧业有限责任公司
168	国家肉牛核心育种场	青海省大通种牛场
169	国家肉牛核心育种场	新疆呼图壁种牛场有限公司畜牧三场
170	国家肉牛核心育种场	伊犁新褐种牛场
171	国家肉牛核心育种场	新疆汗庭牧元养殖科技有限责任公司
172	国家肉牛核心育种场	内蒙古色也勒钦畜牧业科技服务有限公司
173	国家肉牛核心育种场	内蒙古中农兴安种牛科技有限公司纯种牛繁育分公司
174	国家肉牛核心育种场	山东科龙畜牧产业有限公司
175	国家肉牛核心育种场	湖北省华西牛育种科技有限公司
176	国家肉牛核心育种场	湖北庚源惠科技有限责任公司
177	国家羊核心育种场	天津奥群牧业有限公司
178	国家羊核心育种场	内蒙古赛诺种羊科技有限公司
179	国家羊核心育种场	朝阳市朝牧种畜场有限公司
180	国家羊核心育种场	辽宁省辽宁绒山羊原种场有限公司
181	国家羊核心育种场	浙江赛诺生态农业有限公司
182	国家羊核心育种场	嘉祥县种羊场
183	国家羊核心育种场	临清润林牧业有限公司
184	国家羊核心育种场	江苏乾宝牧业有限公司

序号	畜种	单位名称
185	国家羊核心育种场	河南三阳畜牧股份有限公司
186	国家羊核心育种场	河南中鹤牧业有限公司
187	国家羊核心育种场	金昌中天羊业有限公司
188	国家羊核心育种场	宁夏中牧亿林畜产股份有限公司
189	国家羊核心育种场	内蒙古草原金峰畜牧有限公司
190	国家羊核心育种场	内蒙古富川养殖科技股份有限公司
191	国家羊核心育种场	呼伦贝尔农垦科技发展有限责任公司
192	国家羊核心育种场	苏尼特右旗苏尼特羊良种场
193	国家羊核心育种场	敖汉旗良种繁育推广中心
194	国家羊核心育种场	黑龙江农垦大山羊业有限公司
195	国家羊核心育种场	杭州庞大农业开发有限公司
196	国家羊核心育种场	长兴永盛牧业有限公司
197	国家羊核心育种场	合肥博大牧业科技开发有限责任公司
198	国家羊核心育种场	四川南江黄羊原种场
199	国家羊核心育种场	成都蜀新黑山羊产业发展有限责任公司
200	国家羊核心育种场	云南立新羊业有限公司
201	国家羊核心育种场	龙陵县黄山羊核心种羊有限责任公司
202	国家羊核心育种场	陕西黑萨牧业有限公司
203	国家羊核心育种场	千阳县种羊场
204	国家羊核心育种场	陕西和氏高寒川牧业有限公司东风奶山羊场
205	国家羊核心育种场	甘肃中盛华美羊产业发展有限公司
206	国家羊核心育种场	武威普康养殖有限公司
207	国家羊核心育种场	甘肃省绵羊繁育技术推广站
208	国家羊核心育种场	红寺堡区天源良种羊繁育养殖有限公司
209	国家羊核心育种场	拜城县种羊场
210	国家羊核心育种场	新疆巩乃斯种羊场有限公司
211	国家羊核心育种场	民勤县农业发展有限责任公司
212	国家羊核心育种场	衡水志豪畜牧科技有限公司
213	国家羊核心育种场	安徽安欣（涡阳）牧业发展有限公司
214	国家羊核心育种场	乾安志华种羊繁育有限公司
215	国家羊核心育种场	鄂尔多斯市立新实业有限公司

（续表）

序号	畜种	单位名称
216	国家羊核心育种场	内蒙古杜美牧业生物科技有限公司
217	国家羊核心育种场	河北唯尊养殖有限公司
218	国家羊核心育种场	山西十四只绵羊种业有限公司
219	国家羊核心育种场	湖州怡辉生态农业有限公司
220	国家羊核心育种场	宁陵县豫东牧业开发有限公司
221	国家羊核心育种场	浏阳市浏安农业科技综合开发有限公司
222	国家羊核心育种场	四川天地羊生物工程有限责任公司
223	国家羊核心育种场	宁夏朔牧盐池滩羊繁育有限公司
224	国家蛋鸡核心育种场	北京中农榜样蛋鸡育种有限责任公司
225	国家蛋鸡核心育种场	北京市华都峪口家禽育种有限公司
226	国家蛋鸡核心育种场	河北大午农牧集团种禽有限公司
227	国家蛋鸡核心育种场	扬州翔龙禽业发展有限公司
228	国家蛋鸡核心育种场	安徽荣达禽业开发有限公司
229	国家肉鸡核心育种场	江苏省家禽科学研究所科技创新中心
230	国家肉鸡核心育种场	江苏立华育种有限公司
231	国家肉鸡核心育种场	浙江光大农业科技发展有限公司
232	国家肉鸡核心育种场	河南三高农牧股份有限公司
233	国家肉鸡核心育种场	广东温氏南方家禽育种有限公司
234	国家肉鸡核心育种场	广东天农食品集团股份有限公司
235	国家肉鸡核心育种场	广东金种农牧科技股份有限公司
236	国家肉鸡核心育种场	广州市江丰实业股份有限公司福和种鸡场
237	国家肉鸡核心育种场	佛山市高明区新广农牧有限公司
238	国家肉鸡核心育种场	佛山市南海种禽有限公司
239	国家肉鸡核心育种场	广东墟岗黄家禽种业集团有限公司
240	国家肉鸡核心育种场	广西金陵农牧集团有限公司
241	国家肉鸡核心育种场	海南罗牛山文昌鸡育种有限公司
242	国家肉鸡核心育种场	四川大恒家禽育种有限公司
243	国家肉鸡核心育种场	广西鸿光农牧有限公司
244	国家肉鸡核心育种场	江门科朗农业科技有限公司
245	国家肉鸡核心育种场	眉山温氏家禽育种有限公司
246	国家肉鸡核心育种场	福建圣泽生物科技发展有限公司

序号	畜种	单位名称
247	国家肉鸡核心育种场	佛山市高明区新广农牧有限公司（弥勒新广农牧科技有限公司育种场）
248	国家肉鸡核心育种场	广西参皇养殖集团有限公司
249	国家蛋鸡良种扩繁推广基地	北京市华都峪口禽业有限责任公司父母代种鸡场
250	国家蛋鸡良种扩繁推广基地	保定兴芮农牧发展有限公司
251	国家蛋鸡良种扩繁推广基地	曲周县北农大禽业有限公司
252	国家蛋鸡良种扩繁推广基地	华裕农业科技有限公司
253	国家蛋鸡良种扩繁推广基地	沈阳华美畜禽有限公司
254	国家蛋鸡良种扩繁推广基地	扬州翔龙禽业发展有限公司
255	国家蛋鸡良种扩繁推广基地	云南云岭广大峪口禽业有限公司
256	国家蛋鸡良种扩繁推广基地	黄山德青源种禽有限公司
257	国家蛋鸡良种扩繁推广基地	江西华裕家禽育种有限公司
258	国家蛋鸡良种扩繁推广基地	山东峪口禽业有限公司
259	国家蛋鸡良种扩繁推广基地	河南省惠民禽业有限公司
260	国家蛋鸡良种扩繁推广基地	湖北峪口禽业有限公司
261	国家蛋鸡良种扩繁推广基地	四川省正鑫农业科技有限公司
262	国家蛋鸡良种扩繁推广基地	四川圣迪乐村生态食品股份有限公司
263	国家蛋鸡良种扩繁推广基地	宁夏九三零生态农牧有限公司
264	国家蛋鸡良种扩繁推广基地	宁夏晓鸣农牧股份有限公司
265	国家肉鸡良种扩繁推广基地	湖南湘佳牧业股份有限公司
266	国家肉鸡良种扩繁推广基地	广东温氏南方家禽育种有限公司
267	国家肉鸡良种扩繁推广基地	广东天农食品集团股份有限公司
268	国家肉鸡良种扩繁推广基地	广州市江丰实业股份有限公司
269	国家肉鸡良种扩繁推广基地	佛山市南海种禽有限公司
270	国家肉鸡良种扩繁推广基地	广东墟岗黄家禽种业集团有限公司
271	国家肉鸡良种扩繁推广基地	台山市科朗现代农业有限公司
272	国家肉鸡良种扩繁推广基地	隆安凤鸣农牧有限公司
273	国家肉鸡良种扩繁推广基地	广西鸿光农牧有限公司
274	国家肉鸡良种扩繁推广基地	海南罗牛山文昌鸡育种有限公司
275	国家肉鸡良种扩繁推广基地	山东益生种畜禽股份有限公司
276	国家肉鸡良种扩繁推广基地	福建圣农发展股份有限公司
277	国家肉鸡良种扩繁推广基地	江苏立华牧业有限公司

（续表）

序号	畜种	单位名称
278	国家肉鸡良种扩繁推广基地	江苏京海禽业集团有限公司
279	国家肉鸡良种扩繁推广基地	河北飞龙家禽育种有限公司
280	国家肉鸡良种扩繁推广基地	玉溪新广家禽有限公司
281	国家肉鸡良种扩繁推广基地	哈尔滨鹏达种业有限公司
282	国家肉鸡良种扩繁推广基地	安徽华栋山中鲜农业开发有限公司
283	国家水禽核心育种场	北京南口鸭育种科技有限公司
284	国家水禽核心育种场	赤峰振兴鸭业科技育种有限公司
285	国家水禽核心育种场	黄山强英鸭业有限公司
286	国家水禽核心育种场	利津和顺北京鸭养殖有限公司
287	国家水禽核心育种场	扬州五亭食品集团天歌鹅业有限公司
288	国家水禽核心育种场	浙江国伟科技有限公司
289	国家水禽核心育种场	湖北神丹健康食品有限公司
290	国家水禽良种扩繁推广基地	利津六和种鸭有限公司
291	国家水禽良种扩繁推广基地	内蒙古桂柳牧业有限公司
292	国家水禽良种扩繁推广基地	黄山强英鸭业有限公司
293	国家水禽良种扩繁推广基地	河北乐寿鸭业有限责任公司种鸭繁育分公司
294	国家水禽良种扩繁推广基地	江苏桂柳牧业集团有限公司
295	国家水禽良种扩繁推广基地	内蒙古和康源生物育种有限公司
296	国家水禽良种扩繁推广基地	江苏和康源樱桃谷种鸭有限公司
297	国家水禽良种扩繁推广基地	安徽展羽生态农业开发有限公司
298	国家水禽良种扩繁推广基地	高密六和养殖有限公司
299	国家水禽良种扩繁推广基地	山东宁阳和樱种鸭有限公司
300	国家水禽良种扩繁推广基地	周口桂柳种鸭育种有限公司

种公牛站名单

序号	种公牛站单位名称	经营品种
1	北京首农畜牧发展有限公司奶牛中心	奶牛、肉牛
2	天津天食牛种业有限公司	奶牛、肉牛
3	河北品元生物科技有限公司	奶牛、肉牛
4	秦皇岛农瑞秦牛畜牧有限公司	奶牛、肉牛

（续表）

序号	种公牛站单位名称	经营品种
5	亚达艾格威（唐山）畜牧有限公司	奶牛、肉牛
6	山西省畜禽育种有限公司	肉牛、奶牛
7	通辽京缘种牛繁育有限责任公司	肉牛
8	海拉尔农牧场管理局家畜繁育指导站	肉牛
9	内蒙古赤峰博源种牛繁育有限公司	肉牛
10	内蒙古赛科星家畜种业与繁育生物技术研究院有限公司	奶牛、肉牛
11	内蒙古中农兴安种牛科技有限公司	奶牛、肉牛
12	辽宁省牧经种牛繁育中心有限公司	肉牛
13	大连金弘基种畜有限公司	肉牛、奶牛
14	长春新牧科技有限公司	肉牛
15	吉林省德信生物工程有限公司	肉牛
16	延边东兴种牛科技有限公司	肉牛
17	四平市兴牛牧业服务有限公司	肉牛
18	双辽市润佳农牧业有限公司	肉牛
19	龙江和牛生物科技有限公司	肉牛
20	哈尔滨希曼畜牧生物育种有限公司	肉牛
21	上海奶牛育种中心有限公司	奶牛
22	安徽苏家湖良种肉牛科技发展有限公司	肉牛
23	江西省天添畜禽育种有限公司	肉牛
24	山东省种公牛站有限责任公司	奶牛、肉牛
25	山东奥克斯畜牧种业有限公司	奶牛、肉牛
26	河南省鼎元种牛育种有限公司	肉牛、奶牛
27	许昌市夏昌种畜禽有限公司	肉牛
28	南阳昌盛牛业有限公司	肉牛
29	洛阳市洛瑞牧业有限公司	肉牛
30	武汉兴牧生物科技有限公司	肉牛、奶牛
31	湖南光大牧业科技有限公司	肉牛
32	广西壮族自治区畜禽品种改良站	肉牛

（续表）

序号	种公牛站单位名称	经营品种
33	海南海垦和牛生物科技有限公司	肉牛
34	成都汇丰动物育种有限公司	肉牛、奶牛
35	贵州惠众畜牧科技发展有限公司	肉牛、奶牛
36	云南省种畜繁育推广中心	肉牛
37	大理白族自治州家畜繁育指导站	肉牛、奶牛
38	云南澳克斯畜牧发展有限公司	肉牛、奶牛
39	西藏拉萨市当雄县牦牛冻精站	肉牛
40	西安市奶牛育种中心	奶牛、肉牛
41	甘肃佳源畜牧生物科技有限责任公司	肉牛
42	宁夏种牛生物科技有限公司	肉牛、奶牛
43	新疆天山畜牧生物育种有限公司	肉牛、奶牛
44	新疆鼎新种业科技有限公司	肉牛

附件三　国家畜禽种业阵型企业名单

序号	阵型	物种	省份	企业名称
1	破难题阵型	白羽肉鸡	北京	北京沃德辰龙生物科技股份有限公司
2			福建	福建圣农发展股份有限公司
3			广东	佛山市高明区新广农牧有限公司
4	补短板阵型	生猪	北京	北京大北农科技集团股份有限公司
5				北京顺鑫农业股份有限公司
6				北京中育种猪有限责任公司
7			内蒙古	赤峰家育种猪生态科技集团有限公司
8			吉林	吉林精气神有机农业股份有限公司
9			上海	上海祥欣畜禽有限公司
10			江苏	史记生物技术（南京）有限公司
11			福建	福建傲农生物科技集团股份有限公司
12			江西	江西正邦科技股份有限公司
13				江西加大农牧有限公司

序号	阵型	物种	省份	企业名称
14			河南	牧原食品股份有限公司
15				河南省谊发牧业有限责任公司
16				佳和农牧股份有限公司
17			湖南	湖南省现代农业产业控股集团有限公司
18				湘村高科农业股份有限公司
19				温氏食品集团股份有限公司
20			广东	深圳市金新农科技股份有限公司
21		生猪		广东德兴食品股份有限公司
22				广东壹号食品股份有限公司
23			广西	广西扬翔股份有限公司
24				广西农垦永新畜牧集团有限公司良圻原种猪场
25			重庆	重庆琪泰佳牧畜禽养殖有限公司
26				四川德康农牧食品集团股份有限公司
27	补短板阵型		四川	新希望六和股份有限公司
28				四川铁骑力士食品有限责任公司
29			北京	北京首农畜牧发展有限公司
30			河北	河北乐源牧业有限公司
31			内蒙古	内蒙古赛科星繁育生物技术（集团）股份有限公司
32		奶牛	上海	光明牧业有限公司
33			山东	山东奥克斯畜牧种业有限公司
34			河南	河南花花牛实业总公司
35			新疆	新疆天山畜牧生物育种有限公司
36			内蒙古	呼伦贝尔农垦谢尔塔拉农牧场有限公司
37				吉林省德信生物工程有限公司
38			吉林	长春新牧科技有限公司
39		肉牛		延边畜牧开发集团有限公司
40			河南	河南省鼎元种牛育种有限公司
41			广西	广西四野牧业有限公司
42			新疆	新疆呼图壁种牛场有限公司

（续表）

序号	阵型	物种	省份	企业名称
43	补短板阵型	羊	天津	天津奥群牧业有限公司
44			内蒙古	内蒙古赛诺种羊科技有限公司
45			江苏	江苏乾宝牧业有限公司
46			安徽	安徽安欣（涡阳）牧业发展有限公司
47			山东	临清润林牧业有限公司
48			河南	河南三阳畜牧股份有限公司
49				宁陵县豫东牧业开发有限公司
50			甘肃	甘肃中盛农牧集团有限公司
51			宁夏	红寺堡区天源良种羊繁育养殖有限公司
52	强优势阵型	蛋鸡	北京	北京市华都峪口禽业有限责任公司
53				北农大科技股份有限公司
54		黄羽肉鸡	江苏	江苏立华牧业股份有限公司
55			山东	山东益生种畜禽股份有限公司
56			河南	河南三高农牧股份有限公司
57			广东	温氏食品集团股份有限公司
58				佛山市高明区新广农牧有限公司
59				广东天农食品集团股份有限公司
60			广东	广东墟岗黄家禽种业集团有限公司
61				广东省广弘食品集团有限公司
62			广西	广西金陵农牧集团有限公司
63				广西参皇养殖集团有限公司
64		肉鸭	北京	北京南口鸭育种科技有限公司
65			内蒙古	内蒙古塞飞亚农业科技发展股份有限公司
66			安徽	安徽强英鸭业集团有限公司
67			山东	山东新希望六和集团有限公司
68				山东和康源生物育种股份有限公司
69			湖南	湖南临武舜华鸭业发展有限责任公司
70			广西	广西桂林市桂柳家禽有限责任公司
71		蛋鸭	浙江	浙江国伟科技有限公司
72			湖北	湖北神丹健康食品有限公司

（续表）

序号	阵型	物种	省份	企业名称
73		投资机构	北京	现代种业发展基金有限公司
74		育种服务	北京	中国畜牧业协会
75				中国奶业协会
76				肉用西门塔尔牛育种联合会
77	专业化平台	技术支撑	北京	全国种畜禽遗传评估中心
78				北京康普森生物技术有限公司
79			湖南	华智生物技术有限公司
80			广东	深圳华大基因股份有限公司
81		检测机构	北京	农业农村部家禽品质监督检验测试中心（北京）
82				农业农村部种畜品质监督检验测试中心
83				农业农村部牛冷冻精液质量监督检验测试中心（北京）
84			江苏	农业农村部家禽品质监督检验测试中心（扬州）
85				农业农村部牛冷冻精液质量监督检验测试中心（南京）
86			湖北	农业农村部种猪质量监督检验测试中心（武汉）
87			广东	农业农村部种猪质量监督检验测试中心（广州）
88			重庆	农业农村部种猪质量监督检验测试中心（重庆）

生猪篇

第一章　生猪种业发展概况

养猪业是关乎国计民生的重要产业。2022年生猪生产形势总体平稳，12月末全国能繁母猪存栏量4 390万头，生猪基础产能稳固；全国生猪出栏量7.0亿头，猪肉产量5 541万吨，年末生猪存栏量45 256万头，市场供应能力明显增强，养殖效益处于正常水平；生猪养殖规模比重达到65%左右，规模化水平进一步提升，产业素质持续增强，猪肉进口大幅下降，出口保持在较低水平。

良种是保障生猪产业健康发展的重要基础，是提升生猪产业核心竞争力的关键。种业振兴行动实施以来，我国生猪种源自主供种能力不断加强，生猪种业对养猪业发展的贡献率超过40%，生猪核心种源自给率可达90%以上，父母代母猪100%自给，实现种源自主可控，有力地引领和支撑生猪产业可持续发展，保障百姓"菜篮子"安全供给。2022年，生猪种业领域五大方面的振兴行动取得明显进展，种质资源保护与利用迈出坚实步伐、种业创新攻关深入推进实施、种业企业扶优呈现良好局面、种业市场净化取得积极成效，生猪育种进展明显加快，种猪质量明显提高，生猪种业高质量发展取得新突破。

一、生猪种质资源保护与利用

猪种资源保护利用迈出坚实步伐。资源普查进展顺利，全面启动种质评价与性能测定，评估完成所有157个品种（类群），采集76万条数据，为每个品种构建了信息化数字档案。率先启动构建地方品种分子身份证，完成了119个地方品种（类群）全基因组高通量深度测序工作，绘制高质量DNA特征图谱，建立品种精准鉴别量化标尺，为保真种、真保种和资源鉴定提供了新技术新手段。

有力有效应对非洲猪瘟疫情威胁，采集制作所有国家级保护品种的冷冻精液、体细胞等遗传材料36万份，并纳入国家家畜基因库长期战略保存，守好筑牢最后一道防线。制定实施《濒危畜禽遗传资源抢救性保护工作方案（2022—2026）》，对河套大耳猪、兰溪花猪、乐平猪等品种进行抢救性保护，有效防止资源灭失。利用浦东白猪地方品种，引入大白猪和长白猪，成功培育香雪白猪配套系，华系猪育种取得又一项新成果。同时涌现出了"土猪壹号"等一批知名品牌，产业化开发利用取得新成效。

二、生猪种业创新攻关

生猪种业创新攻关深入推进实施。建立了以国家核心场为核心的种猪育种体系，遴选94家瘦肉型品种国家核心育种场、10家地方品种国家核心育种场、8家国家核心种公猪站，覆盖全国28个省份，母猪育种核心群16.8万头；完善规范的种猪登记和性能测定体系，累计收集种猪登记数据近1 692.9万头、生长性能测定608.6万头、繁殖记录349.7万头，建立了以场内测定为主的生产性能测定体系，成立了全国猪育种协作组，积极推进种猪测定、选育与区域性猪联合育种工作，生猪良种繁育体系日趋完善；种群生产性能水平不断提高，杜洛克猪、大白猪和长白猪重要经济性状遗传进展获得稳步提升，大白猪、长白猪和杜洛克公猪达100千克体重日龄分别缩短了7.20天、8.92天和11.77天，母猪分别缩短了7.56天、8.78天和13.43天，大白猪和长白猪总产仔数分别提高2.39头和2.18头，基本形成了持续改良、稳步提升的良性循环；自主创新能力不断提升，共组建、持续培育13个优质瘦肉型猪新品系，吉神黑猪等地方猪新品系持续选育；种猪遗传评估体系不断完善，基因组选择技术数据大量积累，基因组遗传评估效果显著，场间遗传联系稳步提升，局部联合育种效果提高，全基因组选择和智能测定技术打破国外垄断。

三、生猪种业企业扶优

生猪种业企业扶优呈现良好局面。深入实施种业企业扶优行动，支持重点优势企业做强做优做大，组织开展了国家种业阵型企业遴选工作，加快构建"破难题、补短板、强优势"企业阵型。根据企业创新能力、资产实力、市场规模、发展潜力等情况，遴选温氏食品集团股份有限公司等25家企业为国家种猪"补短板"阵型企业，聚焦与国际先进水平相比有差距的种源，充分挖掘优异种猪资源，在品种产量、性能、品质等方面缩小差距，把种业企业扶优工作摆上重要位置，把阵型企业作为种猪企业扶优的重点对象，把推进"三对接"作为企业扶优的重要平台，把创设扶持政策作为企业扶优的重要手段，把净化发展环境作为企业扶优的重要保障，把构建亲清政商关系作为企业扶优工作的重要要求。2022年，企业扶优行动集群效应初步显现，生猪种业振兴骨干力量有力打造，企业扶优工作发展格局不断优化、创新能力不断提升、供种保障能力不断提升、国际影响力不断提升，呈现"一优化三提升"的良好局面，为高质量推进种业振兴提供有力支撑。

四、生猪种业市场净化

生猪种业市场净化取得积极成效。试点省份开展省际交叉互检工作，强化相关制度、标准建设，为全国实现种畜禽生产经营许可管理规范化、数字化、智能化提供参考借鉴；持续实施种畜禽质量抽检工作，将种畜禽质检工作与国家核心生猪育种场、种公猪站等相关主题业务有机结合，加大种公猪站种猪常温精液抽检力度，常温精液合格率达94%，确保质量安全；强化种畜禽质量标准化建设，推广种畜禽生产质量标准和规范，组织开展种猪常温精液标准宣贯和质量监测比对实验。以种业知识产权保护为重点，强化监管工作机制建设，综合运用法律、经济、技术、行政等多种手段，推行全链条、全流程、全方位、无死角监管，全面净化种业市场，有效激励原始创新，保障农业生产用种安全，为种业振兴营造良好环境。

第二章　生猪种质资源保护与利用

我国历来重视遗传资源的保护与利用工作。2021年，我国启动了第三轮全国遗传资源普查工作全面展开，各地方品种猪表型精准鉴定工作全面进行，地方品种猪分子身份证工作率先启动，为保真种、真保种和资源鉴定提供了新技术新手段。新品种培育工作持续加强，国家畜禽遗传资源委员会审定了香雪白猪配套系1个。地方猪种质资源保护与利用体制不断完善，构建了由保种场、保护区、基因库和地方猪品种特色猪肉产品开发地方猪资源开发与利用体系。

一、生猪遗传资源普查

我国历来重视遗传资源的调查与保护利用工作。早在1979—1983年，我国就开展了第一次全国畜禽遗传资源调查，初步摸清了全国大部分地区畜禽遗传资源家底，出版了《中国家畜家禽品种志》，收录畜禽品种282个，其中，确定了猪地方品种48个，培育品种12个和引入品种6个。

为进一步摸清我国畜禽遗传资源状况，2006—2009年我国开展了第二次全国畜禽遗传资源调查，查清了1979年以来畜禽遗传资源的消长变化，出版了《中国畜禽遗传资源志》，收录畜禽品种747个。本次调查发现，我国猪品种有125个，其中地方品种88个，85%左右的地方猪群体数量呈下降趋势，31个品种处于濒危状态或濒临灭绝，与第一次畜禽遗传资源调查相比，濒危、濒临灭绝的猪地方品种数量显著增加。在此次调查中，有横泾猪等8个地方猪种未发现，项城猪等4个品种已灭绝。此外，此次调查发现了确山黑猪、黔北黑猪、高黎贡山猪等一批新资源。

2021年3月21日，农业农村部下发《农业农村部关于开展全国农业种质资源普查的通知》，标志着第三次全国猪遗传资源普查启动，同年4月23日，第三次全国畜禽遗传资源普查猪专业组全体专家以线上形式，召开专家组会议，研究猪特征特性评估和生产性能测定内容，明确专家分工和任务，全面启动专家组工作。主要任务包括生猪遗传资源基本情况普查、生猪遗传资源系统调查与遗传材料采集制作及生猪遗传资源评估和入库保存。在3年时间内，摸清全国生猪种质资源种类、数量、分布、主要性状等家底，明晰演变趋势，发布生猪种质资源普查报告、发展状况报告，珍贵、稀有、濒危、特有资源得到有效收集和保护，实现应收尽收。2022年是遗传资源普查的关键年，基础信息系统填报率达99.7%，外貌特征调查完成80.4%，体尺体重完成83.3%，屠宰测定完成74.5%，影像拍摄完成51.5%，为猪遗传资源普查的完成奠定了基础。

二、生猪遗传资源表型精准鉴定及分子身份证构建

我国地方猪遗传资源丰富，可为猪种质创新及开发提供广泛的遗传素材，是发展生猪种业和特色畜牧业的重要物质基础。生猪遗传资源性能测定与鉴评是种质创新及杂交利用的重要基础性工作，对于开展猪遗传资源保护与开发利用意义重大。生猪遗传资源性能测定与鉴评主要包括生猪体型外貌特征、体尺体重、生长发育性能、育肥性能、屠宰性能、胴体肌肉品质、耐粗饲、高原适应性、公猪采精信息和母猪繁殖性能等8个方面。

生猪遗传资源精准鉴评方法包括表型鉴定与基因型鉴定两部分。表型鉴定包括体型外貌、生长发育性能、繁殖性能、屠宰性能、胴体肌肉品质等性能测定。然而，由于生猪表型特征容易受饲养方式、环境等多种因素影响，使表型特征被掩盖，造成品种鉴定困难；另外，不同品种的猪之间可能存在表型特征的相似性，会导致品种鉴定出现混淆。因此，通过分子遗传学等技术，利用分子标记，如微卫星、单核苷酸多态性（SNPs）等开展生猪种质资源鉴定，可克服表型鉴定的不足，实现基因组层面的精准鉴评。2022年，采样工作已完成计划总量的95%，为后续开展大规模全基因组高通量深度测序分析，建立精准的畜禽品种分子身份证奠定了坚实基础。

三、新品种及配套系培育

近几十年来，我国研究人员以地方猪种为育种素材，导入不同比例的外来猪种血统，通过选育保持地方猪种基本特色，培育和选育了多个具有市场竞争力的新品种及配套系。《国家畜禽遗传资源品种名录（2021年版）》显示，我国猪培育品种共有25个，分别是：新淮猪、上海白猪、北京黑猪、伊犁白猪、汉中白猪、山西黑猪、三江白猪、湖北白猪、浙江中白猪、苏太猪、南昌白猪、军牧1号白猪、大河乌猪、鲁莱黑猪、鲁烟白猪、豫南黑猪、滇陆猪、松辽黑猪、苏淮猪、湘村黑猪、苏姜猪、晋汾白猪、吉神黑猪、苏山猪、宣和猪。2021—2023年，国家畜禽遗传资源委员会审定了

辽丹黑猪、硒都黑猪、川乡黑猪、山下长黑、乡下黑猪、天府黑猪等6个培育品种。

《国家畜禽遗传资源品种名录（2021年版）》中列有14个猪配套系，其中有9个配套系含有我国地方猪种血缘，分别是冀合白猪配套系、滇撒猪配套系、鲁农1号猪配套系、渝荣1号猪配套系、天府肉猪、龙宝1号猪、川藏黑猪、江泉白猪配套系、湘沙猪。2022年，国家畜禽遗传资源委员会审定了香雪白猪配套系1个。

香雪白猪配套系由上海交通大学、上海浦汇良种繁育科技有限公司、上海祥欣畜禽有限公司和浙江青莲食品股份有限公司共同培育的。2022年11月18日，国家畜禽遗传资源委员会猪专业委员会召开全体委员会议，通过了香雪白猪配套系会评。2022年11月24日，香雪白猪通过了国家畜禽遗传资源委员会审定。

香雪白猪配套系是以浦东白猪（中国唯一毛色全白的地方猪种）、浦东白猪、长白猪和大白猪为素材，聚合地方猪种和引进猪种两类遗传资源的优势特色性状基因培育而成。浦东白猪产于上海浦东，已有百年以上养殖历史，但因其数量稀少而一直处于被保种状态，大众消费者难以品尝到它的美味。为了让更多的消费者品尝到该地方猪的风味，进一步满足江浙沪消费者的饮食文化需求，浙江青莲食品股份有限公司，联合上海交通大学、上海浦汇良种繁育科技有限公司等机构，采用现代遗传育种技术，以浦东白猪的母猪为第一母本，大白公猪和长白公猪分别为第一父本和终端父本，历经18年攻关研究培育的重要白猪配套系。

香雪白猪配套系商品猪被毛全白，耳朵大而下垂，背腰基本平直，腹部略垂，四肢粗壮，达104.5千克体重日龄191.7天，料重比3.23：1，胴体瘦肉率55.21%，肉色评分3.4，肌内脂肪含量2.63%。该配套系既有地方猪种肉质优异、细嫩多汁、抗病力强的突出特点，又有引进猪种生产效率高的显著优点，其繁殖力高，环境适应力强，适于规模化、集约化饲养。

四、地方猪遗传资源保护与利用

1. 保种场保护

保种场保护是畜禽遗传资源活体保护的主要方式之一，2021年农业农村部已建立了64个国家级地方猪保种场，分布在江苏、湖北、四川、河南、广东、山东、辽宁、浙江、黑龙江、甘肃、云南、青海等省份，对太湖猪、大花白猪、内江猪、民猪、乌金猪、八眉猪、藏猪等地方猪品种实施保种场保护。为进一步加强地方猪品种资源安全，2019年各省陆续启动地方猪保种备份场建设，梅山猪、定远猪、内江猪等地方猪品种备份场已投入使用。

2. 保护区保护

保护区保护是在畜禽遗传资源中心产区开展活体保护的重要途径，2021年农业农村部已建立了7个地方猪品种保护区，分别是湖南省宁乡县宁乡猪保护区、江苏省常州市太湖猪（二花脸猪）保护区、重庆市荣昌区荣昌猪保护区、四川省甘孜藏族自治州乡城县藏猪保护区、西藏自治区林芝市工布江达县藏猪保护区、云南省迪庆自治州藏猪保护区、甘肃省甘南藏族自治州藏猪保护区。

3. 基因库保护

遗传材料保存是猪活体保护的重要补充方式，是指对保护品种的DNA、精液、体细胞、胚胎、肠道微生物等遗传材料采用超低温冷冻的方式进行保存。2019年农业农村部启动了国家级地方猪遗传材料采集保存项目，收集国家级保种场的42个地方猪品种、55个类群的冷冻精液、体细胞、耳组织等遗传材料，进一步完善了我国地方猪遗传资源保护体系。

4. 地方猪品种特色猪肉产品开发

我国地方猪品种肉质优良，肌间脂肪丰富程度、必需性脂肪酸和氨基酸含量、肉品风味等特性方面优于引进猪种，是开发特色猪肉产品的优良食材。随着经济发展和国民消费结构升级，消费者对猪肉品质的要求越来越高并且个性化选择日趋增强，特色猪肉产品具有巨大的市场消费需求，成为地方猪品种开发利用的重要发展趋势。目前，国内以莱芜猪、梅山猪、深县黑猪、青峪猪、宁乡花猪、淮猪、广东小耳花猪、金华猪、沙子岭猪、槐猪、里岔黑猪等地方猪种为素材开发特色猪肉产品，打造了禾豚槐猪、巴山土猪、徒河黑猪、黑加宝等特色猪肉品牌，通过设立专卖店、入驻大型商超、电商销售等销售途径已成功占据一定的市场份额。

5. 地方猪遗传资源保护机制不断完善

修订《畜牧法》《畜禽遗传资源保种场保护区和基因库管理办法》《畜禽新品种配套系审定和畜禽遗传资源鉴定办法》等法规及配套规章；制定实施了《全国畜禽遗传资源保护和利用规划》，全面推进地方猪遗传资源保护与利用。随着各项法规和政策的深入贯彻实施及众多有条件的企业和个人参与地方猪遗传资源保护工作，以国家保护为主、多元主体共同参与地方猪遗传资源保护的格局已逐步形成。

搭建地方猪遗传资源动态监测系统和管理信息平台，通过建立国家猪遗传资源动态监测中心、省级分中心和重点资源监测点，全面监测分析地方猪资源数据，掌握种群变动、特性变异、濒危状况、开发利用等信息，实时监测各级保种场、保护区和基因库保种状况，及时发布预警信息，提升猪遗传资源保护数据化、信息化、智能化水平，提高资源保护的针对性和前瞻性。

第三章 生猪种业创新攻关

一、生猪遗传改良计划

为了更好地贯彻落实《全国生猪遗传改良计划（2021—2035年）》，切实推进全国种猪性能测定和遗传评估工作，加快核心群遗传改良的进展，提高我国种猪的整体质量，在农业农村部种业管理司和全国畜牧总站负责实施下，遗传改良计划整合了科研院所、政府技术服务部门、育种企业力量，不断推进我国生猪遗传改良工作，我国猪种业取得了突出的进步和发展。

（一）完善国家核心场管理体系

国家生猪核心育种场是建立全国种猪核心群的基础，核心育种场的质量对种猪遗传改良的效率至关重要，通过建立完善的国家生猪核心育种场管理体系，有利于保障核心场的繁育水平。2022年，我国成功建立了以国家核心场为核心的种猪育种体系，已建立了94家瘦肉型品种国家核心育种场、10家地方品种国家核心育种场、8家国家核心种公猪站，形成了规模庞大的种猪核心群体。为激发育种企业育种积极性，不断提升育种能力和良种性能水平，根据遗传改良计划及相关规定，2022年遗传改良计划办公室按照申报、形式审查、专业审查、现场审核、核验等流程，从43家申报场中遴选出了9家企业为国家生猪核心育种场，分别是：广德市三溪生态农业有限公司、上杭傲农槐猪产业发展有限公司、福建哈客生态农业有限公司、济南市莱芜猪种猪繁育有限公司、鲁山县丰源和普农牧有限公司、湖南省流沙河花猪生态牧业股份有限公司、遂溪壹号畜牧有限公司、成都旺江农牧科技有限公司、四川省丽天牧业有限公司，遴选了吉安市傲宝生物科技有限公司、山东傲农种猪有限公司2家企业为国家核心种公猪站。对江苏省永康农牧科技有限公司等15家核心育种场进行核验，共13家通过核验，有效期为5年，2家未通过核验，被取消国家生猪核心育种场资格。

通过不断的核心场遴选与监管，实现优中选优，最终留下实力强劲的核心场、公猪站为全国其他生猪育种企业作示范并开展全国生猪联合育种工作，从而进一步推动我国生猪遗传改良工作的实施。

（二）维持并扩大国家育种核心群

良种繁育体系的核心是建立育种核心群。遗传改良计划的目标是通过遴选120家国家生猪核心育种场，组建规模至少为20万头母猪的国家育种核心群。截止到2022年底，大白猪、长白猪、杜洛克猪分别成功建立了由约11.1万、3.7万、2万头母猪组成的育种核心群。2022年全国母猪平均存栏167 669头，同比上升7.28%。2022年全国母猪平均存栏中，大白猪存栏110 930头，占比66.16%，同比上升8.74%；长白猪存栏36 664头，占比21.87%，同比上升8.63%；杜洛克猪存栏20 075头，占比11.97%，同比下降2.24%（图1-1）。

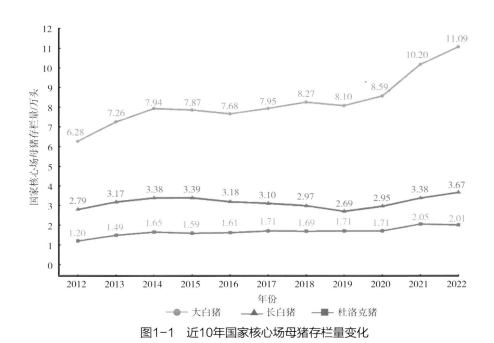

图1-1　近10年国家核心场母猪存栏量变化

（三）完善规范的种猪登记和性能测定体系

种猪登记和性能测定是现代猪育种的基石，也是改良计划的重要内容。改良计划制定了种猪个体登记规则和主要育种目标性状测定技术规范，以及对核心育种场数据采集的要求。在全国范围内建立了场内测定为主、测定中心为辅的种猪生产性能测定体系。目前多数核心育种场都基本能按照要求进行规范的种猪登记和性能测定，并上传至全国种猪遗传评估中心。遗传改良计划实施以来，全国种猪登记和性能测定数量逐年增长。2022年，国家核心场登记种猪2 463 108头，全年同比上升8.55%；累计测定种猪生长性能测定数据704 251条，全年同比上升7.97%；累计记录分娩母猪166 634头，全年同比上升5.79%；累计记录母猪繁殖记录257 715条，全年同比上升3.99%（图1-2）。丰富而准确的种猪测定数据，促进了遗传改良过程的稳定进行，为我国种猪育种提供了坚实的数据保障。

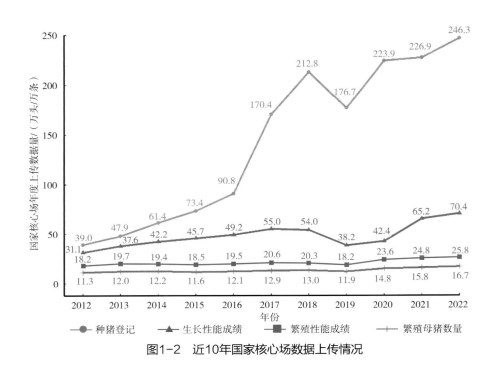

图1-2　近10年国家核心场数据上传情况

（四）推进基因组选择技术数据积累

以基因组选择为核心的分子育种技术已给畜禽育种带来了巨大变革，成为推动畜禽育种发展的强大动力。遗传改良计划于2017年启动了国家猪基因组选择平台建设项目，该项目制定了全国猪基因组选择平台项目实施方案，初步构建了杜洛克猪、长白猪和大白猪3个品种的基因组选择参考群体，成立了技术小组攻克基因组遗传评估相关算法，依托全国种猪遗传评估中心建立了全国猪基因组遗传评估技术平台。

对种猪进行全基因组芯片检测，构建基因组选择参考群，是开展基因组选择工作的基础。2022年，全国累计完成使用多个类型的芯片检测65 981头种猪。其中，大白猪42 205头，占比63.91%；长白猪12 794头，占比19.39%；杜洛克猪10 982头，占比16.64%。对于测定基因组信息所使用的SNP芯片版本，目前各国家核心场主要使用情况见表1-1。

表1-1　国家核心场芯片版本总计使用情况

芯片版本名称	测定量/头	占比/%
KPSISUS50-V1（中国农业大学50K43832）	18 980	28.77
KPS_PorcineBreedingChipV2（中芯一号旧版51315）	16 109	24.41
Neogen_China_POR50K早期版（GGP50K早期版50697）	10 034	15.21
Neogen_China_POR50KV01（GGP50K50915）	10 021	15.19
KPS_PorcineBreeding_plus（中芯一号新版57466）	8 307	12.59
GeneSeekPorcine80k（猪80K68528）	2 158	3.27
illuminaPorcineSNP60（猪60K61565）	372	0.56

在国家核心种猪场，赤峰家育种猪生态科技集团有限公司芯片检测种猪13 364头，测定个体覆盖全部的大白猪、长白猪和杜洛克猪，且每品种测定数量均超过1 000头，已经建立了有效的基因组选择参考群；南平市一春种猪育种有限公司仅针对大白猪进行基因组信息测定，大白猪芯片检测种猪数量为4 747头，初步建立了大白猪有效的基因组选择参考群；此外，自贡德康畜牧有限公司、江油新希望海波尔种猪育种有限公司等国家核心场也进行了有效的基因组信息测定工作。

（五）生产、繁殖性能测定进展明显

生产性能测定是遗传育种工作的基础，测定数据是评定种猪种用价值、遗传潜力的主要依据和信息来源。种猪生产性能测定能为种猪遗传评估提供大量的表型数据，保障种猪遗传评估和选种的准确性，为优秀种猪的大面积推广、加快育种进程发挥重要作用。改良计划将达100千克体重日龄和100千克活体背膘厚作为主要生产性能指标，将总产仔数作为产仔性能指标。

近10年来，3个品种的校正达100千克日龄均呈现明显下降趋势，大白猪、长白猪和杜洛克公猪校正日龄分别缩短了7.20天、8.92天和11.77天，母猪分别缩短了7.56天、8.78天和13.43天。当前，我国核心场大白猪、长白猪和杜洛克猪的平均校正达100千克日龄公猪为160.82天、158.62天和157.76天（图1-3），母猪为163.86天、161.99天和159.71天（图1-4）。2021年种猪测定量大幅度增加和种猪压栏等因素导致的大白猪和杜洛克猪的校正日龄的反弹已经得到缓解，3个品种的校正达100千克日龄均表现为大幅度降低，表明了本年度校正达100千克日龄育种工作的效果显著。

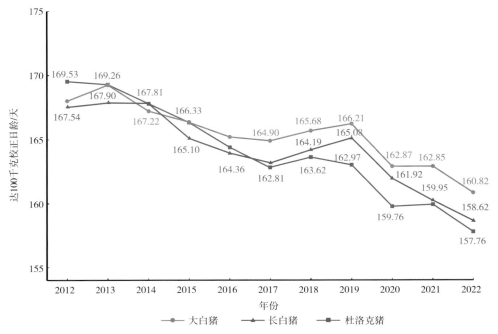

图1-3　3个品种达100千克校正日龄表型进展（公猪）

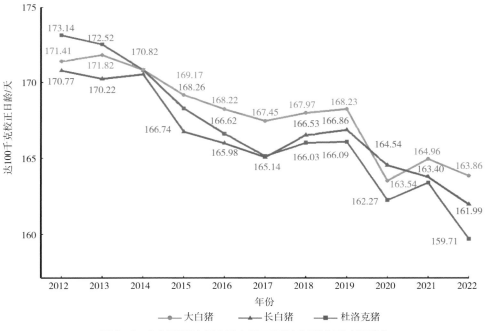

图1-4　3个品种达100千克校正日龄表型进展（母猪）

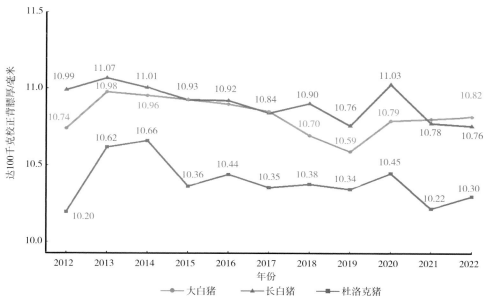

图1-5　3个品种达100千克校正背膘厚表型进展（公猪）

近10年来，3个品种的达100千克校正背膘厚在一定范围内波动，这可能是由于大部分国家核心场对达100千克校正背膘厚的选择权重较低。对比2022年和2012年数据，大白猪、长白猪和杜洛克公猪校正背膘厚分别降低0.08毫米、增加0.23毫米和降低0.10毫米，母猪分别增加了0.09毫米、0.66毫米和0.48毫米。当前，我国核心场大白猪、长白猪和杜洛克猪的平均达100千克校正背膘厚公猪为10.82毫米、10.76毫米和10.30毫米（图1-6），母猪为11.06毫米、10.74毫米和10.46毫米（图1-7）。

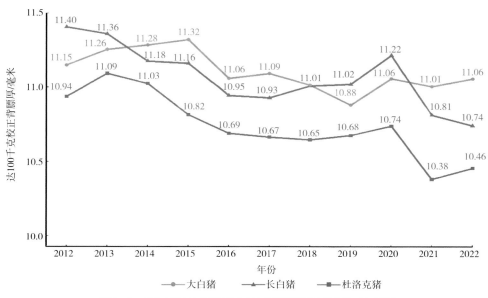

图1-6　3个品种达100千克校正背膘厚表型进展（母猪）

近10年来，我国核心场的大白猪、长白猪繁殖性能呈现稳定增长的趋势，种猪繁殖性能在不断提升，杜洛克猪繁殖性能总体保持稳定，这是由于杜洛克猪的繁殖性能并不在大部分核心场的育种目标之内，大白猪、长白猪和杜洛克猪总产仔数分别增加了2.39头、2.18头和0.22头。当前，我国核心场大白猪、长白猪和杜洛克猪的总产仔数为13.43头、13.21头和9.52头。

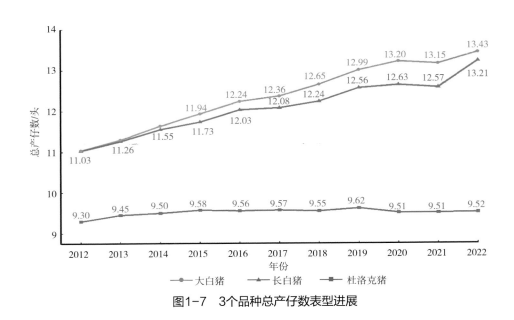

图1-7　3个品种总产仔数表型进展

（六）完善种猪遗传评估体系，推进基因组遗传评估进行

家畜育种所获得的遗传进展受到选择强度、遗传变异度、选择准确性和世代间隔的共同影响。其中，遗传变异度相对稳定，通常随着选择的进行缓慢改变，也可以通过引入外血等方法迅速地改变遗传变异度；选择强度、世代间隔主要依赖于育种方案；而选择的准确性取决于遗传评估的估计育种值方法。因此，进行科学有效的遗传评估是家畜育种工作的核心内容。2022年度，每季度对全国的国家核心育种场进行单场遗传评估，大白猪、长白猪和杜洛克猪分别有90家、81家和69家参与了遗传评估。部分国家核心场由于数据不达标或遗传评估无法收敛，未纳入单场评估分析中。在每季度发布的遗传评估报告中将各核心育种场中各品种综合选择指数最优秀的20头公猪和20头母猪予以展示，为国家核心场的育种工作提供了参考。

同时，2022年度尝试对基因组遗传评估的效果分析，分析以大白猪为例，根据各国家核心场上报至"全国种猪遗传评估信息网"的芯片检测数据的数量，选择了基因组数据最多的赤峰家育种猪生态科技集团有限公司、南平市一春种猪育种有限公司、北京中育种猪有限责任公司进行了分析。除引入基因组数据进行评估外，模型与传统评估一致。评估的准确性由校正表型值和估计育种值的相关性进行衡量。评估进行了五倍交叉验证。评估的结果表明，对于三家国家核心场的全部三种性状，基因组选择遗传评估均表现出了对传统评估的显著优势，对于不同情况，基因组选择具有

10%～21%不等的相对优势,对遗传评估准确性的提升效果明显,有助于种质资源的快速选育提高。

2022年度,国家种猪遗传评估中心每季度对所有具有有效芯片检测数据的国家核心场进行了全基因组遗传评估分析,其中大白猪、长白猪和杜洛克猪分别有35家、18家和21家参与了全基因组遗传评估。在每季度发布的遗传评估报告中将各核心育种场中各品种基因组综合选择指数最优秀的20头公猪和20头母猪予以展示,为国家核心场的育种工作提供了参考。

(七)推动育种群体结构和育种方案持续优化

育种措施衡量了国家核心场整体育种方案的规划和具体的执行情况,良好的育种方案可以高效率地实现种猪的选育提高,它和高准确性的遗传评估起到相辅相成的作用。因此,对育种措施的实施效果进行评价,以帮助评价国家核心场育种措施的有效性,并对种猪的选育提高提供支持。评估这些指标有助于优化国家核心场的繁殖计划和管理,提高育种效率和生产效率。

通过实施生猪遗传改良计划,我国建立了庞大的生猪育种群、高质量性能测定体系和科学的遗传评估体系,提高了育种值估计准确性。同时,遗传改良计划也使很多育种人员改变了育种理念,推广了现代育种理论和技术,提高了各场的测定比例和选择强度。

2022年,各品种国家核心场测定率在30%～45%,测定率仍有不足,需要进一步地提高核心群群体的测定规模。留种率方面,公猪留种率在10%左右,母猪留种率在30%左右,基本符合育种方案的要求,但是与种业发达国家相比,公猪、母猪的留种率均有一定的提升空间(表1-2)。种公猪平均月龄和种母猪平均胎次同样基本符合育种方案要求,应当继续保持,并逐步增加更新频率。

表1-2　国家核心场3个品种主要育种措施年度平均完成效果统计

品种	公猪测定率/%	母猪测定率/%	公猪留种率/%	母猪留种率/%	种公猪平均月龄/月	种母猪平均胎次/次
大白猪	30.83	40.63	7.10	31.17	25.17	2.81
长白猪	35.90	44.40	11.55	32.58	26.01	2.78
杜洛克猪	44.14	48.91	9.70	37.96	26.12	2.66

(八)场间遗传联系稳步提升,局部联合育种效果提高

实现全国性联合育种进而加快核心群改良速度,是改良计划的重要目标之一。联合育种的核心是跨场联合遗传评估,而进行跨场联合遗传评估的前提是场间有足够的遗传联系。建立场间遗传联系的主要措施,一是通过种公猪站将优秀公猪精液扩散到多个种猪场,二是通过育种场间的遗传物质交流。目前,改良计划已遴选了6家国家生猪遗传改良计划种公猪站,同时还对核心育种场开展遗传物质交流提出了明确的要求。

近10年来,全国国家核心场年度测定群体场均关联度维持在一个较低的水平。相对而言,大白猪的年度测定群体场均关联度较高,反映了大白猪的场间遗传交流工作较为活跃。自2018年之后,各品种年度测定群体场均关联度大幅度降低,这主要是受到非洲猪瘟和新冠疫情等不利因素的影响

（图1-8）。近年来，场间引种工作逐渐恢复，年度测定群体场均关联度回升，但仍应加强此方面的工作，继续提高国家核心场之间的遗传联系。整体而言，我国杜洛克猪、长白猪、大白猪3个品种的核心育种场之间的场间关联度依然偏低，绝大部分场之间没有任何遗传关联，因此，当前我国尚不具备开展全国性联合遗传评估的条件。

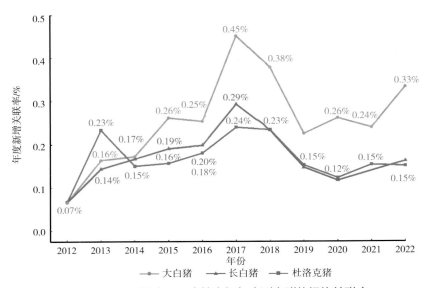

图1-9　近10年全国国家核心场年度测定群体场均关联度

在此基础上，全国种猪遗传评估中心以其为基础开展实验性的区域性联合评估，从全部国家核心场中提取了数个足以开展区域性联合评估的子群体，考虑到引种工作的顺利推进，本年度提高了关联子群的筛选标准。目前的标准为局部关联群内场均关联度不小于10%。对于大白猪、长白猪、杜洛克猪分别提取到2个、2个、3个局部关联群（表1-3）。

表1-3　本年度国家核心场三个品种高关联度关联群信息

序号	局部关联群	核心育种场数量/个	局部关联群内平均关联度/%
1	大白猪关联群1	12	10.65
2	大白猪关联群2	11	10.56
3	长白猪关联群1	11	11.88
4	长白猪关联群2	9	11.87
5	杜洛克关联群1	8	13.25
6	杜洛克关联群2	6	20.16
7	杜洛克关联群3	6	28.55

总体而言，大白猪和长白猪的关联群较大，表现由大量关联度中等的国家核心场组成；杜洛克的关联群较小，表现为数个高关联度的国家核心场。

二、国家优质瘦肉型猪联合育种攻关

2019年4月，农业农村部种业管理司开始筹划《国家畜禽良种联合攻关计划（2019—2022年）》。2019年7月，在农业农村部的指导下，国家优质瘦肉型猪联合攻关项目组完成了《优质瘦肉型猪选育联合攻关方案（2019—2022）》。2019年8月2日，农业农村部办公厅印发《国家畜禽良种联合攻关计划（2019—2022年）》的通知（农办种〔2019〕17号）。

项目组由温氏食品集团股份有限公司、华南农业大学、江西农业大学等15家优势单位组成，其中育种企业10家。温氏食品集团股份有限公司作为项目牵头单位，负责项目组织管理、协调和新品系培育及杂交配套筛选；华南农业大学等5所高校和科研单位负责种质资源鉴评、关键技术研发和数据分析等工作；牧原食品股份有限公司等9家企业负责新品系基础群组建和培育。黄路生院士担任项目首席专家，吴珍芳教授担任项目主持人。项目组建立了协同研发关键技术、共同制订育种方案、共享交流种质资源、建立数据共享平台的联合攻关机制，采取了促进深度融合的产学研合作、加强项目组织管理和经费管理、实现种质资源和数据信息共享等保障措施。

2019—2022年来，在农业农村部种业管理司、全国畜牧总站、广东省农业农村厅等部门的坚强领导和大力支持下，项目组围绕育种关键技术研发、新品种（配套系）培育开展联合攻关，取得了阶段性的成果。共计组建、持续培育13个优质瘦肉型猪新品系，包括2个优质黑猪品系，4个高效瘦肉型杜洛克终端父本品系，6个高产瘦肉型大白猪母本品系，1个高效瘦肉型第一父本长白猪品系。核心群基础母猪数量达到20 561头，种猪总测定量达到47 276头，新增全基因组选择参考群体26 174头，各品系年均遗传进展1%～5%。突破全基因组选择和智能测定技术，打破国外垄断。

联合攻关单位中企业有10家，高校及科研院所有5家，均为我国猪育种领域的领军企业和科研单位。坚持以大型育种企业为育种主体，以产学研深度合作为技术支撑，按照商业化育种的内在规律配置和整合资源。每个科研单位对接2～3家企业，采取派出专家入驻企业、按照企业技术需求开展攻关、聘请企业技术高管为研究生第二导师、定制种业专业人才等形式，不断拓宽各单位间合作广度和深度，形成联合攻关创新联合体。

项目组紧密围绕全基因组选择、智能测定两大核心育种技术，开展联合攻关。在全基因组选择方面，按照首席专家黄路生院士的总体设计，各单位发挥所长、通力合作，自主创制具有自主产权的育种芯片（中芯1号芯片、温氏WENS55K），创建基于固态芯片、简化基因组测序、低深度全基因组测序、液态芯片的多代技术，开发全基因组选择遗传评估系统，打破国外技术垄断。在智能测定方面，开发基于三维重构的估重和体型测定、基于可见光/远红外线的肉质测定、基于电子标签的个体识别、肌纤维自动分型、胴体和经济切块等技术和系统。

以温氏食品集团股份有限公司、华南农业大学、江西农业大学、华中农业大学为核心，建成基因组选择服务平台，并在10家育种企业中全面推广应用，项目开始以来已应用10余万头，极大地推动了育种技术进步。构建总量超60 000头的全基因组选择参考群体，每年新增6万头基因分型数据、4万头性能测定数据、20万窝繁殖性能测定数据，建立累计20余个性状、数千万条记录的大型育种数据库并相互开放共享。各企业间以区域公猪站为纽带，以精液的形式开展遗传交流，建立遗传联系，提高联合遗传评估的准确性。

联合攻关各单位坚持以市场为导向，培育适销对路的种猪产品，不断提升种猪的市场竞争力。参与联合攻关的10家企业分布在全国各地，其中温氏集团、牧原集团等5家企业实现全国布局。针对我国各区域不同的市场需求，项目组经过充分讨论，考虑各单位的工作基础和所在区域，明确各自目标市场和产品定位，形成相互补充、各有特色的产品系列，既能满足全国各区域市场需求，又能满足高端、中端和大众化市场需求。

三、科研创新攻关

1. 瘦肉型猪智能测定技术研究

开展了肉质表型的快速检测技术研究，构建了猪背最长肌图像采集系统，采用自适应阈值法对肌肉图像进行背景分割，能快速准确地将肌肉从图像中分离。通过自适应中值滤波对图像进行降噪、采用灰度变换来增加灰度图像中肌肉与脂肪的对比度。最终采用图像分块自适应阈值法，将肌肉与脂肪区域完整分离。开发了手持PDA数据采集器，实现了育种数据的无纸化采集。开发了种猪电子耳牌及读写软件，实现了种猪个体智能电子识别。开发了基于三维重构的种猪体型体况评定系统，实现了种猪体型体况的非接触式智能评定。

2. 瘦肉型猪大数据遗传评估技术研究

开发了猪基因组育种新算法HIBLUP，对程序进行了高性能计算优化，计算速度获得显著提升。以HIPBLUP算法为核心，整合了团队研发的多个算法及程序，开发了基因组选择育种平台，实现完全不依赖第三方软件进行基因组育种值估计。平台智能化程度高，可快速处理多种基因组数据，且能够与当前流行的猪场数据管理软件流畅对接。研发了性能优越、评估准确性高的基因组选择评估软件"Pi-BLUP"，提高预测准确性和计算效率，节约运行时间。

3. 种猪全基因组选择和选配等技术研发与应用

在'中芯1号'及'温氏55K'的基础上，开发了基于国产测序平台的低密度重测序技术和猪80K功能位点基因芯片技术，降低了基因组分型成本，提高了技术应用的准确性。同时，基因组选择技术在专门化品系选育应用效果良好。分析比较了商业芯片、简化基因组测序方法、自制芯片及低密度重测序的分型方法对基因组选择准确性的影响，结果显示低密度重测序分型方法比常规方法提升40%左右的准确性。开发出基于国产测序仪的育种专用测序分析一体机系统，可以实现从DNA提取到测序上机的全自动一体化解决方案，同时完成DNA提取、文库构建、上机测序等实验。整合了一套从"采样"到"选种"全流程监控的信息化管理软件，样品采集后即被追踪，每一个环节都有记录，育种场、实验室无缝对接。建立5万余头的全基因组选择参考群体，涵盖了优质瘦肉型猪主要品种（系），在基因组选择技术及应用规模扩大的基础上，品系选育进展明显。另外，对基因组选配技术也进行持续研究，开发完成了相关算法及配套软件，已在扬翔、温氏等企业推广应用。

4. 猪基因组杂交育种算法研究

基于亲缘指数的选择（Kinship Index Based Selection，KIS）初步揭示了长期以来杂交育种的实际方法—群体继代选育法难以取得预期效果的内在依据，建立了一套指导开展合成杂交的基因组杂交育种方法。该方法的核心是根据各种先验知识对培育品种的基因组进行分子设计，然后根据候选个体的实际基因组组成计算每个育种性状与理想个体相应基因组同态相同（IBS）概率，最终将各性状的IBS加权计算一个综合选择指数，据此进行选择。

5. 猪品种鉴定平台研发

全世界约1/3的猪品种都在中国，对于我国而言，如何对如此多的猪品种进行准确鉴别无疑是一项艰巨的任务，伴随着第三次全国畜禽遗传资源普查，这项任务显得格外迫切。此外，收集各个品种的样品，建立品种鉴定的参考数据集更加费时费力。实际上，随着科学研究的不断发展，20多年来，人们已经对全球范围内的多个猪品种进行了基因组检测，这些数据对于猪品种鉴别来说无疑是一个宝贵的资源，但是一直没有汇总这些数据进行品种的系统研究。

该平台收集了来自世界各地的124个猪品种（其中有70个来自国内），总计3 605头猪的SNP（单核苷酸多态性）数据，建立了大规模参考数据集，并集成到猪品种鉴别平台—iDIGs（Identification of Pig Genetic Resources；http://alphaindex.zju.edu.cn/ iDIGs_en）。基于这些数据集，用户可以直接上传品种未知个体的SNP基因型数据，iDIGs将使用机器学习模型对上传个体进行品种鉴定。

第四章 生猪种业企业扶优发展

一、生猪种业扶持政策

一直以来，国家对于生猪及生猪种业给予了大量的扶持，突出表现在多年来持续在中央一号文件中都有相关的政策条款，强调了"三农"（农业、农村、农民）问题在中国特色社会主义现代化时期"重中之重"的地位。中央一号文件对于种业的重视充分体现了国家对种业的态度和支持力度。2022年出台的主要生猪种业政策主要包括两个方面：

1. 推进种源关键核心技术攻关

2022年2月22日，中共中央、国务院发布《关于做好2022年全面推进乡村振兴重点工作的意见》。文件强调大力推进种源等农业关键核心技术攻关。全面实施种业振兴行动方案。加快推进农业种质资源普查收集，并强化精准鉴定评价。推进种业领域国家重大创新平台建设。启动农业生物育种重大项目。加快实施农业关键核心技术攻关工程，实行"揭榜挂帅""部省联动"等制度，开展长周期研发项目试点。强化现代农业产业技术体系建设。开展重大品种研发与推广后补助试点。

2. 遴选一批国家种业阵型企业

2022年8月4日，农业农村部种业管理司为了贯彻党中央、国务院种业振兴决策部署，落实全国种业企业扶优工作推进会精神，实施种业企业扶优行动，支持重点优势企业做强做优做大，开展了国家种业阵型企业遴选工作，加快构建"破难题、补短板、强优势"企业阵型。根据企业创新能力、资产实力、市场规模、发展潜力等情况，遴选温氏食品集团股份有限公司等86家企业为国家畜禽种业阵型企业。生猪企业皆为补短板企业阵型，聚焦与国际先进水平相比有差距的种源，充分挖掘优异种质资源，在品种产量、性能、品质等方面尽快缩小差距。把种业企业扶优工作摆上重要位置，把阵型企业作为企业扶优的重点对象，把推进企业与科研、金融、基地"三对接"作为企业扶优的重要平台，把创设扶持政策作为企业扶优的重要手段，把净化发展环境作为企业扶优的重要保障，把构建亲清政商关系作为企业扶优工作的重要要求。提出实施种业企业扶优行动主要有三方面考虑，一是推进种业科技自立自强，必须发挥优势种业企业"主板"集成作用。像电脑主板一样，使科研、生产、市场、投资等都能找到相应"接口"，推进创新成果快速产出和转化。二是实现种源自主可控，必须夯实优势种业企业这个供种"基本盘"。三是提升种业国际竞争力，必须做强做优做大种业企业。实现由种业大国向种业强国的转变，必须逐步形成由领军企业、特色企业、专业化平台企业共同组成协同发展的国家种业振兴企业集群。

二、国家生猪种业企业阵型及发展概况

（一）国家生猪种业阵型企业类型

2022年8月24日，农业农村部办公厅印发《关于扶持国家种业阵型企业发展的通知》。公布了国家畜禽种业阵型企业名单。根据企业规模、创新能力和发展潜力等关键指标，从全国种猪企业中遴选了25家种猪业阵型企业。对纳入国家种业阵型企业的，国家有关部门将支持种业阵型企业参与种质资源保护、鉴定和开发利用，并牵头承担国家育种联合攻关等任务，实施现代种业提升工程项目等。同时，鼓励支持科研单位、金融机构、种业基地与种业阵型企业对接、开展合作，提升种业企业的育种能力和良种性能水平。

入选的25家种业阵型企业分别是：北京大北农科技集团股份有限公司、北京顺鑫农业股份有限公司、北京中育种猪有限责任公司、赤峰家育种猪生态科技集团有限公司、吉林精气神有机农业股份有限公司、上海祥欣畜禽有限公司、史记生物技术（南京）有限公司、福建傲农生物科技集团股份有限公司、江西正邦科技股份有限公司、江西加大农牧有限公司、牧原食品股份有限公司、河南省谊发牧业有限责任公司、佳和农牧股份有限公司、湖南省现代农业产业控股集团有限公司、湘村高科农业股份有限公司、温氏食品集团股份有限公司、深圳市金新农科技股份有限公司、广东德兴食品股份有限公司、广东壹号食品股份有限公司、广西扬翔股份有限公司、广西农垦永新畜牧集团有限公司良圻原种猪场、重庆琪泰佳牧畜禽养殖有限公司、四川德康农牧食品集团股份有限公司、新希望六和股份有限公司、四川铁骑力士食品有限责任公司。

生猪相关专业化平台共4类10个，投资机构为现代种业发展基金有限公司；育种服务机构为中国畜牧业协会；技术支撑机构为全国种畜禽遗传评估中心、北京康普森生物技术有限公司、华智生物技术有限公司、深圳华大基因股份有限公司；检测机构为农业农村部种畜品质监督检验测试中心、农业农村部种猪质量监督检验测试中心（武汉）、农业农村部种猪质量监督检验测试中心（广

州）、农业农村部种猪质量监督检验测试中心（重庆）。

（二）生猪种业区域布局

目前我国生猪种业基地建设已经取得长足的进展。首先，我国生猪种业基地建设规模大，区域分布广，已经遍布全国各地，覆盖了北方草原地带、中原地区、南方地区等多种不同的气候和环境条件，不仅可以满足国内市场的需求，还可以向国际市场输出生猪种苗；其次，基础设施完善，管理规范，积极引进国外优良品种，针对本土优质猪种合理选育，积极完善国家生猪核心育种场建设；最后，我国生猪产业基地建设注重区域性联合，建设了多家国家级和区域性的种公猪站，对于促进种猪良种的繁育和推广、提高生猪品质、改善养殖业生态环境和推动生猪产业的升级有重要的作用。

我国的生猪种业基地从区域分布看，与我国人口分布相似，主要分布在东北、华北、西南、江南和华东地区。其中，东北和华北地区生猪种业基地的发展相对较早，主要以黑龙江、吉林、辽宁、河北、山西等省份为主；西南地区以四川、重庆、贵州等省份为主要生猪种业基地；江南地区以江苏、浙江等省份最为集中；华东地区以山东、安徽等省份为主要基地。四川、河南、湖南是生猪产能最大的省份，其次为山东、湖北、云南、广东等省。

我国是生猪生产与猪肉消费大国，2022年全国生猪出栏69 995万头，猪肉产量5 541万吨，年末全国生猪存栏45 256万头，其中能繁殖母猪存栏4 390万头。巨大的生猪生产体系，催生了生猪种业的发展，每年仅更新种猪的需求就达到1 600万头以上，商品代仔猪几亿头。从生猪各省市出栏量和存栏量数据可以从侧面印证我国生猪种业基地的空间分布特点。从2022年生猪出栏量来看，四川生猪出栏量最高，为6 548.4万头；湖南次之，为6 248.2万头；河南第三，为5 918.8万头。前5个省份生猪出栏27 776万头，占全国总生猪出栏量的40%（图1-10）；从生猪存栏量来看，2022年末，河南生猪存栏量最大，为4 260.52万头，四川和湖南次之（图1-11）。

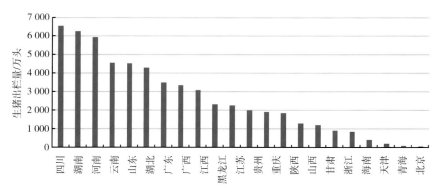

图1-10　2022年我国生猪各省份出栏量情况

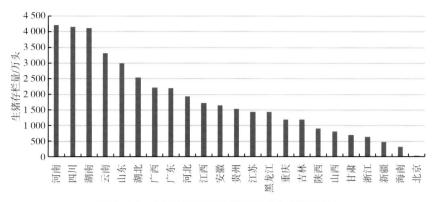

图1-11　2022年我国生猪各省份存栏量情况

（三）生猪种业发展概况

1.生猪种业企业类型

按照资金和技术来源、运行模式等区分，中国的种猪企业主要分为以下4种类型。

（1）国内专业育种企业

如德康集团、扬翔股份、天兆猪业、上海祥欣、浙江加华等专业育种企业。绝大部分育种场仍需定期从国外引进优质原种以维持种猪质量，这个梯队的企业规模较小，服务对象以局部区域性商品猪养殖企业与养殖场为主，主要客户类型是面对中、小型养殖企业和散养户。当前，中国的生猪养殖行业正处在快速整合阶段，相较小型养殖企业或散养户，大、中型养殖企业重视养殖效率和管理精细化程度，对专业种猪及育种服务需求较高。

（2）大型生猪养殖企业的内部育种

如温氏股份、牧原股份，这些大型企业依靠其自身的规模和技术力量优势，从国外引种纯种猪建立自身的独立育种体系。在引进种猪原种后，通过持续选育、再次引种、与国外育种企业建立合资种猪场等方式，选育出优质种猪。所选育的种猪以供应自身养殖体系为主，外销的比例较小。

（3）国际专业育种企业（跨物种平台）

多属于国际领先企业。种猪基因优势明显，全球市场集中度高，市场营收占比10%左右，头部企业营收占比高，在中国设立种猪场或与中国头部商品猪养殖企业合资建立育种企业，采用跨国开展联合育种的全球性育种公司。例如Hypor、Topigs Norsvin、Genesus、DanBred、PIC等，是国际种猪领先企业，拥有优质的种猪基因及种猪选育技术，在国际市场营收规模合计占比达45%。例如PIC（英）种猪改良公司是全球最大的种猪育种公司，在中国拥有6个核心场，曾祖代种猪存栏8 000余头。Hypor（荷兰）与新希望六合在山东合作建立1个核心场。这些企业面对的主要客户是大、中型养殖企业。其中，PIC是唯一在中国开展规模化生猪养殖且拥有实际影响力的独立育种企业。

（4）国外农业合作社/其他国际育种企业

以在中国成立销售代表处或者合作建原种场的方式运作，以直接从国外进口种猪到养殖企业的方式为主，如Cooper Nucleus（法国）、Genesus（加拿大）。其中，DanBred（丹麦）在江苏有1个种猪场、Topigs（荷兰）在安徽和山东分别有1个种猪场。这些企业的主要客户也是面对大、中型养殖企业。企业会不定期向中国大、中型生猪养殖企业销售曾祖代/祖代种猪，但中国种猪市场极为分散，营收集中度仅为5%，故这种方式业务波动性较高。此外，也有国际育种公司在中国合资成立的种企业。例如瑞东农牧（山东）有限责任公司于2013年10月成立于山东省济南市，注册资本1亿美元，是由美国璞瑞基金公司和美国派斯通公司在中国共同发起成立，致力于引入优秀种猪基因，建造代表先进养猪技术和管理水平的现代化美式养殖基地。

2. 发展现状

目前，我国已经初步建成了相对完善的生猪育种良繁体系。10年来，已经先后遴选出104家国家级生猪核心育种场和8家国家级种公猪站，覆盖全国25个省份。形成了规模达到15万头以上种猪的超级核心群，累计收集各品种登记数据近1 000万条、有效性能测定数据超过700万条。建立了以场内测定为主的生产性能测定体系，组建了全国种猪遗传评估中心，定期发布种猪遗传评估报告，指导企业科学选育。随着政策扶持和市场需求的不断增加，生猪种业企业数量稳步增长，规模化和机械化经营逐渐成为主流，畜产品质量安全保持较高水平，绿色发展取得重大进展，重大动物疫病得到有效防控。

经过几十年发展，我国生猪种业自主创新能力持续提高，良种供给能力不断增强，夯实了生猪产业发展根基，保障了居民"肉篮子"供应。我国生猪种业完成了从引进吸收、改良提升向创新追赶、自主选育的转变，具备了从基础研究、技术创新、应用研究到成果推广的创新能力。在育种技术方面，与国际水平基本并跑，部分领域国际领先，有了与国际先进水平同台竞技的基础。种猪性能持续提升，目前我国种猪核心种源自给率达到90%以上。

3. 种猪引进

我国种猪育种起步晚，虽说近年来育种成果斐然，然较之国外仍落后明显，引进国外优质的猪种，可以有效地加快育种进度，提高生产效益和质量，国家核心育种场的引种也尤为重要。自2010年开始，国家核心育种场大约共引进种猪11 000头，占核心育种群种猪存栏量的6%～7%，主要用于维持核心群的遗传变异丰富度和种猪性能改良，2020年和2021年引种数量激增是为补充非洲猪瘟疫情导致的全国核心场种猪数量急剧下降，以及引种计划的搁置和推迟，2022年引种数量已经迅速下降至往年水平。

三、国家核心育种场概况

国家核心育种场便于集中开展种猪资源保护，提高生猪育种水平，选育出适应性强、产肉率高、品质好、抗病能力强的优质猪种，可以提高生猪养殖效益，从而提高农业科技水平，提升农业竞争力，进而推进农业产业转型升级。总的来说，国家核心育种场是规模化、现代化、标准化的种猪生产基地，是保障我国种猪遗传资源安全和提高种猪质量效益的重要手段，同时也是推进养猪业现代化和可持续发展的重要举措。

（一）核心育种场数量变化

自2010年开始，国家核心育种场数量的变化如图1-12所示，在开始的近10年中，由最初的24家增加至近百家，后受到非洲猪瘟的影响，2020年，数目下降至92家，2021年恢复至103家，2022年，全国共有瘦肉型品种国家核心场94家，地方品种国家核心场10家，国家核心种公猪站8家。

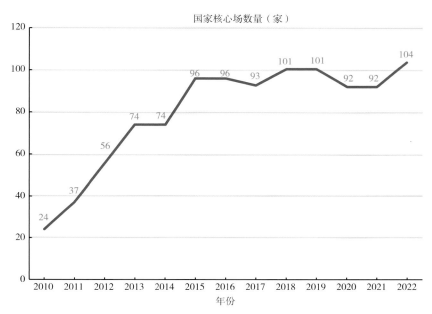

图1-12　2010—2022年我国国家核心育种场数量

（二）核心育种群存栏

1. 瘦肉型品种

瘦肉型品种的国家核心场，主要以三元杂交扩繁体系的纯种猪的核心群作为育种的目标群体，即大白猪、长白猪、杜洛克猪，部分国家核心场还对皮特兰猪等瘦肉型品种进行育种，由于数量较少，暂不作统计。2022年，全国共具有瘦肉型品种国家核心场94家。共有89家国家核心场存栏大白猪，75家国家核心场存栏长白猪，66家核心场存栏杜洛克猪。

2022年全国母猪平均存栏167 669头，同比增长7.28%。2022年全国母猪平均存栏中，大白猪存栏110 930头，占比66.16%，同比增长8.74%；长白猪存栏36 664头，占比21.87%，同比增长8.63%；杜洛克猪存栏20 075头，占比11.97%，同比降低2.24%。

从瘦肉型品种的国家核心场存栏量的年度变化情况来看（图1-13），自2012年至2022年，大白猪增长最为显著，从6.28万头增至11.09万头，长白猪从2.79万头增长至3.67万头，杜洛克猪从1.2万头增长至2.01万头。

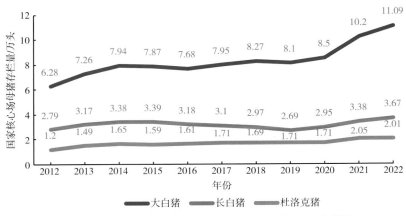

图1-13　2012—2022年我国国家核心育种场母猪存栏量

2.地方猪品种

地方品种国家核心场主要负责保护我国地方猪品种以及利用这些宝贵的资源培育更加优良、多样化的品种、品系，提升我国猪业整体的生产力。丰富的地方猪种是我国猪种质资源的重要组成部分，推进地方品种国家核心场建设有利于保护这些遗传资源以及在未来更好地利用这些资源提升我国种业实力。在育种生产中，地方品种国家核心场的建设工作，一方面可以保证这些地方猪资源不丢失，保存下几千年演化后留存的珍贵的多样化基因池；另一方面，这些丰富的基因池造就了我国的地方猪种独特的生物学特性，如优异的肉质性能、较强的抗逆性以及耐粗饲等特点，对地方猪遗传资源的开发和利用，可以帮助我国猪产业解决相关疾病，实现多样化的生产模式，帮助我国猪产业健康、良好、快速的发展。总的来说，地方品种国家核心场的建设为我国地方猪品种的种质资源保护、开发与可持续利用打下坚实的基础，迈出了我国种业振兴重要的一步。

截至2022年末，我国共具有地方品种国家核心场10家，地方品种国家核心场总存栏母猪为8 227头。地方品种国家核心场主要基于地方品种或由地方品种选育而来的瘦肉型品种进行育种，致力于现有品种的选育提高或杂交培育新品系、品种等工作，表1-4为我国10家核心地方猪品种育种场的简要情况。

表1-4　地方品种国家核心场情况

单位名称	主要品种	品种类别	2022年测定量/头
浙江加华种猪有限公司	金华猪	地方猪品种	2 009
湘村高科农业股份有限公司	桃源黑猪	地方猪品种	1 560
重庆琪泰佳牧畜禽养殖有限公司	荣昌猪	地方猪品种	1 480
吉林精气神有机农业股份有限公司	吉神黑猪	培育品种	1 363

（续表）

单位名称	主要品种	品种类别	2022年测定量/头
安徽省花亭湖绿色食品开发有限公司	安庆六白猪	地方猪品种	1 190
广德市三溪生态农业有限公司	皖南黑猪		2 076
上杭傲农槐猪产业发展有限公司	槐猪		2 296
遂溪壹号畜牧有限公司	两广小花猪		2 739
湖南省流沙河花猪生态牧业股份有限公司	宁乡猪		1 993
济南市莱芜猪种猪繁育有限公司	莱芜猪		2 271

四、国家种公猪站建设

公猪作为种猪的重要来源之一，其生产性能直接关系到种猪的优良品种的培育和推广。国家种公猪站有助于提高公猪的品种和质量，可以集中利用最先进的育种技术和生产设备，通过对公猪进行科学的选育和培育，培养出生长迅速、适应性强、繁殖力高的种公猪，提高肉猪养殖效益和肉品质量，满足市场需求。

目前，我国共有国家核心种公猪站8家，其简要信息如表1-5所示。

表1-5　国家核心种公猪站情况

单位名称	公猪数目/头
河南精旺猪种改良有限公司	502
广西秀博科技股份有限公司	1 117
上海祥欣种公猪站（普通合伙）	505
广西农垦永新畜牧集团有限公司良圻原种猪场	588
湖北金旭种公猪站有限公司	570
兰州正大食品有限公司	650
吉安市傲宝生物科技有限公司	783
山东傲农种猪有限公司	587

第五章 生猪种业发展展望

长期以来，我国实施原种猪场、扩繁场、商品仔猪场为主线的良种猪繁育体系模式。与生猪产业规模化发展相似，种猪场的数量逐年下降，种猪场的规模逐年上升，2022年我国共有种猪场4 465个，较2010年的7 619个减少近一半。而种猪场能繁母猪平均存栏规模，2022年达到2 127头，较2010年的515头增长413%。国家生猪核心育种场的基础母猪总数从2010年的9.5万头增加到了2022年的17万头，较2010年增加了79%。从二元母猪存栏结构看，我国长白×大白二元母猪占比略高于大白×长白二元母猪，逐步显现大白猪为第一母本的趋势。

一、存在问题

畜产品消费总量仍持续增长，但玉米、大豆等饲料原料严重依赖进口，培育节粮型新品种成为当务之急。受新冠疫情、非洲猪瘟等重大疫情冲击，多个地方品种濒临灭绝，地方猪种资源保护、抗病型猪种的培育同样提上议事日程。同时，贸易保护主义抬头，优质种猪核心种源自给水平不高，"卡脖子"风险加大，急需本土自主选育的优质种群，提升核心种源自给率。

在技术研发领域，急需改变种业关键核心技术攻关的研究范式和科技创新支持方式，建立客观真实的种业国家大数据库。归纳生猪种业发展，存在的主要问题包括以下4点。

一是育种群规模小、分散，联合育种机制尚未建立。我国种猪场多，育种群规模小。国家种猪遗传评估中心的数据表明，目前核心育种场杜洛克母猪存栏600头以上的为5家，存栏300头以上的为20家，以场为单位的育种群规模小、选择强度有限。我国主要构建原种猪场、扩繁场、商品代母猪场为主的金字塔繁育体系，通常育种群与扩繁群混合饲养较普遍。近年受非洲猪瘟的影响和多层养殖的兴起，部分大型规模化猪场尝试扩繁群与商品代母猪群饲养在同一场，实现母猪闭群更新模式。种猪市场方面，通常种猪是否健康、种猪性能是否卓越以及是否具有稳定的供给种源的能力成为重要因素。

国际上广泛采用的猪联合育种的关键环节之一是通过跨场间种猪之间的遗传交流，建立稳定的遗传联系，从而为准确进行种猪遗传评估奠定基础，优秀种猪资源共享是必不可少的重要组成部分。尽管通过实施全国生猪遗传改良计划，核心场间的遗传联系有一定提升，大白猪、长白猪和杜洛克猪核心群的场间遗传联系由2012年的0.09%、0.06%和0.05%分别提高至2021年的0.74%、0.45%和0.38%，但整体上优秀种猪遗传资源的共享仍不足，离场间联合遗传评估不低于3%的要求仍有差距。2018年受非洲猪瘟疫情的影响，场间关联度的提升明显减缓。整体上，我国杜、长、大三个品种的核心场间的场间关联度依然偏低，绝大部分场之间没有任何遗传关联，尚不具备开展全国性联合遗传评估的条件。

二是种猪性能差距大。受复杂的养殖环境等综合因素影响，导致母猪繁殖效率低，国外母系猪总产仔数均在15头以上，高于我国种猪核心群3～5头；达100千克体重日龄国外普遍在150天以内，我国国家核心育种场大白猪、长白猪和杜洛克猪的平均校正达100千克日龄公猪为160.82天、158.62天和157.76天，母猪为163.86天、161.99天和159.71天，整体慢10天左右。

三是受疾病影响大。我国种猪育种仍围绕生猪生产布局，导致种猪场同样面临生物安全条件、疾病环境、环保约束等的综合影响，优秀种猪遗传潜能难以有效发挥。受核心种源生产性能低的影响，商品猪生产效率相比发达国家更低，与丹麦相比，我国PSY（每头母猪每年提供的断奶仔猪数）比丹麦低10头，同样产能相当于比丹麦多养50%的母猪；同时，新技术新成果的应用要慢于国外。

非洲猪瘟病毒毒株多样，临床疫情复杂，且污染面仍然较大，无形中加大了非洲猪瘟防控的难度，降低了生物安全防控的成效。尽管非洲猪瘟病毒以基因Ⅱ型野毒株为主，但同时存在人工缺失毒株、自然缺失毒株等变异毒株以及基因Ⅰ型毒株。生物安全体系和措施完善的规模化猪场对非洲猪瘟的控制较好，但中小型猪场和散养户仍然受到非洲猪瘟的威胁。猪繁殖与呼吸综合征和猪流行性腹泻在猪场内的传播和流行面较广，特别是对大型养猪场的影响较重。多层高密度集群养殖模式给疫病防控造成的压力增大，尤其是病毒性和细菌性呼吸道传染病的预防与控制。

四是商业化育种体系不健全。受品种权保护力度不够、种猪的市场价格没有真正反映培育成本等因素的影响，导致专业化种业公司积极性受到挫伤。目前，我国生猪养殖企业多数采用通过商品猪价值的实现来反哺种业的生存策略。由于企业间信任度不够，缺乏共同的利益点，合作的潜在动力不足。优秀资源共享模式也无法确立，无法最大程度地发挥作用，直接影响到社会化育种整体性能的提升。

二、发展建议

"十四五"时期我国重农强农氛围进一步增强，推进畜牧业和种业现代化面临难得的历史机遇。生猪种业的发展，离不开关键技术的突破、政策长周期支持、产业协同等，为进一步提升我国生猪种业竞争力，提出以下六点发展建议：

一是加强自主育种创新投入，加快核心种源自主培育。根据非洲猪瘟、猪繁殖与呼吸综合征等重大疾病的综合防控要求，结合未来良种猪繁育体系建设方向，优化国家种猪核心群的布局，提升生物安全，分系构建育种核心群，持续开展节粮、高繁、快长、抗逆等不同特色新品系的培育，奠定高效配套生产体系的基础；对主要经济性状持续开展大规模全群性能测定；全面应用基因组选择育种，基于基因组育种值进行持续选育；在开展性状遗传变异分析的基础上，创制新型遗传变异，丰富种群遗传多样性；扩展次级性状的遗传改良，摸清遗传与环境的互作关系；功能基因研究、基因识别、填充与现场选育相结合，加速性状改良的速度；深入开展重要生产性状和功能性状遗传机制解析研究，挖掘优良特性和优异基因，针对繁殖、优质、利用年限、饲料转化效率、抗病等重要经济性状，揭示其性状的形成机制，挖掘、验证重要功能基因及其调控元件，分离鉴定一批与主要经济性状显著相关的分子标记，研发具有自主知识产权的高通量基因组育种SNP芯片，打破国际垄断；优先级基因和基因组进行重测序分析和功能注释。推动核心群种猪及其后代获得基因组信息；整合基因组信息估计核心群种猪育种值；实施分级管理。

二是加快构建生猪种业大数据中心。围绕生猪种业发展需求，对生猪种群数量、表型信息、组学数据、生态数据等进行连续采集与保存，根据生猪育种需要配备基因组育种值计算、联合育种评估等信息服务，建设生猪种业大数据系统平台，实时服务于我国生猪核心育种场和种公猪站。同时，为进一步深入检验生猪育种效果，以种公猪站为传递手段，通过建立生猪产业数据中心，系统、实时掌握全行业动态变化数据，除对生猪生产主要经济性状数据、实时环境数据进行采集外，还应建立现场图像、声音、行为等多种数据采集，为生猪生产疾病诊断、精准营养、生产管理等提供全方位的把控。为保障食品安全，满足消费者多样化需求，通过建立肉类全产业链数据中心，为全社会提供多样化、个性化服务模式。包括肉类产品全过程溯源、实时监测、产地、运输及屠宰、销售环节过程控制数据等，消费者可一键获得购买产品全过程信息，实现以消费者为导向的育种体系。

三要加强疫病净化工作。疫病防控是生猪养殖业及种业健康发展的先决条件，尤其是非洲猪瘟疫情，对我国种业已发出严重警告，疫病净化及防控与种业发展息息相关，必须将其一并纳入种业发展体系建设。为此，应进行生猪主要流行病学分析，查清重大疫病潜在威胁，构建其病原监测与防控技术体系，并纳入种业生产流程管理程序。积极制定科学高效的疫病净化技术措施，并通过国家补贴、社会保险等多种渠道，促进生猪种业实现重大动物疫病净化，彻底避免重大疫病风险。同时，强化动物疫病区域化管理，探索建立动物移动监管制度，降低动物疫病传播风险。

四是加大生物育种、合成生物等未来关键育种技术的研发投入。作为农业科技领域中最具引领性和颠覆性的战略高新技术，世界各国均将其作为国家优先发展战略给予重点支持。加快畜禽全基因组选择、基因编辑、胚胎生物、干细胞育种等重大科技计划实施和生物育种国家实验室建设，打造我国生猪种业战略科技力量，在基础理论创新、关键技术突破、重大产品创制、生物安全评价和条件能力建设等方面增强我国生物育种核心竞争力，完善国家生物育种创新体系，提升我国生猪种业的国际竞争力。

五是完善商业化育种体系。商业化育种体系是生猪种业企业的核心竞争力，是研发核心品种的关键所在。传统的课题式育种，虽然选育出较多技术指标很高的品种，但在实际推广应用中未必具有很高的商业化开发价值。2022年，我国有25家生猪种业企业入选国家种业阵型的种企，在"育繁推一体化"方面已领先一步，但在商业化育种体系的建立上多数才刚刚起步。对我国种业而言，要攥牢生猪种源供给，一定需要种企，尤其是龙头企业，建立标准化、程序化、信息化、规模化的商业化育种体系。育种目标必须根据市场需求、生产特点、经济性状、消费者喜好等因素来制定，充分满足市场需求。同时还要讲究团队作战和资源共享，实现"大规模、高通量、标准化、工程化"商业化育种。

六是加快地方猪种资源的保护与开发利用。我国是世界上生猪遗传资源最丰富的国家，不同猪种遗传资源种质特性各异，在繁殖性能、适应性、耐粗饲、产品品质等方面表现突出，是一座珍贵的基因宝库，为我国乃至世界畜禽育种作出了重要贡献。如二花脸猪以繁殖性能高闻名于世，曾创造了窝产仔数42头的最高纪录（1982年2月17日，江苏江阴月城公社）。我国地方猪种普遍具有风味独特、肉质鲜美的特点，适合国人的口味和烹饪方式，正宗的金华火腿、东坡肉、四川回锅肉只有用专有的地方品种才能保持传统的风味。为加强地方猪遗传资源的保护，我国先后制定了一系列法律法规和保种政策措施，构建了部—省—市—县四级保护体系，保护区、保种场、遗传材料相互补充的保护手段。截至2021年1月，猪保种场55个、保护区7个，但整体仍以原产地保护为主，受疫病尤其是非洲猪瘟疫情的影响，风险大。为更好的保护遗传资源，部分品种可迁出原产地建场进行保护，同时，加快建设多品种保护活体基因库。

遗传资源开发利用主要有三种方式。一是本品种选育和纯种直接生产利用；二是杂交生产，这是目前生产实践中最常见、应用最广的一种；三是培育专门化品系、配套系和新品种。通过地方猪遗传资源的收集、鉴定与多样化保护，为高效利用优秀地方猪种资源，一方面引入全基因组选择、基因设计育种等新技术，加快地方生猪本品种选育的遗传进展；另一方面在地方猪品种资源保护的同时，强化优秀地方猪资源的开发利用。利用重点包括三方面：一是作为育种素材，培育一批各具特色的新品种（品系、配套系）；二是杂交利用，形成生长快、产肉多、繁殖效率高、适应性好、耐粗饲等特点的商品代仔猪，适合农民饲养；三是打造鲜肉销售、火腿加工、腊肉等不同产品市场需要的优秀配套组合。

三、未来展望

受疾病、产业集中度提升、市场行情波动等多重因素的影响，根据2022年生猪产业基本面，预计我国生猪种业将在集中度提升、育繁推一体化、区域性联合育种、全产业链育种四个重点方向发力。

一是种猪集中度逐步提升，基因组选择等新技术的应用加快。2022年，12家上市猪企生猪出栏1.26亿头，同比增长28.34%，前3名（牧原股份、温氏食品、新希望）分别上市6 120万头、1 790.86万头、1 461.39万头，占全国总出栏的13.39%。生猪产业集中度的提升必将进一步推动种业集中度的发展，种群更新频率越来越少，单次更新数量越来越大，导致种猪供应趋向集中。2022年，全国遴选了25家生猪种业阵型企业，围绕新品种（品系）和配套系培育开展联合攻关，新一轮《全国生猪遗传改良计划（2021—2035年）》的实施，全国各地将陆续出台相应的种业振兴方案，拨出专项资金，上下联动，加速生猪种业振兴行动的实施，这也从政策层面支持生猪种业从分散往集中方向发展的趋势。

随着全基因组参考群的建立，基因组选择等新技术的应用将加快，欧美猪基因分型芯片以及中国中芯一号的猪基因芯片已投入种猪行业应用，可帮助育种环节提升遗传图谱构建、基因组选择等维度效率；未来基因芯片种类及应用率将同步提升。猪基因芯片应用趋势广泛，包括高分辨率遗传图谱的构建、纯系的遗传改良、数量性状位点（QTL）的精细定位、训练群体的开发。

二是集团化育繁推一体化、商业化育种趋势。在我国现有育种体系中，核心群、扩繁群、生产群信息整合和综合遗传评估育种体系尚未形成，核心群选育为支撑和辐射商品群的终极目标难以客观体现，品种间杂交配套也缺乏大数据支持和验证，进而影响育种进展和生产效率的提升。国际育种巨头，通过全球化产业布局，广泛收集全产业链信息，扩繁群和商品群的繁殖、生长数据被欧美育种企业广泛地应用于纯种群的选育和杂交繁育体系的生产水平评估。例如PIC、Genesus均将扩繁群母猪繁殖性能应用于纯种大白猪、长白猪繁殖性能的遗传评估，Danbred从2008年起持续利用商品母猪群的繁殖性能、商品猪的生长速度和饲料报酬等对丹麦的三元杂交生产体系的性能进行评估分析，极大提升杂交配套和纯种选育进展。随着自繁自养模式的兴起与发展，尤其像牧原股份、温氏股份等超大型集团化企业的形成，必须建立基于集团化育繁推一体化育种体系，有效保障集团种业供应与质量水平。

我国畜牧业育种政策重点已由技术端向基础建设端转变，并向着行业商业化继续倾斜，种猪产业链参与者市场化程度逐步提升，行业商业化程度逐步渗透中游及上游，行业总体商业化程度提升。种猪育种参与者由商业化程度较低的科研机构、国家核心场等向商业化程度较高的专业育种研发企业、种猪育种企业转变。

三是建立区域性联合育种体系。以生猪种业阵型企业和国家生猪核心育种场为核心，采用企科、科企相互融合方式，开发非接触式智能测定设备和基于图像学表型组技术，升级现有基因组育种技术并在核心群、扩繁群和商品猪生产体系中推广，提升商品猪生产性能；加快推进快长、高繁、节粮、抗逆等不同特色新品种（品系）的培育，实现生猪优良品种的国产化替代，保障国家种业安全。建立高生物安全、优质、高标准社会化服务种公猪站，形成以核心种公猪站为纽带的区域性联合育种利益共同体，为中小规模猪场提供优质种猪基因。

四是建立全产业链育种数据体系，实施数字化转型。随着国家与各省（市）种业振兴行动方案的深入推进，我国猪育种企业尤其是生猪种业阵型企业将更加注重育种新技术的应用，加快种猪自主选育，培育符合我国产业需求的华系种猪新品种（品系或配套系）。全产业链大数据育种将成为育种技术领域的一个发展热点，通过利用父母代母猪繁殖和商品猪生长、肉质等数据，研究面向全产业链育种新技术，实现育种、扩繁、生产的高效选种、选配，保障全产业链生产效率的最大化。人工智能技术将越来越多地应用于表型数据的精准、自动采集和大数据遗传评估，人工智能设备和育种算法将对猪育种带来变革性影响。预计随着猪种资源性能测定和精准鉴评的全面完成，将会涌现一批新资源、新品种（品系、配套系）。

同时，育种数字化转型将加快，育种软件数据采集、统计分析、育种服务等流程的数字化功能将增加；育种数据系统与管理数字化转型方向将围绕数据采集准确性、数据录入便捷性以及系统模块优化等维度进行。常见猪场管理软件包括KF2030、PigCHAMP、PigWIN、DeepBLUP、GBS种猪育种数据管理与分析系统等。软件系统可全方位服务种猪育种管理环节，功能模块包括遗传评估、遗传参数计算、选配、群体近交程度分析、遗传进展分析及相关模块功能，经华南农业大学、中山大学等高校测算，数字化系统可有效提升预测准确性13%～30%。管理系统可集成应用电子识别、精准饲喂、畜禽粪污处理等设备，推进种猪场动态数据库及云平台建设。

附录：生猪种业关键技术平台（数据平台、资源共享平台）

附录1

一、国家级遗传资源库

国家家养动物种质资源库（https://www.cdad-is.org.cn/index.php?s=/admin/Login/index.html）

国家畜禽种质资源库（建设中）

省级和地区级资源库

广东省畜禽种质资源库（http://www.gdgenebank.scau.edu.cn/gw）

浙江省畜禽遗传资源库（建设中）

新疆畜禽遗传资源基因库（建设中）

畜禽种质资源北方中心（建设中）

贵州畜禽种质资源库（建设中）

二、数据平台

猪整合组学知识库ISwine（http://iswine.iomics.pro）

IAnimal：一个面向动物的跨物种组学知识库（https://ianimal.pro）

PigGTEx：猪多组织遗传调控汇总数据库（http://piggtex.farmgtex.org）

Pig QTLdb：猪数量性状基因座数据库（https://www.animalgenome.org/cgi-bin/QTLdb/SS/index）

三、科研类平台

国家生猪种业工程技术研究中心   华南农业大学

国家家畜工程技术研究中心   华中农业大学和湖北农业科学院畜牧兽医研究所

国家生猪技术创新中心   重庆市畜牧科学院

畜禽育种国家工程实验室   中国农业大学

国家优质瘦肉型猪育种联合攻关单位

1.牵头企业

温氏食品集团股份有限公司

2.参加企业

牧原食品股份有限公司　　　　　　　北京大北农科技集团股份有限公司

深圳市金新农科技股份有限公司　　　吉林坤成牧业科技有限公司

广西扬翔股份有限公司

3.参加高校及科研院所

江西农业大学　　　　　　　　　　　华南农业大学

华中农业大学

附录2

北京养猪育种中心　　　　　　　　　罗牛山股份有限公司

上海祥欣畜禽有限公司　　　　　　　江西山下投资有限公司

南京农业大学　　　　　　　　　　　中国农业科学院北京畜牧兽医研究所

蛋鸡篇

第一章 蛋鸡种业发展概况

　　鸡蛋是我国城乡居民重要的菜篮子产品和动物蛋白来源，在保障人民蛋类供给、提高城乡居民营养水平等方面发挥着巨大作用。蛋鸡种业是蛋鸡产业发展的基石，也是关乎国家畜牧业可持续发展的重要组成部分。2022年中国蛋鸡种业发展依然保持稳定，供种能力充足。

一、蛋鸡供种能力

（一）祖代蛋种鸡

　　目前，国内饲养的蛋鸡品种主要分为两类：一类是国产品种，另一类是引进品种。近年来，国产品种祖代蛋鸡所占比例已远远超过引进品种，我国祖代蛋鸡供种能力充足。2022年祖代蛋雏鸡更新37.74万套，同比降低40.75%，减少数量来自国产品种和进口品种。其中，国产高产品种和地方特色蛋鸡品种更新31.99万套，较2021年的51.11万套减少19.12万套，降低37.41%。引进品种更新5.75万套，较2021年的12.59万套减少6.84万套，降幅54.33%。在2022年祖代蛋雏鸡更新数量之中，国产品种占比达到84.76%（图2-1），占比情况与2015年接近，国产品种占比已连续13年高于引进品种。引进品种占比15.24%。

　　国产品种祖代更新主要集中于国内五家育种企业，分别是：北京市华都峪口禽业有限责任公司、北京中农榜样蛋鸡育种有限责任公司、保定兴芮农牧发展有限公司、上海家禽育种有限公司和湖北神丹健康食品有限公司。2022年，按商品代蛋鸡的蛋壳颜色分类，产粉壳鸡蛋的祖代19.63万套，占比61.36%，占比下降0.78%；产褐壳鸡蛋的祖代为9.36万套，占比29.26%，占比下降6.64%；其他颜色祖代蛋鸡3万套，占比9.38%。商品代产粉壳鸡蛋的品种包括：京粉1号、京粉2号、京粉6号、农大3号、农大5号、大午京白939、大午粉1号、大午金凤、新扬黑羽、农金1号等。商品代产褐壳鸡蛋的品种包括：京红1号、大午褐、新杨褐等。商品代产绿壳鸡蛋的品种包括：新扬绿壳和神丹6号。商品代产白壳鸡蛋的品种包括：京白1号、新扬白壳、雪域白鸡等。

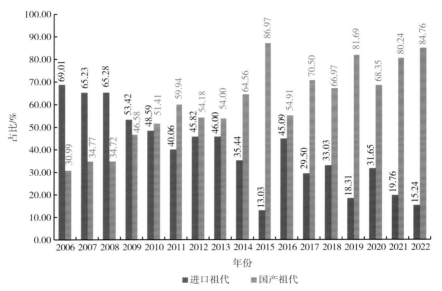

图2-1　2006—2022年祖代蛋雏鸡更新国产与引进品种的占比情况

2022年，全国共有2家企业先后从国外引进祖代蛋雏鸡，全年共引种5.75万套，比2021年减少6.84万套。而2021年，全国共有6家企业先后从国外引进祖代蛋雏鸡，全年共引种约12.59万套。按商品代蛋鸡的蛋壳颜色分类，引进褐壳祖代蛋雏鸡1.96万套，在引进品种中占比34.09%，比2021年下降30.59%，2021年引进褐壳祖代蛋雏鸡8.15万套。2022年引进粉壳祖代蛋雏鸡3.58万套，在引进品种中占比62.26%，同比上升34.40%；没有引进白壳祖代。2022年，引进的祖代有海兰、罗曼2个系列品种。

近几年，我国在产祖代蛋种鸡一直维持在60万套左右（图2-2）。2022年，我国在产祖代蛋种鸡平均存栏68.14万套，比2021年增加6.91万套，同比增长11.29%。国产品种在产祖代平均存栏38.35万套，同比增长8.33%。进口品种在产祖代存栏28.89万套，同比增长16.12%。据推算，全国在产祖代蛋种鸡全年平均存栏量在36万套左右时，即可满足市场需求。而2019—2022年的祖代蛋种鸡平均存栏量依旧远超这一水平，在产祖代蛋种鸡存栏依然严重过剩。

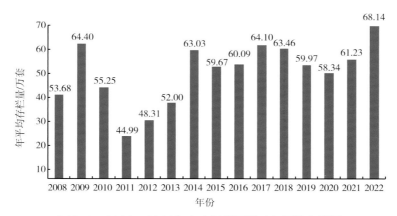

图2-2 2008—2022年在产祖代蛋种鸡年平均存栏量

（二）父母代蛋种鸡

据中国畜牧业协会监测数据计算，2022年全国后备父母代蛋种鸡平均存栏888.73万套，全年存栏始终低于1 000万套，同比下降12.12%。源于祖代存栏下降和父母代雏鸡需求下降。国产品种的后备父母代蛋种鸡平均存栏343.64万套，同比上升5.04%；进口品种后备种鸡平均存栏544.79万套，同比下降20.32%。

2022年，全国在产父母代蛋种鸡的平均存栏量1 610.80万套，同比上升7.36%，国产品种平均存栏520.29万套，同比下降15.35%，占比下降8.67%。进口品种存栏1 090.51万套，同比上升23.12%，占比上升。2016年以来蛋种鸡企业积极布局，积极适应大规模商品代蛋鸡场的到来，祖代企业自有父母代种鸡生产规模不断扩大。目前，父母代场单场单批次基本满足大规模商品代场的进鸡需求。未来，父母代场继续上规模势头将有所减弱。

2022年，全国商品代蛋雏鸡销售量为12.82亿只，同比提高10.65%。2022年鸡蛋受全国大范围、多波次的封城抢购和农业自然灾害的影响，鸡蛋消费量增加，价格高于去年同期，连续2年盈利，雏鸡销量大幅增加。

（三）繁育技术水平

1. 祖代蛋种鸡

祖代在产蛋种鸡的产能是指平均一套祖代在产蛋种鸡在一段时间内生产并实际销售（含自用）的合格父母代雏鸡的母雏数量，反映的是祖代蛋种鸡的利用情况。祖代蛋鸡繁殖水平远远满足我国市场需求。

产能和产能利用率在2016—2018年连续下降，2019—2021年连续回升。2022年在产祖代蛋种鸡的全年累计产能为28.27套，同比下降17.44%。

进口品种2022年全年累计产能为37.54套，同比下降40.12%；国产品种2022年全年累计产能为21.82套，同比提高12.13%（表2-1）。

表2-1   2015—2022年在产祖代蛋种鸡全年累计产能

指标	2015年	2016年	2017年	2018年	2019年	2020年	2021年	2022年
产能/（套/年）	31.74	30.66	28.72	26.91	31.55	32.04	36.67	28.27
产能利用率/%	70.53	68.13	63.82	59.80	70.11	71.20	81.49	62.82
产能（国产）/（套/年）	14.31	17.94	13.77	14.49	17.15	20.76	19.46	21.82
产能（进口）/（套/年）	58.25	53.62	57.4	49.21	56.51	51.71	62.69	37.54

2. 父母代蛋种鸡

理论上，每套父母代种鸡每周可以提供2.2只商品代母雏，一个产蛋周期（25～65周龄）可产90.2只母雏，折合成每年可提供114.4只母雏，习惯上说每年每套种鸡可以供应100只母雏是有余量的。2022年，平均一套在产父母代蛋种鸡全年供应商品代雏鸡为78.64只，比2021年下降0.30%。国产品种方面，2022年父母代蛋种鸡的年化产能为79.79只/年。进口品种方面，2022年父母代蛋种鸡的年化产能为77.57只/年。在父母代年化产能上进口品种和国产品种接近，国产品种略高。

（四）蛋鸡繁育体系建设情况

我国蛋鸡种业已基本建立健全了育种（原种）—曾祖代—祖代—父母代—商品代的五级良种繁育体系，为国产蛋鸡品种提供了充足的种源。2022年，饲养祖代的企业有14家（图2-3）。2022年，全国在产祖代平均存栏68.14万套。父母代种鸡场有380多家，2022年平均存栏在产父母代种鸡1 610万套。

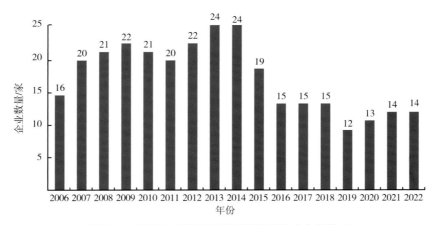

图2-3   2006—2022年全国祖代蛋种鸡企业数量

二、蛋种鸡产销状况

（一）父母代种雏鸡产销情况

2022年，父母代雏鸡销售1 942.77万套，同比下降11.89%（图2-4）。2022年，父母代雏鸡的全年平均销售价格10.81元/套，同比下降15.02%；2021年全年平均销售价格为12.72元/套（图2-5）。2020年虽然受新冠疫情、商品蛋鸡亏损等影响，但父母代雏鸡价格继续上升，主要原因是祖代种鸡企业减少，进口品种2019年引种少，多因素导致供种能力下降。进入2022年，商品代盈利，但进口祖代品种的日龄偏高、产能下降，供给减少，同期需求也在下降。2022年父母代蛋雏鸡销售收入2.07亿元，同比下降28.13%。2022年一套祖代一年形成316.33元销售额，比2021年一套祖代少收入约150元。2022年祖代企业的父母代雏鸡业务实现利润0.62亿元，同比下降47.01%，效益下降。

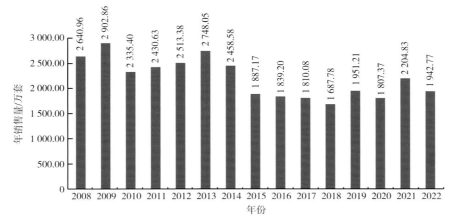

图2-4　2008—2022年父母代蛋雏鸡年销售量

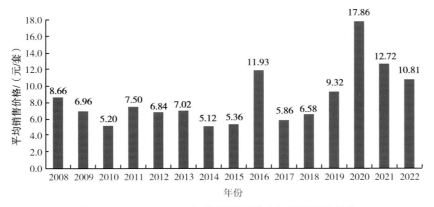

图2-5　2008—2022年父母代蛋雏鸡年平均销售价格

（二）商品代雏鸡产销状况

2022年，全国商品代蛋雏鸡销售量为12.82亿只，2021年全国商品代蛋雏鸡销售量是11.59亿只，同比增长10.65%。2022年受到全国大范围反复新冠疫情导致封城、抢购和农作物自然灾害的影响，鸡蛋消费增加，价格高于2021年同期，虽然饲料价格上升吞噬了部分利润，但是雏鸡销量依然增幅显著。2022年2月雏鸡销量同比持平，12月低于去年同期，其余10个月均高于2021年同期。2022年，商品代蛋雏鸡年平均销售价格为3.62元/只，价格高点出现在11月，全年呈现"V"字形（图2-6）。商品代蛋雏鸡平均成本2.65元/只，同比上升2.71%。2022年，平均每只商品代雏鸡盈利0.97元。全国总体商品代雏鸡销售额上升11.37%，单只雏鸡效益略有下降，商品代蛋雏鸡销售总体利润提高。

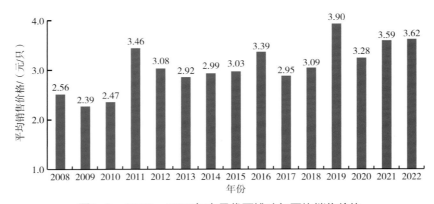

图2-6　2008—2022年商品代蛋雏鸡年平均销售价格

（三）蛋种鸡存栏与供需形势分析

据推算，对祖代蛋种鸡而言，全年平均存栏量在36万套左右时，即可满足市场需求，而2022年的祖代蛋种鸡平均存栏量依旧超过这一水平。全国在产父母代蛋种鸡存栏量是一个重要指标。2015年及以前，行业内测算，父母代蛋种鸡存栏在1 600万套左右为均衡水平。2015年以来，全国父母代蛋种鸡存栏量呈逐渐减少态势，并稳定在1 300万～1 400万套，可以稳定向全国提供13亿～14亿只商品代母雏。未来，随着新常态下畜禽消费增速放缓，蛋雏鸡需求总量将继续减少。

回顾近几年商品代雏鸡价格走势，2016年受进口品种引进减少影响，在雏鸡供应可能出现短缺的预期下，商品代雏鸡价格出现较大幅度上升。2017年受H7N9影响，雏鸡价格深跌。2017年7月之后由于疫苗的介入，价格反转。2018年8月开始受非洲猪瘟疫情影响，雏鸡价格还在2016年之上，并远超往年水平。受2019年鸡蛋高价影响，2020年在产蛋鸡存栏增加1.58%，随着新冠疫情暴发及猪肉生产的恢复，鸡蛋相对供过于求，2020年蛋鸡8个月亏损带动雏鸡价格震荡下行。2021年在产蛋鸡存栏下降1.32%，蛋鸡10个月盈利，促进雏鸡销售增加和价格回升。

2022年受新冠疫情多波次、大范围暴发的影响，鸡蛋常年被抢购和储存，适宜消费鸡蛋的人群增加。商品代蛋鸡2月小亏，3月持平，之后持续盈利。2022年总体盈利，提高了商品代雏鸡的需求数量。

三、品种推广情况

目前，我国饲养的蛋鸡品种（或配套系）主要分为国产自主培育高产品种、地方特色蛋鸡品种以及引进国外高产品种。我国鸡蛋消费因蛋壳颜色不同、地域分布差异等因素呈现鲜明的多元化特点，不同蛋壳颜色的消费比例大致为褐壳（55%）、粉壳（43%）、白壳（1%）和绿壳（1%）。壳色差异所引起的消费偏好存在着明显的地域差异。相较而言，褐壳蛋更受河北、山东等北方省份的消费者青睐；而粉壳蛋主要占领了云贵川等西南地区90%以上的消费市场；此外，白壳蛋和绿壳蛋的消费市场相对空缺，白壳蛋主要集中河南等中部地区，而绿壳鸡蛋主要消费区域在经济比较发达的地区（如上海、浙江和北京等地）。

（一）国内高产品种推广情况

目前，我国国内培育的高产蛋鸡品种（或配套系）主要有：①京系列（京红1号、京粉1号、京粉2号、京白1号、京粉6号）；②农大系列（农大3号、农大5号、农金1号）；③大午系列（大午金凤、大午粉1号、大午京白939、大午褐）；④新杨系列（新杨黑壳、新杨绿壳、新杨白壳、新杨褐壳）等。这些蛋鸡配套系是由国内一批大型农业产业化国家重点龙头企业利用优秀育种素材、采用先进育种方法，历时多年培育而来的优良配套系。依托集原种、祖代、父母代为一体的三级良种繁育体系，采取"育繁推一体化"生产经营模式对自有品种进行推广。

2022年，北京市华都峪口禽业有限责任公司共推广蛋鸡父母代种苗525.1万套，直接销售蛋鸡商品代雏鸡2.1亿只，销售网络覆盖全国除港澳台的31个省（自治区、直辖市），且雏鸡销售价格引领市场同类产品，成为中国蛋鸡第一品牌。保定兴芮农牧发展有限公司（原河北大午农牧集团种禽有限公司）饲养原种鸡3万只，祖代规模15万套，父母代规模200万套，建有7处蛋种鸡繁育生产基地，年提供商品代蛋雏鸡1亿只。北京中农榜样蛋鸡育种有限责任公司在河北邯郸建有存栏35万套的父母代种鸡繁育基地，在江苏泰州建有存栏30万套的父母代种鸡繁育基地，2022年度"农大"系列商品代雏鸡销售量超过6 000万只，养殖户覆盖全国20多个省市。"农金1号"是为了适应现代养殖模式所培育的中等体型粉壳蛋鸡，满足市场不断增加的对产蛋持久力、适应性强的需求，2022年度推广量达1 000万只左右。

（二）引进高产品种推广情况

目前我国大型蛋鸡养殖企业主要采用"引繁推一体化"推广模式，从国外引进海兰系列（褐、灰、粉、白）、罗曼系列（褐、粉、灰）以及极少数的尼克粉、伊莎褐、伊莎粉、巴布考克B-380蛋鸡等高产蛋鸡品种祖代，通过在国内布局建立繁育基地，进行推广销售。

宁夏晓鸣农牧股份有限公司是中国规模化海兰祖代、父母代种鸡养殖基地之一，现饲养祖代蛋种鸡9万套，父母代蛋种鸡90万套，每年可向市场提供美国海兰褐父母代蛋种鸡450万套，商品雏鸡1亿只，销售网络遍及中国二十几个省（自治区、直辖市）。2022年，受世界禽流感的影响，晓鸣公司未引进祖代蛋种鸡，延养2021年引进的种鸡，存栏量6.60万套，其中主推品种海兰褐祖代蛋鸡年均4.30万套。父母代存栏数量228.18万套，其中主推品种海兰褐年均153.92万套。推广父母代蛋种鸡153.90万套，其中主推品种海兰褐98.20万套。河北华裕农业科技有限公司目前拥有30个养殖基地，饲养祖代种鸡规模12万套，父母代规模350万套，建有5处蛋种鸡繁育生产基地，年提供商品代雏鸡1.8亿只。沈阳华美畜禽有限公司2021年从美国引进海兰祖代鸡20 453套，2022年年末存栏总数20 299套，2022年共生产父母代雏鸡870 319套，其中自用737 420套。2022年年末产蛋场父母代母鸡存栏644 855套。2022年共销售商品代海兰褐雏鸡5 000万只、海兰灰雏鸡737万只。

2022年国际禽流感频发，美国、英国、法国等都迎来了史上最严重的禽流感疫情，叠加国内新冠疫情散发，国际物流受到影响，祖代蛋种鸡进口受阻。2022年进口祖代蛋种鸡企业仅有四川谱瑞美家禽养殖有限公司和华裕农业科技有限公司两家公司，分别从加拿大、美国引进罗曼、海兰品种祖代蛋种鸡共计5.75万套，同比下降54.3%。其中，2022年，华裕公司从美国引进海兰系列祖代34 900套，包括海兰褐祖代20 445套、海兰灰祖代12 300套、海兰白W-36祖代2 155套；谱瑞美公司从加拿大引进罗曼褐粉祖代11 860套、罗曼粉祖代10 780套。

（三）地方特色蛋鸡推广情况

我国地方特色蛋鸡品种资源丰富，分布广泛，如以地方品种为主要育种素材开发而来的苏禽绿壳蛋鸡、雪域白鸡、欣华2号蛋鸡、凤达1号、豫粉1号等新品种，满足了百姓对禽产品消费的多元化需求。地方特色蛋鸡品种的全面推广，更好地适应了我国的消费市场，展现了良好的养殖效果。

苏禽绿壳蛋鸡由江苏省家禽科学研究所利用我国优良的地方鸡种东乡绿壳蛋鸡和如皋黄鸡培育而成，现由扬州翔龙禽业发展有限公司向外提供种源。2022年，公司平均存栏苏禽绿壳蛋鸡祖代、父母代12.46万只，本年度累计扩繁14.6万只，共推广绿壳蛋鸡母苗430万余只，主要推广区域在湖北、河南、湖南、广西、江苏、安徽、河北、江西、福建、山东等地。雪域白鸡由西藏农牧科学院以藏鸡和白来航血缘为基础培育而出，可完全适应高海拔低氧环境。目前该品种核心群达到2 160只，扩繁群达到21 000只。在拉萨市、山南市、日喀则市、阿里地区推广良种350多万只，产生了良好的经济效益，深受农牧民欢迎。安徽荣达禽业股份有限公司培育的"凤达1号"2022年度存栏父母代种鸡13万套，累计推广"凤达1号"商品代雏鸡750万只。其中公司自养200万只，对外推广550万只。"神丹6号"绿壳蛋鸡是湖北神丹健康食品有限公司与江苏省家禽科学研究所共同选育的绿壳蛋鸡新型配套系，具有黑羽青脚，产绿壳鸡蛋，蛋品质优、蛋黄比例大等特点，2022年"神丹6号"累计推广500万只，产品覆盖除了西藏、青海、内蒙古、海南外的所有省份，其中，仍以湖北、湖南为推广重点，目前神丹公司祖代存栏1万套，父母代存栏15万套。

第二章　资源普查与保护情况

一、地方鸡资源普查概况

2022年，各级种业管理部门、各级普查机构、各专家团队全力推进畜禽遗传资源普查和保护利用各项工作，成效显著。目前，地方鸡遗传资源面上普查顺利完成，与此同时，性能测定工作进展也很迅速，截至2023年2月，包括地方鸡在内的畜禽性能测定完成85%以上。关键指标中，包括地方鸡在内的畜禽基础信息系统填报率达99.7%，外貌特征调查完成80.4%，体尺体重完成83.3%，屠宰测定完成74.5%，影像拍摄完成51.5%。

资源精准鉴定是资源开发利用的前提。由全国畜牧总站组建的样品采集技术队伍，研发信息采集系统和APP，统一样品类型和个体信息格式，采样和记录效率大幅提升。截至目前，包括地方鸡在内的畜禽采样工作已基本完成，共采集包括地方鸡种在内的676个畜禽品种（类群）的样品，完成计划总量的95%，为后续开展大规模全基因组高通量深度测序分析，建立精准的畜禽品种分子身份证奠定了坚实基础。

2022年，各地普查发现并申报了一批具有典型特征特性的新遗传资源，其中雁荡麻鸡和祁门豆花鸡2个新遗传资源已顺利通过国家畜禽遗传资源委员会鉴定。

二、地方鸡遗传资源保护与利用

（一）地方鸡保护

国务院农业农村主管部门设立由专业人员组成的国家畜禽遗传资源委员会，负责畜禽遗传资源的鉴定、评估和畜禽新品种、配套系的审定，根据畜禽遗传资源分布状况，制定全国畜禽遗传资源保护和利用规划，制定、调整并公布国家级畜禽遗传资源保护名录，对原产我国的珍贵、稀有、濒危的畜禽遗传资源实行重点保护，根据省级畜禽遗传资源保护名录，分别建立或者确定畜禽遗传资源保种场、保护区和基因库，承担畜禽遗传资源保护任务，国家对畜禽遗传资源享有主权。

中国地方鸡品种资源是畜禽遗传资源的重要组成部分，我国一直以来都非常重视地方鸡种质资源保护。截至2022年底，我国地方鸡品种资源为117个，培育品种5个，培育配套系80个，引入品种8个，引入配套系32个。28个地方鸡品种列入国家级遗传资源保护名录，分别为：大骨鸡、白耳黄鸡、仙居鸡、北京油鸡、丝羽乌骨鸡、茶花鸡、狼山鸡、清远麻鸡、藏鸡、矮脚鸡、浦东鸡、溧阳鸡、文昌鸡、惠阳胡须鸡、河田鸡、边鸡、金阳丝毛鸡、静原鸡、瓢鸡、林甸鸡、怀乡鸡、鹿苑鸡、龙胜凤鸡、汶上芦花鸡、闽清毛脚鸡、长顺绿壳蛋鸡、拜城油鸡、双莲鸡。

在地方鸡种质资源保护上，我国已经建立了国家和地方上下联动、分级负责的家禽遗传资源保护体系。保护形式分为活体保存、冷冻保存两种。其中，活体保存主要是通过建立保种场来实现。从原农业部2008年公布第一批国家级地方鸡种保种场截至2022年12月底已有24个国家级保种场（表2-2）以及60个地方保种场，抢救了一批濒危和濒临灭绝品种。

表2-2 国家级地方鸡种保种场

编号	名称	建设单位
C1111301	国家北京油鸡保种场	中国农业科学院北京畜牧兽医研究所
C1411301	国家边鸡保种场	山西省农业科学院畜牧兽医研究所
C2111301	国家大骨鸡保种场	庄河市大骨鸡繁育中心
C2111302	国家大骨鸡保种场	辽宁庄河大骨鸡原种场有限公司
C2311301	国家林甸鸡保种场	黑龙江省林甸鸡原种场有限公司
C3111301	国家浦东鸡保种场	上海浦汇浦东鸡繁育有限公司
C3211301	国家狼山鸡保种场	如东县狼山鸡种鸡场
C3211302	国家溧阳鸡保种场	溧阳市种畜场
C3211303	国家鹿苑鸡保种场	张家港市畜禽有限公司
C3311301	国家仙居鸡保种场	浙江省仙居种鸡场
C3511301	国家河田鸡保种场	福建省长汀县南埔河田鸡保种场有限公司

（续表）

编号	名称	建设单位
C3611301	国家丝羽乌骨鸡保种场	江西省泰和县泰和鸡原种场
C3611302	国家白耳黄鸡保种场	上饶市广丰区白耳黄鸡原种场
C3711301	国家汶上芦花鸡保种场	山东金秋农牧科技股份有限公司
C4211301	国家双莲鸡保种场	湖北民大农牧发展有限公司
C4411301	国家清远麻鸡保种场	广东天农食品集团股份有限公司
C4411302	国家怀乡鸡保种场	广东盈富农业有限公司
C4411303	国家惠阳胡须鸡保种场	广东金种农牧科技股份有限公司
C4511301	国家龙胜凤鸡保种场	龙胜县宏胜禽业有限责任公司
C4611301	国家文昌鸡保种场	海南罗牛山文昌鸡育种有限公司
C5111301	国家藏鸡保种场	乡城县藏咯咯农业开发有限公司
C5311301	国家瓢鸡保种场	镇沅云岭广大瓢鸡原种保种有限公司
C5311302	国家茶花鸡保种场	西双版纳云岭茶花鸡产业发展有限公司
C6511301	国家拜城油鸡保种场	新疆诺奇拜城油鸡发展有限公司

此外，在江苏（2008年）、浙江（2008年）和广西（2021年）建成国家级地方鸡种活体基因库3个，建设单位分别为江苏省家禽科学研究所、浙江光大农业科技发展有限公司、广西金陵家禽育种有限公司，分别保存了31个、17个和42个地方鸡品种。在冷冻保存方面"国家家养动物种质资源库"保存了7个地方鸡种精液2 710剂。

在种质资源保存的基础上，目前我国已经建成了国家家禽遗传资源动态监测管理平台系统，初步形成动态监测及预警系统，通过建立国家畜禽遗传资源委员会家禽专业委员会专家与保种单位对接指导机制，进一步提升了保种管理工作效率。

（二）地方鸡杂交利用

国内科研工作者利用地方鸡种资源开展了重要性状候选基因挖掘、特色性状遗传机制解析等大量研究工作。如隐性白羽*TYR*基因、矮小基因*dw*、绿壳蛋*SLCO1B3*基因、玫瑰冠*MNR2*基因、缨头*HOXC8*基因、生长性状主效基因*IGF2BP1*、鸡蛋鱼腥味*FMO3*基因。这些基因中一部分已经开发分子标记，在利用地方鸡品种培育家禽新品系的过程中发挥了重要的作用。

地方鸡品种的杂交利用主要是以培育配套系的形式体现。截至2022年，已通过国家审定的鸡新品种（配套系）共计98个，包含蛋鸡配套系23个，其中，有地方鸡种血缘的地方特色蛋鸡配套系9个；黄羽肉鸡配套系64个（均含有地方鸡血缘），其中4个为2022年审定通过；小型白羽肉鸡配套系3个；快大型白羽肉鸡配套系3个；培育品种5个，包括肉蛋兼用型的新狼山鸡、肉用型的新浦东鸡、新扬州鸡、京海黄鸡以及蛋用型的雪域白鸡。

地方鸡种与高产蛋鸡品种的杂交利用生产特色蛋鸡配套系，可以有效改善地方鸡产蛋量低的问题，同时商品鸡保留地方鸡种的外貌特征且具有适应性强等优点。地方品种参与杂交的特色蛋鸡配套系，比如以贵妃鸡与高产蛋鸡为育种素材育成的新杨黑羽蛋鸡、凤达1号蛋鸡配套系，具有外观黑羽、黑胫、凤冠、五趾等优质鸡表型，同时兼具产蛋多、产粉蛋且死淘率低等优良特征；再如以固始鸡、江汉鸡、仙居鸡等为基础素材培育的豫粉1号、欣华和粤禽皇蛋鸡配套系，蛋品质优异，符合优质蛋市场需求，促进了我国地方特色蛋鸡产业的发展。

第三章 蛋鸡种业创新攻关

一、遗传改良计划

（一）开展的主要工作

1.核心育种场（站、基地）管理

2022年2月24日，全国畜牧总站组织召开线上会议，对2016年入选的6家国家蛋鸡良种扩繁推广基地进行核验评审，最终河北大午农牧集团种禽有限公司、沈阳华美畜禽有限公司、江西华裕家禽育种有限公司、云南云岭广大峪口禽业有限公司、宁夏九三零生态农牧有限公司、曲周县北农大禽业有限公司均通过评审，成为新一轮国家蛋鸡良种扩繁推广基地。继续实施国家蛋鸡核心育种场生产性能测定项目，每个场测定任务由10 000只增加到15 000只，测定经费由60万元增加到90万元，为缓解育种场资金压力、延长测定周期提供了有力支撑。按照管理办法规定，在年底要求各核心育种场和良种扩繁推广基地提交年度工作总结，汇报工作进展。

为及时总结畜禽遗传改良计划实施工作开展情况、交流经验、加强技术指导培训，2022年12月29日，全国畜牧总站举办了2022国家畜禽遗传改良管理与技术培训班，负责同志介绍了国家畜禽核心育种场管理办法主要内容以及国家畜禽核心育种场、良种扩繁推广基地和种公猪站申报与审核的相关事项，就猪、奶牛、肉牛、水禽遗传改良目标任务与选种选配、数据报送等主要育种技术和取得的遗传进展以及国家畜禽核心育种场动物疫病净化与防控等方面进行讲解。

2.遗传改进措施

研发京系蛋鸡母鸡液相SNP芯片。利用全基因组重测序技术对京系蛋鸡母系101个重要祖先个体进行深度测序，采用BWA-GATK流程检测其基因组遗传变异，筛选出1 578 931个位点，根据次等位基因频率、LD水平、基因组间距等优选出45 223个位点，采用小样本测试之后，根据检出率等指标进一步筛选出43 850个位点进行液相SNP芯片试剂盒的开发，经过中试，最终确定43 850个位点用于液相SNP芯片的生产。

针对主要性状进行遗传评估。利用AsREML软件（4.0版本）估算性状育种值和遗传参数，遗传评估的能力逐步提高；使用蛋壳颜色的新数学模型，将色度分析仪测定出的L、a、b三种色度值进行综合应用，与眼观蛋色分级进行结合，提升蛋壳颜色选育准确性；应用随机回归模型评估蛋鸡60～72周产蛋数遗传规律，平均值为53.29，遗传力为0.11，其与各性状的表型相关均较低，与腹脂率的遗传相关最高，为-0.35。

（二）取得的主要成效

1. 遗传改进成效

主要性状性能指标有所提高。5个国家蛋鸡核心育种场持续开展育成品种选育工作，共选育蛋用专门化品系40个，涉及蛋鸡品种12个，主要选育性状包括产蛋数、蛋重、蛋壳颜色、蛋壳强度等。经选育，绝大多数品系不同周龄产蛋数、蛋壳强度等均有所提高，北京市华都峪口禽业有限责任公司延长测定周期至90周龄，个别品系应用基因组选择技术，遗传进展明显。地方特色蛋鸡注重蛋重、蛋壳颜色等性状选育，基本保持稳定。

疫病净化效果维持良好。各单位格外重视疫病净化工作，核心育种场接近90%的品系禽白血病、鸡白痢阳性率为0，其余品系禽白血病阳性率控制在0.5%以下，鸡白痢阳性率控制在0.1%以下，净化效果维持良好；5家扩繁场禽白血病检测为阴性，其他扩繁场检测结果达到规定要求，鸡白痢阳性率基本控制在0.1%以下，部分场鸡白痢检测为阴性；此外，扩繁场积极开展MS净化工作，企业供应商品代雏鸡的MS发病率较低。

供种保障能力不断提高。根据对5个国家蛋鸡核心育种场和15个良种扩繁基地的年度统计，2022年祖代种鸡平均存栏约59.2万套，父母代种鸡存栏约909.2万套，销售商品代雏鸡约7.87亿只，占全国商品代雏鸡总量的六成左右。总体看，祖代种鸡的制种能力远超需要，近年来，在不断理性缩减规模，同时祖代种鸡利用效率在不断提高。蛋鸡良种扩繁基地在保障市场商品蛋鸡供给方面发挥着越来越重要的作用。

二、科研进展

（一）基础研究进展

1. 蛋鸡产蛋后期主要性状的遗传规律研究

曲亮等针对高产蛋鸡和地方特色蛋鸡品种共5个纯系开展产蛋后期主要性状的遗传规律研究，对两个地方特色蛋鸡品系延长测定时间至63周龄，发现40周和63周产蛋数、体重、蛋重、蛋壳颜色、蛋壳强度遗传力分别为0.21、0.40、0.43、0.36、0.14和0.21、0.48、0.39、0.47、0.32。杨长锁等对优质纯系蛋鸡60~86周龄的蛋品质规律和遗传参数进行研究发现，蛋重在70周龄时遗传力最大为0.59。蛋壳强度在60周龄的遗传力最小为0.09，82周龄时遗传力最大为0.27。综合而言，多数蛋品质的遗传力在86周龄时更低，因此后期蛋品质直接选育的遗传进展十分有限。

2. 鸡卵泡发育的遗传调控机制研究

产蛋数性状与卵泡发育密不可分，康相涛等研究发现circEML1可通过miR-449a/IGF2BP3轴调控蛋鸡卵泡颗粒细胞类固醇激素合成和分泌，内分泌因子组织间通讯分析揭示肝脏特异性分泌因子通过调节性腺轴调控鸡的产蛋性能，即APOA4的过表达上调了鸡群繁殖激素（FSH、LH、E2、PROG）的分泌，增加了22周龄鸡群卵巢重量，缩短了鸡群的开产日龄，增加了25周等级前卵泡的数量。

尹华东等研究发现环状RNA-circRPS19可通过miR-218-5P/INHBB信号调控通路提高鸡卵泡颗粒细胞的增殖和繁殖相关激素合成水平，从而促进鸡卵泡发育；miRNA-10a-5p通过靶向MAPRE1基因降低CDK2基因表达抑制鸡颗粒细胞增殖和孕酮激素的分泌，从而抑制卵泡发育。陈继兰等通过卵巢组织杂种优势分析了性成熟机制，发现circRNA的主要通过非加性效应的表达模式参与性成熟发育过程。

3. 鸡产蛋持续性和持久力的遗传机制解析

母鸡性成熟后，卵巢上含有大量处于不同发育阶段的卵泡，其中有5~6个等级卵泡，体积大小呈依次递减。张浩等通过系统测定产蛋期母鸡卵巢内的各级卵泡的数量、形态、重量、卵泡膜厚度、颗粒细胞形态等指标，发现卵泡被选择前数量多、体积小，选择后进入等级卵泡，出现多层颗粒细胞，且颗粒细胞增大，卵泡中黄体酮浓度升高。

康相涛等通过测定母鸡产蛋盛期（30周）和产蛋后期（60周）卵巢内卵泡的种类和数量，发现卵泡闭锁现象可能是影响产蛋持续性和持久力的重要因素。通过采用单细胞测序技术分析了SWF、SYF、ASWFASYF的颗粒细胞转录组，发现闭锁卵泡上的颗粒细胞与正常发育卵泡的颗粒细胞存在差异，不同程度地出现了退化现象，说明发育中的卵泡上颗粒细胞发生退化，会导致卵泡闭锁，从而影响产蛋的持续性和持久力。

（二）育种技术进展

1. 开发蛋鸡重要性状选育的分子模块及重要遗传标记

分子模块构建是将多个不处于连锁状态的分子标记，如SNP、CNV、SV等组合起来形成分子模块，不同分子模块间的产蛋数、蛋重和蛋壳重等性状表型差异巨大，可以在育种中发挥更大的作用。

孙从佼等对高产蛋鸡72周总产蛋数的研究发现，同时具有rs731112569为TT型和chr2_58637278为TT型时，为最优势基因型组合，比最低基因型组合（CC+CC型）蛋鸡产蛋量高出50个，比群体均值高出36.56个；而chr2_58637278位点TT这个优势基因型在群体中基因频率较低，具有较高的育种开发潜力。

曲亮等针对地方特色蛋鸡产蛋后期蛋重过大问题，挖掘到可改变个体蛋重曲线的分子标记1个，位于24号染色体NTM基因第1内含子，CC比TT基因型个体蛋重曲线斜率小8.13%。

连玲等为提高蛋黄比率，挖掘与蛋黄重相关的分子标记1个，位于鸡3号染色体24015134处，候选基因为LOC107052937或THADA，GG比AA基因型个体蛋黄重高0.55克。此外还鉴定到TMOD4、VPS72、PIP5K1A和ZNF687基因与产蛋数相关。此外，还鉴定到与血肉斑蛋显著相关的遗传标记，位于1号、12号和20号染色体上。

2. 应用机器学习算法优化蛋鸡基因组选择模型

采用集成的机器学习模型—Stacking拟合基因型与表型的关联，即首先通过多种初级机器学习模型分别拟合基因型和表型之间的关联，之后将这些模型预测的结果输入到次级模型中。结果显示，Stacking模型的拟合结果会优于单独使用初级模型。孙从佼等对具有完整且准确的表型记录信息的洛岛红纯系蛋鸡群体共包含4 190只母鸡开展选育，对于不同周龄产蛋数的预测结果RMSE来看，Stacking算法相比其他ML算法误差是最小的，具有非常显著的优势。并且与GBLUP相比，基于多种算法的Stacking集成算法可以有效提高基因组预测的准确性。

连玲等将SNP划分为显著性SNP和常规SNP，分别使用Gmatrix构建矩阵，并同时代入一步法模型计算育种值。与传统一步法单矩阵模型相比，双矩阵中的常规SNP从方差组分显著降低，赋予显著性SNP一定权重进一步进行优化效果显著。

第四章 蛋鸡种业企业发展

一、发展概况

目前，我国从事蛋鸡育种工作的企业和单位有10余家，育成蛋鸡新品种23个，其中高产蛋鸡品种13个，地方特色蛋鸡品种10个。祖代蛋种鸡企业有14家，2022年，全国在产祖代平均存栏68.14万套。父母代蛋种鸡场有380多个，2022年平均存栏在产父母代种鸡1 610.8万套，商品代雏鸡销量达到12.82亿只。

（一）育种企业状况

我国现有国家蛋鸡核心育种场5家，分别为北京市华都峪口禽业有限责任公司、北京中农榜样蛋鸡育种有限责任公司、河北大午农牧集团种禽有限公司（2022年8月更名为保定兴芮农牧发展有限公司）、扬州翔龙禽业发展有限公司和安徽荣达禽业开发有限公司，自2014年首次入选以来未有变动。2022年7月，农业农村部办公厅印发《关于扶持国家种业阵型企业发展的通知》，有86家畜禽种业企业入选，其中北京市华都峪口禽业有限责任公司和北农大科技股份有限公司（北京中农榜样蛋鸡育种有限责任公司母公司）入选强优势阵型企业，主要任务是建立健全商业化育种体系，加快培育一批新品种，提升产量和品质水平，持续保持种源竞争优势。

北京市华都峪口禽业有限责任公司是我国最大的蛋鸡育种企业，与德国EW集团和荷兰汉德克动物育种集团并列世界三大蛋鸡育种公司，选育蛋鸡品系9个，核心群数量24 000多只，有北京、山东、湖北、云南等父母代场，年苗鸡推广量超过2亿只。

北京中农榜样蛋鸡育种有限责任公司是北农大科技股份有限公司的子公司，是专业从事蛋鸡育种的公司，主要以销售农大3号、农大5号小型蛋鸡为主，选育蛋鸡品系9个，核心群数量23 000只，有河北曲周、湖北安陆、江苏姜堰等父母代场，年苗鸡推广量在5 000万只以上。

保定兴芮农牧发展有限公司以销售大午系列蛋鸡产品为主，选育蛋鸡品系6个，核心群数量17 000多只，年苗鸡推广量在8 000万只以上。

扬州翔龙禽业发展有限公司以销售苏禽绿壳蛋鸡为主，选育蛋鸡品系11个，核心群数量24 000多只，年苗鸡推广量在430万只以上。

荣达禽业股份有限公司以销售荣凤达1号蛋鸡为主，选育蛋鸡品系5个，核心群数量11 000多只，年苗鸡推广量在750万只以上。

（二）品种研发状况

我国自主培育的蛋鸡品种主要分为两大类：高产蛋鸡和地方特色蛋鸡。截至2022年底，我国自主培育的高产蛋鸡品种有13个，包括北京市华都峪口禽业有限责任公司培育的京红1号、京粉1号、京粉2号、京白1号和京粉6号蛋鸡配套系共5个；北京中农榜样蛋鸡育种有限责任公司培育的农大3号、农大5号小型蛋鸡和农金1号蛋鸡配套系共3个；保定兴芮农牧发展有限公司培育的大午粉1号、大午金凤和大午褐蛋鸡配套系共3个；上海家禽育种有限公司培育的新杨褐壳、新杨白壳蛋鸡配套系共2个。国内自主培育品种绝大多数72周龄产蛋数超过310个（农大3号、5号为小型蛋鸡，产蛋数在300个左右），生产性能与国外引进品种不相上下，适合我国饲养环境。

我国自主培育的地方特色蛋鸡品种有10个，包括上海家禽育种有限公司等单位培育的新杨绿壳和新杨黑羽蛋鸡配套系共2个；江苏省家禽科学研究所与扬州翔龙禽业发展有限公司培育的苏禽绿壳蛋鸡配套系；广东粤禽种业有限公司培育的粤禽皇5号蛋鸡配套系；河南农业大学与河南三高农牧股份有限公司等单位培育的豫粉1号蛋鸡配套系；中国农业科学院北京畜牧兽医研究所与北京百年栗园生态农业有限公司等单位培育的栗园油鸡蛋鸡配套系；荣达禽业股份有限公司与安徽农业大学培育的凤达1号蛋鸡配套系；湖北欣华生态畜禽开发有限公司与华中农业大学培育的欣华2号蛋鸡配套系；湖北神丹健康食品有限公司与江苏省家禽科学研究所培育的神丹6号绿壳蛋鸡配套系；西藏自治区农牧科学院畜牧兽医研究所与拉萨市禽类良种研究保护推广中心培育的雪域白鸡。这些品种生产性能差异较大，72周龄产蛋数比高产蛋鸡低很多，但蛋品质较好，淘汰老鸡价值较高，有的甚至可以与育成期饲养成本持平，符合我国居民消费习惯，满足多元化市场消费需求。

二、良种扩繁推广基地概况

（一）扩繁基地主推品种

目前，入选国家蛋鸡遗传改良计划的良种扩繁推广基地有16家，自2016年以来未有变动。主推品种包括：京红1号、京粉1号、京粉2号、京粉6号、海兰褐、海兰灰、罗曼粉、农大3号、农大5号、大午粉、大午金凤、苏禽绿壳蛋鸡等，15个扩繁推广基地推广品种与推广量见表2-3。

表2-3　良种扩繁推广基地推广品种与推广量

序号	单位名称	入选时间	品种名称	2022年推广数量/万只
1	北京市华都峪口禽业有限责任公司父母代种鸡场	2014年	京红1号、京粉6号蛋鸡	4 650
2	华裕农业科技有限公司高岳良种扩繁基地	2014年	海兰褐、海兰灰、海兰粉蛋鸡	5 115.78
3	扬州翔龙禽业发展有限公司	2014年	苏禽绿壳蛋鸡	430
4	黄山德青源种禽有限公司	2014年	海兰灰蛋鸡	730.65
5	山东峪口禽业有限公司	2014年	京红1号蛋鸡	7 239
6	湖北峪口禽业有限公司	2014年	京红1号、京粉1号、京粉2号、京粉6号蛋鸡	5 535
7	四川圣迪乐村生态食品股份有限公司	2014年	罗曼粉蛋鸡	4 615
8	四川省正鑫农业科技有限公司	2014年	罗曼粉、伊莎粉、罗曼灰蛋鸡	1 500
9	宁夏晓鸣农牧股份有限公司	2014年	海兰褐、海兰粉、海兰白、海兰灰蛋鸡	19 988.82
10	河北大午农牧集团种禽有限公司	2016年	大午粉1号、大午金凤、大午褐蛋鸡	5 000
11	沈阳华美畜禽有限公司	2016年	海兰褐、海兰灰蛋鸡	5 737
12	江西华裕家禽育种有限公司	2016年	海兰灰、海兰褐蛋鸡	5 366
13	云南云岭广大峪口禽业有限公司	2016年	京粉1号、京粉2号、京红1号蛋鸡	1 566
14	宁夏九三零生态农牧有限公司	2016年	海兰褐、海兰灰蛋鸡	5 570
15	曲周县北农大禽业有限公司	2016年	农大3号、农大5号小型蛋鸡	2 550
合计			17	75 593.25

（二）扩繁基地经营状况

2022年，15个扩繁推广基地父母代种鸡存栏量约909.2万套，比2021年略有增加，销售商品代雏鸡约7.56亿只，在保障市场商品蛋鸡供给方面发挥着越来越重要的作用。受新冠疫情和市场行情影响，加上饲料原料价格上涨和人工成本的增加，生产成本较2021年上升，商品鸡盈利大幅下降，据对主要扩繁推广基地统计，2022年高产蛋鸡商品代雏鸡生产成本平均约2.75元/只，销售价格平均约3.07元/只，平均每只商品代雏鸡盈利0.32元。

第五章 蛋鸡种业发展展望

一、存在问题

（一）行业成本压力大

2022年蛋鸡养殖成本高，劳动力价格、饲料价格逐步上升，养殖利润波动较大。根据数据统计，2022年第一季度养殖处于亏损状态；第二季度因为饲料价格的下降，鸡蛋价格有所上涨，养殖有所盈利，但也有限；第三季度处于补栏季节性旺季，但饲料成本相对较高，鸡苗销售量增幅不高；第四季度随着鸡蛋价格上涨，养殖利润与上个季度相比有所改观。

（二）疫病防治问题突出

目前，我国蛋鸡饲养场的布局弊端颇多，使用年代越长的鸡场，环境污染越严重。庭院养殖和小而全的管理方式，进鸡、用料、污物处理、免疫制度等杂乱无章，缺乏统一的行业管理，疾病交叉感染，养鸡户对鸡综合保健意识淡薄，卫生防疫意识差。同时大环境不断变化，鸡场或鸡舍周边的大环境被病源严重污染，病源从地表、空气、各种媒介物全方位传播，流行性疾病不断发生，已造成的损失或潜在的危险非常严重。

（三）鸡蛋增产难度高

一是蛋鸡养殖环控难。冷热应激和养殖场空气质量问题是影响蛋鸡免疫力、引起疾病的重要根源，不利于蛋鸡生产性能的稳定。二是蛋鸡疫情防控难。随着养殖模式的改变、养殖环境的变化及养殖数量的增长，蛋鸡感染疾病机会将会增多。三是蛋鸡营养保障难。营养与饲料的技术参数与不同品种蛋鸡、不同生长阶段、不同生长环境、不同饲养目的、不同鸡蛋品质不匹配的问题短期内难以转变，而且饲料加工方式还比较落后，自配料方式占主导，饲料的安全质量和营养品质难以充分保障，制约了蛋鸡生产性能挖掘的潜力。

（四）鸡蛋质量潜在安全问题突出

一是目前国内尚未有健全鸡蛋产品可追溯网络平台技术系统，并且鸡蛋安全管控也存在许多问题，散户、小户生产占比大，养殖生产点分散，加重了监管难度。二是基层检测设备落后，经费缺乏，机制不活，不能适应形势需要。三是缺乏专业的饲料、兽药营销人员与养殖户直接对接，导致部分养殖户盲目、过度用药。

二、发展建议

（一）加强政府宏观调控，降低行业风险

制定蛋鸡行业发展规划，明确政府财政补贴的方向和重点，同时对行业生产总量进行监测与控制，保证供求均衡，维持蛋鸡产业价格体系的稳定。从根本上解决饲料原料成本高的问题，降低外部经济环境造成的价格大起大落，保证蛋鸡企业获得正常的利润空间。建立全行业从业者统一的档案数据库系统，加快蛋鸡行业信息化建设，实现全国蛋鸡产品价格和原料以及其他生产资源价格的跟踪、报告和管理，准确预报价格趋势，以及在此基础上的产品行情预报。

（二）提高技术创新水平，致力解决产业"卡脖子"难题

饲料资源不足是我国畜牧业持续发展面临的严重问题，合理布局种植业，同时建立节粮型畜牧业结构，大力开发饲料资源，减少畜牧业对粮食的依赖。强化家禽遗传资源保护，推动我国蛋种鸡资源自主研发体系的建立和完善。加快蛋种鸡制种技术集成、熟化和产业化应用，在蛋种鸡制种环节上通过技术手段提高雏鸡生产质量和效率。

（三）加强生物安全意识，实现蛋鸡养殖安全

合理的产业规划和布局、科学的场区规划和标准化建设、规范的检疫措施及落实、投入品检验与控制、病死畜禽和粪污的无害化处理及循环利用等都关乎生物安全，是蛋鸡产业健康发展的必要条件。在规模化的养殖阶段重视环境因素，实行全进全出或分区养殖，减少交叉感染，免疫环节可通过新设备应用、养殖环境控制给予优化。建立疫病疫情动态的数据监测系统，在第一时间以最快速度确定疫情发生点，进行迅速有效的疫情控制，把传染病的危害降到最低。

（四）提高特色品牌建设，开通线上销售渠道

促进蛋鸡产业加强品牌建设，深入洞察消费者需求，挖掘品牌潜力，同时引入电商，多渠道销售鸡蛋，解决鸡蛋卖难的问题。对于即将进入电商品牌的养殖企业，需及时给予行业形势分析、政府政策解读和成功企业的经验分享。

三、未来展望

（一）鸡蛋供给平稳，价格优势明显

鸡蛋需求呈现波动增长趋势，鸡蛋供给主要取决于在产蛋鸡存栏量，而存栏量受到新开产蛋鸡数量以及淘汰量的影响。同时，部分国家暴发禽流感疫情导致全球鸡蛋供应面临紧张局面，多个国家鸡蛋供需失衡，国际鸡蛋价格大幅上涨，国内鸡蛋价格优势逐渐明显，我国蛋制品出口仍有较大上升空间。

（二）规模化、数字化、智能化应用提升

百万只规模场已经成为主流，新进厂少，新建单场和扩建规模增大，与大规模养殖量相匹配的是智慧养殖理念，一个人一部手机就可以管理几十万只蛋鸡的吃喝拉撒睡，创新科技、大数据为蛋鸡养殖业保驾护航。

（三）依托技术创新，产业链趋势上涨

当蛋鸡养殖走向规模化、集约化、智能化时，蛋鸡的短期养殖成本会相应增加，再单靠售卖鸡蛋的利润已经无法支撑企业的发展。向养殖的上下游产业延伸、扩大规模养殖是企业未来一段时期内发展阶段的必然趋势，蛋鸡养殖、饲料加工、粪污处理、蛋品深加工等产业链的趋势明显。

（四）养殖整体盈利逐渐加强，单体养殖规模逐步扩大

养殖规模的加大，可以直接降低养殖户的养殖成本，采购饲料和原料的成本也将得到有效压缩。规模效益和规模产能将得到进一步扩大，一些企业正在从过去的单纯养殖，向销售拓展，打造特色鸡蛋品牌，并通过电商直播等方式逐步实现自养自销的模式。

肉鸡篇

第一章　肉鸡种业发展概况

　　鸡肉是人类食物结构中的重要肉食来源之一，是世界第一大肉类产品。2022年饲料价格的上涨阻碍了鸡肉产量的扩张，但全球鸡肉产量依旧维持了长期以来的增长趋势，全球鸡肉产量达到10 203.8万吨[①]，较上年增长0.8%。相对较高的饲料和能源价格挤压了鸡肉生产的盈利能力，但在食品成本不断上涨的情况下，消费者对成本较低的动物蛋白仍保持强劲的需求。2023年玉米和大豆价格有所降低，也会进一步推动大多数国家鸡肉产量增加，预计2023年全球产量将增长1%。虽然2022年中国鸡肉产量有所下降，但整个产业已经通过产能缩减重新恢复了活力，回到了正常盈利区间。基于对经济前景改善的预期，与新冠疫情相关的生产问题的缓解，以及人口结构的变化，鸡肉消费仍保持强劲需求态势，2023年鸡肉产量恢复增长，其增长幅度估计可以达到10%~12%，回到2021年的生产水平。鸡肉的生产结构将继续分化，白羽肉鸡和小型白羽肉鸡的占比进一步扩张，而黄羽肉鸡的市场份额继续萎缩。

一、产业结构概况

　　2022年，我国肉鸡生产高位回落，降至2020年水平，鸡肉产量近5年来首次下降。全年肉鸡出栏118.5亿只，同比减少5.6%；鸡肉产量1 887.6万吨（不包括淘汰蛋鸡鸡肉），同比减少6.4%，鸡肉产量被巴西超越，位居世界第3位。其中，白羽肉鸡出栏量约60.9亿只，同比减少7.7%，鸡肉产量约

---

① 数据引自：United States Department of Agriculture Foreign Agricultural Service，Livestock and Poultry：World Markets and Trade，April 11，2023。

1 191.0万吨，同比减少8.5%；黄羽肉鸡出栏量约37.3亿只，同比减少7.9%，鸡肉产量约471.1万吨，同比减少8.1%；小型白羽肉鸡出栏量约20.4亿只，同比增长6.7%，鸡肉产量225.4万吨，同比增长2.5%。详见表3-1。

表3-1　全国鸡肉生产量测算

项目		2021年	2022年	增长量	增长率
白羽肉鸡	出栏数/万只	65.98	60.90	-5.07	-7.69%
	产肉量/万吨	1 301.6	1 191.0	-110.5	-8.49%
黄羽肉鸡	出栏数/万只	40.45	37.26	-3.19	-7.89%
	产肉量/万吨	512.9	471.1	-41.8	-8.14%
小型白羽肉鸡	出栏数/万只	19.10	20.38	1.28	6.70%
	产肉量/万吨	220.0	225.4	5.4	2.47%
淘汰蛋鸡	出栏数/万只	10.20	10.30	0.10	0.98%
	产肉量/万吨	110.9	120.5	9.6	8.68%

　　我国肉鸡品种类型主要有白羽肉鸡、黄羽肉鸡和小型白羽肉鸡。肉鸡产业统计监测数据显示，2022年3种类型的商品肉鸡出栏数量占比分别是51.4%、31.4%和17.2%；提供的鸡肉产量占比分别是63.1%、25.0%和11.9%。而黄羽肉鸡根据生长速度又可分为三种类型，即快速型、中速型和慢速型。2022年，三种类型的种鸡市场份额（按照父母代更新量计算）分别是26.0%、29.5%和44.5%。详见表3-2。

表3-2　全国肉鸡出栏量构成

年份	出栏结构比重			肉产量结构比重		
	白羽肉鸡/%	黄羽肉鸡/%	小型白羽肉鸡/%	白羽肉鸡/%	黄羽肉鸡/%	小型白羽肉鸡/%
2021	52.6	32.2	15.2	64.0	25.2	10.8
2022	51.4	31.4	17.2	63.1	25.0	11.9

二、种鸡产销状况

（一）白羽肉鸡

　　白羽肉鸡产能先减后增。2022年，白羽肉鸡祖代种鸡全年更新96.3万套，同比减少24.5%；其中国内繁育更新62万套，占64.4%，增加34.0%。全年祖代种鸡平均存栏178.5万套，同比增长3.8%；平均在产存栏121.5万套，同比增长6.6%；年末存栏172.2万套，在产存栏126.8万套；父母代种雏销售量6 502.2万套，同比增长2.1%。父母代种鸡平均存栏量6 941.2万套，同比下降2.4%；平均在产存栏3 853.1万套，同比减少8.5%；年末父母代种鸡存栏7 590.6万套，其中，在产存栏3 819.0万套；全年商品雏鸡销售量62.7亿只，同比下降8.9%。详见表3-3。

表3-3　白羽肉鸡种鸡存栏变化

年份	祖代存栏量/万套	祖代后备存栏量/万套	祖代在产存栏量/万套	祖代更新量/万套	祖代更新周期/天	父母代鸡苗销售量/亿只	父母代鸡存栏量/万套	父母代后备存栏量/万套	父母代在产存栏量/万套	父母代更新周期/天	商品鸡苗销售量/亿只
2018	115.6	36.8	78.8	74.5	657.1	4 109.9	4 063.4	1 653.6	2 409.8	415.7	50.9
2019	139.3	57.4	81.7	122.3	636.9	4 830.9	5 340.5	2 159.3	3 181.2	469.3	57.1
2020	163.3	57.8	105.5	100.3	566.3	6 007.1	6 522.6	2 771.9	3 750.6	432.9	63.2
2021	171.9	57.9	114.0	127.6	596.8	6 365.7	7 112.7	2 899.8	4 212.9	445.4	68.8
2022	178.5	56.2	121.5	96.3	620.7	6 502.2	6 941.2	3 088.1	3 853.1	430.4	62.7

（二）黄羽肉鸡

黄羽肉鸡产能降幅收窄。2022年，黄羽肉鸡祖代种鸡全年更新约232.3万套，同比增加1.7%。全年祖代种鸡平均存栏215.5万套，同比下降0.5%；平均在产存栏150.7万套，同比减少0.5%；年末存栏211.7万套，在产存栏148.0万套；父母代种雏销售量6 508.6万套，同比下降0.2%。父母代种鸡平均存栏量6 681.9万套，同比下降2.8%；平均在产存栏3 899.8万套，同比减少3.6%；年末父母代种鸡存栏6 545.9万套，其中，在产存栏3 835.5万套；全年商品代雏鸡销售量39.4亿只，同比下降4.9%。详见表3-4。

表3-4　黄羽肉鸡种鸡存栏变化

年份	祖代存栏量/万套	祖代后备存栏量/万套	祖代在产存栏量/万套	祖代更新量/万套	祖代更新周期/天	父母代鸡苗销售量/亿只	父母代鸡存栏量/万套	父母代后备存栏量/万套	父母代在产存栏量/万套	父母代更新周期/天	商品鸡苗销售量/亿只
2018	197.1	59.3	137.8	237.7	347.4	7 502.7	6 748.0	2 997.2	3 750.8	413.7	43.7
2019	209.6	63.0	146.6	225.5	357.1	8 070.4	7 475.3	3 352.1	4 123.2	373.5	49.0
2020	219.4	66.0	153.4	227.1	354.9	7 473.5	7 614.8	3 312.5	4 302.4	366.8	44.3
2021	216.6	65.1	151.4	228.5	368.9	6 519.0	6 876.3	2 829.1	4 047.1	382.5	41.4
2022	215.5	64.8	150.7	232.3	368.5	6 508.6	6 681.9	2 782.1	3 899.8	391.8	39.4

三、种鸡供种能力

（一）祖代种鸡

1. 白羽肉鸡

由于美国因禽流感疫情多次暴发阻碍了对全球的祖代种源供应，以及上半年受新冠疫情影响国际航班减少，导致2022年我国进口的祖代种鸡大幅度减少，其中有5个月时间完全中断，全年通过贸易进口的祖代数量仅为34.3万套，较上年减少了52.5万套。所幸国内自主品种正式投入使用，为我国白羽肉鸡祖代种鸡更新提供了有力支撑，全年提供31.3万套，较上年增加了18.1万套。国外品种在国内繁育的祖代数量增加，全年累计更新量为30.8万套，较上年增加6.1万套。2022年白羽肉鸡祖代种鸡总更新量为96.3万套，较上年减少22.7%；其中贸易引进占比为35.6%，国外品种国内繁育占比为31.9%，国内自主品种占比为32.5%。

2022年白羽肉鸡祖代种鸡年度平均存栏量较上年增加3.8%，在产平均存栏量较上年增加6.6%。而从5月开始，祖代种鸡进口受阻严重，后备存栏量不断下降，一度降低到40万套以下，是继2015—2018年因禽流感封关影响之后后备祖代存栏数量最低值。国内自主品种及时加大扩产速度，到10月之后，后备祖代存栏量开始回升，至年底后备祖代存栏量为45.5万套，较年初减少41.4%。

在生产者的努力下，通过延长在产种鸡的使用时间，保证了国内对父母代种雏的需求，全年祖代种鸡的使用周期延长了24～620.5天（与2021年相比）。使用周期的延长虽然提供了更多的父母代种鸡雏，但也在一定程度上降低生产效率，单套在产种鸡每月供应的父母代雏鸡数量从4.67套下降到4.44套，降幅为4.8%。

按照鸡肉消费量变化趋势预计2023年鸡肉需求量将增加6%。依据种鸡标准生产性能和周转规律估算，2022年需要更新祖代种鸡约150.8万套，实际祖代更新量为标准需求的63.9%；在产祖代种鸡需要保持104万套以上，实际数量比标准需求多出16.4%，虽然单位供种能力有所降低，但仍能满足国内对父母代种雏的需求。

2. 黄羽肉鸡

黄羽肉鸡的种源主要来自自主培育的配套系，以及地方品种资源的杂交利用。截至2022年，共有70个配套系和119个地方品种资源可供利用。国内的黄羽肉鸡种业公司多数同时从事黄羽肉鸡的育种工作，祖代种源一般都来源于公司内部，很少对外销售，因此，在黄羽肉鸡中育种群、曾祖代和祖代群体没有明确的划分，并一直保有庞大的存栏数量和较快的更新速度。2022年我国黄羽肉鸡祖代种鸡数量保持稳定，较上年增加1.6%；在产平均存栏量和后备平均存栏量保持平稳，较上年减少0.5%。

黄羽肉鸡祖代的实际使用周期要比常规标准短很多，一般使用周期为350～370天，2022年祖代平均使用周期为368天，仅比2021年缩短了1天。单套在产种鸡每月供应的父母代雏鸡数量变化也不大，从3.58套增加至3.60套。

按照鸡肉消费量变化趋势以及种鸡标准生产性能和周转规律估算，2022年需要更新祖代种鸡约114.0万套，并保持78.9万套以上的在产祖代种鸡。2022年实际祖代更新量为标准需求的203.8%，在产祖代存栏量比标准需求多出91.0%，均超过标准需求。形成这种现象的主要原因为：生产者的种源为自主培育和繁育，引种难度小、费用低，且黄羽肉鸡父母代补栏存在着较为显著的季节效应，以及种鸡代次可以降代使用等因素，生产者为了满足供应需求往往保留较大的存栏量。

（二）父母代种鸡

1. 白羽肉鸡

由于消费需求和市场环境的变化，白羽肉鸡产量连续增长4年，到2021年产能达到了历史最高点，父母代存栏7 112.7万套，在产存栏量超过4 212.9万套，产业综合收益不断降低，一度出现了较为严重的亏损。因此，白羽肉鸡父母代生产从2021年第3季度开始产能调整，到年底时父母代存栏量下降至6 800万套以下，在产存栏量降至3 900万套以下，并且父母代生产者的补栏积极性持续降低，每月补栏的父母代种雏从2021年7月前的550万套左右，到2022年4月下降到不足400万套。这种情况持续到2022年5月祖代种鸡引进受阻，在产业收益逐渐好转，伴随生产者对父母代供应和鸡肉生产缺口的担忧，自2022年5月父母代补栏量恢复到550万套以上，且持续提高，到第4季度上升到了600万套以上。这种"前低后高"的补栏形势，造成了2022年父母代存栏量全年呈持续走高，在产存栏量相对偏低局面。全年父母代种鸡平均存栏量同比减少2.4%，在产存栏同比减少8.5%，后备存栏同比增加6.5%，更新量同比增加2.0%；全年销售商品代雏鸡量同比减少8.9%。

"前低后高"的补栏形式，父母代种鸡的使用周期在2022年也发生了相应的变化。上半年平均使用周期为432.6天，低于常规标准；而下半年的平均使用周期为457.2天，高于常规标准；但全年使用周期较上年减少15天，降低3.4%。到12月时使用周期延长至474.5天，超过常规标准26.5天，并且这种趋势将延续到2023年第一季度。单套在产种鸡每月供应的商品代雏鸡数量得到了小幅提升，从16.5只增加至16.6只。

按照鸡肉消费量变化趋势分析，及父母代种鸡标准生产性能和周转规律估算，2022年需要更新父母代种鸡5 429.8万套，并保持3 984.7万套的在产父母代存栏量。而2022年实际父母代更新量为标准需求的119.8%，超过标准需求量；在产存栏量虽然低于标准需求3.3%，但2022年的父母代更新在第四季度有很大的提升，2023年一季度的商品雏鸡供应会有少量缺口，二季度之后在产存栏量就将达到标准需求量之上，能够满足鸡肉生产需要。

2. 黄羽肉鸡

由于2019年之后黄羽肉鸡的销售渠道不断缩窄，消费市场不断萎缩，虽然生产者也在不断降低种鸡存栏水平，但产能仍一直处于过度饱和的局面。全年父母代种鸡平均存栏量降至2018年以来的最低水平，在产存栏同比减少3.6%，后备存栏同比减少1.7%，更新量同比减少0.2%，全年商品代雏鸡销售量同比减少4.9%。

由于父母代产能一直处于过饱和状态，黄羽肉鸡父母代种鸡的使用周期从2019年以来一直大幅低于常规标准，虽然近2年有些回升，但依旧偏低。2022年平均使用周期为392天，同比延长2.4%，仍低于常规标准56天。使用周期虽有小幅延长，但单套在产种鸡每月供应的商品代雏鸡数量并没有得到提升，从8.5只下降到8.4只。

按照鸡肉消费量变化趋势分析，及父母代种鸡标准生产性能和周转规律估算，2022年需要更新父母代种鸡4 105.0万套，并保持2 899.9万套的在产父母代存栏量。而实际父母代更新量为标准需求的158.6%，在产存栏量也比标准需求多出34.5%，均超过标准需求量，生产能力充足。

（三）繁育技术水平

白羽肉鸡的祖代种鸡标准单位产能为每套种鸡可生产45～50套父母代雏鸡，父母代种鸡标准单位产能为每套种鸡可生产130～145只商品雏鸡。近年来白羽肉鸡需求量快速增长，生产者们不断延长种鸡使用周期，因此实际单位产能均超过生产标准。

黄羽肉鸡祖代种鸡理论产能为每套种鸡可生产40～45套父母代雏鸡。黄羽肉鸡基本都是国内培育的品种，国内企业多是边选育边生产，独立的祖代扩繁群比例较低，因此，祖代的存栏量一直偏高，而实际利用率偏低，实际单位产能普遍低于理论产能。黄羽肉鸡父母代种鸡理论产能为每套种鸡可生产120～130只商品雏鸡。而实际生产中由于市场因素，实际使用周期缩短，未达到理论利用周期，影响父母代种鸡产能的发挥（表3-5）。

表3-5　肉种鸡各代次的单位产能

年份	白羽肉鸡		黄羽肉鸡	
	祖代产能/（套/套）	父母代产能/（只/套）	祖代产能/（套/套）	父母代产能/（只/套）
2018	69.18	114.68	25.32	75.51
2019	74.69	138.91	27.03	63.87
2020	60.97	131.63	23.66	53.37
2021	64.89	146.21	22.57	57.56
2022	65.40	138.45	22.62	59.46

四、品种推广情况

（一）白羽肉鸡推广情况

在遗传改良计划有力的推动下，我国白羽肉鸡的自主培育在2021年取得了重大突破，有3个品种通过了国家畜禽遗传资源委员会的审定，从2022年开始正式推广应用。

2022年我国白羽肉鸡祖代引进受多种因素影响，更新数量降至历史最低水平，给我国自主培育的白羽肉鸡品种提供了很好的推广机会。白羽肉鸡祖代更新结构正式从之前的主要依靠国外引进祖代及部分依靠国外曾祖代种源进行国内自繁的二元结构，转变为"国外引进祖代、曾祖代种源国内繁育和国内自有品种供应"的三元结构。2022年国内自主培育白羽肉鸡品种提供祖代数量约31.3万套，其中"圣泽901"19.4万套、"广明2号"6.3万套、"沃德188"5.6万套，自主培育品种占比达到32.5%，较2021年提高了约22%，详见表3-6、表3-7。

表3-6　全国白羽肉鸡祖代更新结构

年份	AA+/万套	罗斯308/万套	科宝艾维茵/万套	哈伯德/万套	圣泽901/万套	广明2号/万套	沃德188/万套	合计/万套
2018	22.92	14.16	15.03	22.43				74.54
2019	55.03	7.20	23.07	30.60	6.45			122.34
2020	37.44	9.24	32.54	9.64	11.40			100.26
2021	32.18	5.74	42.33	31.20	13.16			124.61
2022	14.44	5.43	36.40	8.80	19.40	6.27	5.59	96.33

表3-7　白羽肉鸡国内外品种祖代更新结构

年份	国外引进品种		国内自主培育品种		合计/万套
	数量/万套	占比/%	数量/万套	占比/%	
2018	74.54	100.00	0.00	0.00	74.54
2019	115.90	94.74	6.45	5.27	122.34
2020	88.86	88.63	11.40	11.37	100.26
2021	111.45	89.44	13.16	10.56	124.61
2022	65.07	67.55	31.26	32.45	96.33

（二）黄羽肉鸡推广情况

截至2022年底，通过国家级鉴定的地方鸡种达到119个；通过国家级审定的配套系70个，培育品种5个。新增国家级遗传资源和品种6个，其中配套系4个（光大梅岭4号肉鸡、东禽1号麻鸡、裕禾1号黄鸡、富凤麻鸡）、地方品种2个（雁荡麻鸡、祁门豆花鸡）。通过国家审定的配套系中来自广东和广西两地的数量占全国总数的58.57%，其中广东26个，广西15个；其他省份29个，占全国总数的41.43%。新审定配套系和新发现的遗传资源为我国黄羽肉鸡产业发展提供了坚实的种源基础。

其中，推广量较大的品种有温氏矮脚黄鸡、雪山鸡、金陵花鸡、新广麻鸡、鸿光黑鸡、天农麻鸡、潭牛鸡等。商品鸡推广数量超过5 000万只的黄羽肉鸡种业企业和品种见表3-8，从主推品种数量来看，慢速型黄羽肉鸡品种占比较大。2022年黄羽肉鸡累计出栏量为37.3亿只，较2021年下降8.3%；黄羽肉鸡鸡肉产量为471.1万吨，较2021年下降8.1%。

表3-8 近三年新审定品种的推广情况

序号	证书编号	名称	通过审定时间	培育单位	2022年度推广情况	
					父母代（万套）	商品代（万只）
1	农09新品种证字第84号	大恒799肉鸡	2020	四川大恒家禽育种有限公司、四川省畜牧科学研究院	32.4	3240
2	农09新品种证字第87号	金陵麻乌鸡	2021	中国农业科学院北京畜牧兽医研究所、广西金陵农牧集团有限公司	15	1481
3	农09新品种证字第88号	花山鸡	2021	江苏立华牧业股份有限公司、江苏省家禽科学研究所、江苏立华育种有限公司	25.3	2754
4	农09新品种证字第89号	园丰麻鸡2号	2021	广西园丰牧业集团股份有限公司	25	1750
5	农09新品种证字第90号	沃德158肉鸡	2021	北京市华都峪口禽业有限责任公司、中国农业大学、思玛特（北京）食品有限公司	0	400
6	农09新品种证字第91号	圣泽901白羽肉鸡	2021	福建圣泽生物科技发展有限公司、东北农业大学、福建圣农发展股份有限公司	580	61800
7	农09新品种证字第92号	益生909小型白羽肉鸡	2021	山东益生种畜禽股份有限公司	90	7800
8	农09新品种证字第94号	广明2号白羽肉鸡	2021	中国农业科学院北京畜牧兽医研究所、佛山市高明区新广农牧有限公司	48	5200
9	农09新品种证字第95号	沃德188肉鸡	2021	北京市华都峪口禽业有限责任公司、中国农业大学、思玛特（北京）食品有限公司	30.1	155.6
10	农09新品种证字第96号	光大梅岭4号肉鸡	2022	浙江光大农业科技发展有限公司	10.8	1100
11	农09新品种证字第97号	东禽1号麻鸡	2022	山东纪华家禽育种股份有限公司、山东农业大学、山东新合心技术有限公司	5	540
12	农09新品种证字第98号	裕禾1号黄鸡	2022	珠海市裕禾农牧有限公司、华南农业大学、珠海市斗门区农业技术推广总站、珠海市现代农业发展中心、佛山科学技术学院	18	830
13	农09新品种证字第99号	富凤麻鸡	2022	广西富凤农牧集团有限公司、广西壮族自治区畜牧研究所、广西大学	20	2200

（三）小型白羽肉鸡推广情况

小型白羽肉鸡在早期又称为"817肉鸡"或肉杂鸡。早期的小型白羽肉鸡仅依靠独特的制种模式进行商品雏鸡生产，并没有固定的种源供应。随着小型白羽肉鸡市场份额的逐渐提升，稳定的种源和质量保障成为行业内的共同意愿。到2018年北京市华都峪口禽业有限责任公司培育出首个通过国家审定的小型白羽肉鸡配套系，之后山东益生种畜禽股份有限公司在2021年培育出"益生909"。这两个品种的培育成功，推动了小型白羽肉鸡产业各个环节标准化、规范化的发展。农业农村部发布的新一轮《全国肉鸡遗传改良计划（2021—2035年）》，把小型白羽肉鸡与白羽肉鸡和黄羽肉鸡并列，这将进一步提高小型白羽肉鸡在我国肉鸡生产中的地位，对促进我国肉鸡产业的均衡健康发展具有重要意义。2022年小型白羽肉鸡生产延续扩张趋势，出栏量较2021年增长6.7%。

第二章　资源普查与保护情况

一、种质资源收集评价

（一）地方鸡遗传资源普查概况

2022年是贯彻《种业振兴行动方案》"三年打基础"的重要一年，是第三次全国畜禽遗传资源普查从面上普查转向性能测定的关键一年，也是畜禽精准鉴定项目深入实施的重要一年。一年来，各级种业管理部门、普查机构和专家团队，努力克服新冠疫情反复以及南方长期高温酷暑等不利因素影响，高位组织推动，压实职责任务，加强科技支撑，强化条件保障，多措并举抓落实，圆满完成了各项任务，为普查行动全面收官、深入实施种业振兴行动奠定了坚实基础。

一是高质量完成了面上普查收尾工作。第三次全国畜禽遗传资源普查地方鸡种资源普查的范围更广，纵深更长，以县域为单位开展地方鸡遗传资源普查，摸清当地遗传资源的群体数量和区域分布情况，填报"畜禽遗传资源普查信息登记表"和"县级畜禽遗传资源普查信息汇总表"。

二是全面推进性能测定。持续完成桃源鸡、溧阳鸡、太湖鸡、清远麻鸡、广西三黄鸡、林甸鸡、峨眉黑鸡、四川山地乌骨鸡、泸宁鸡、凉山岩鹰鸡、广元灰鸡、米易鸡、金阳丝毛鸡、旧院黑鸡、石棉草科鸡、藏鸡、固始鸡、崇仁麻鸡、文昌鸡等115个地方鸡种以及康达尔黄鸡128、新兴黄鸡II号、良凤花鸡、天露黄鸡、科朗麻黄鸡等80个配套系的基本信息登记、影像采集，以及体尺体重、生产性能和繁殖性能等的测定工作，填报"畜禽遗传资源概况表""畜禽遗传资源体型外貌登记表""畜禽遗传资源生产性能登记表""畜禽遗传资源调查表"等表格。充分利用现代数据信息管理系统，制定严格的测定和登记技术规范，更加真实、科学地体现地方鸡品种资源的特征特性，为未来建立鸡资源品种分子身份证奠定了科学基础。

三是开展精准鉴定。全国畜牧总站印发了《畜禽种质资源精准鉴定项目采样工作方案》，明确了样品采集相关管理和技术要求。同时，研发了畜禽遗传资源大数据管理系统，制作了样品采集APP，方便样品信息采集、传输和管理，精准鉴定采样工作基本完成。

四是发掘了一批新遗传资源。发掘并收集了修水黄羽乌鸡、维西傈傈乌鸡、姜山云朵鸡、平武红鸡等多个地方鸡遗传资源，祁门豆花鸡、雁荡麻鸡通过国家畜禽遗传资源委员会鉴定。

五是加大濒危品种抢救性收集保护力度。完善遗传资源珍稀程度和濒危等级，采取活体和遗传材料保护相结合的方式，实施抢救性收集保护，相关遗传材料（活体）纳入国家基因库保存。后续将根据普查结果完成省级畜禽遗传资源保护名录制修订工作，推动修订国家级畜禽遗传资源保护名录，健全两级保护体系，明确保护主体，实施"一品一策"保护措施。

（二）地方鸡遗传资源评价概况

随着测序技术的发展和基因组学研究的深入，家鸡遗传资源评价等相关研究已经进入"泛基因组（Pan-genome）时代"。2022年，西北农林科技大学姜雨教授团队在鸡泛基因组领域取得重要突破，该研究构建了鸟类中第一个基于*de novo assemblies*的高质量泛基因组，并补充了相当于目前参考基因组15%（159MB）的缺失序列，该研究为鸟类基因组的完善提供了范例，提供的鸡泛基因组资源将为家鸡遗传评估、功能基因挖掘和开发利用提供强大助力。

2022年，我国科学家加快了具有自主知识产权的鸡保种、评价用液相芯片的研发工作并取得了突破。中国农业科学院北京畜牧兽医研究所文杰研究员团队研发了首款肉鸡泛基因组50K液相捕获芯片。河南农业大学康相涛教授团队基于前期鸡泛基因组研究成果与公共数据，开发了适用于我国地方鸡基因组系列芯片"神农1号"。江苏省家禽研究所成功研发我国首款地方鸡遗传资源保护与品种鉴定液相芯片"西芯一号"。江苏省家禽科学研究所、湖南农业大学、山东省农业科学院分别研制了3款地方鸡遗传资源评价用液相芯片（苏芯1号、鲁芯1号、湘芯1号）。这些芯片的成功研发，将搭建用于地方鸡种质资源保护、鉴定评价和开发利用的高效技术平台，对促进种业振兴具有重要意义。

二、地方鸡遗传资源保护与利用

（一）地方鸡遗传资源保护现状

我国高度重视遗传资源的保护与利用，2020年2月11日，国务院办公厅印发了《关于加强农业种质资源保护与利用的意见》，首次明确了种质资源保护的基础性、公益性、战略性、长期性定位，明确了保护优先、政府主导、多元参与、高效利用的原则，明确了主管部门的管理责任、市县政府的属地责任和种质资源保护单位的主体责任。此次意见是中华人民共和国成立以来首个专门聚焦农业种质资源保护与利用的重要文件，开启了农业种质资源保护与利用的新篇章。在此背景下，我国地方鸡种的资源保护和开发利用迎来了良好的发展机遇和广阔的发展空间。

我国具有全球最丰富的地方鸡遗传资源，《国家畜禽遗传资源品种名录（2021年版）》中指出，我国鸡遗传资源品种数量为240个，位于家禽之首，其中，地方鸡品种资源数量为115个，经济类型多样，包括肉用型、蛋用型、兼用型（包括具有一定药用价值的乌骨鸡）和玩赏型，具有外貌特征多样、肉蛋品质优异、抗病力和抗逆性强等特点，其中，有28个地方鸡品种列入国家级遗传资源保护名录，至2022年底，阿克鸡、祁门豆花鸡、雁荡麻鸡等3个新发现资源相继通过国家畜禽遗传资源委员会鉴定。这些地方鸡品种既是宝贵的遗传资源，也是价值极高的经济资源，为新品种培育开发提供了基本素材。

目前，我国已经建立了以国家保护为主，国家和地方上下联动、分级负责、各有侧重有机衔接的鸡遗传资源保护机制。鸡遗传资源保护主要有保种场和基因库两种方式，已建设24家国家地方鸡遗传资源保护场和3家国家地方鸡种基因库（江苏、浙江、广西），同时还建有多个省级地方鸡遗传资源保种场。近年来，一部分企业也开始重视地方鸡遗传资源保护及开发利用，逐渐参与地方鸡遗传资源保护工作。2022年，对于普查发现的濒危或群体数量较少的品种，省级种业管理部门立即行动，按照"一品一策"的保护要求，抓紧制定抢救性收集保护方案，明确保护主体，大部分地方鸡遗传资源得到了有效保护。同时，国家家禽遗传资源动态监测管理平台系统已建成运行，初步形成动态监测及预警系统，通过建立国家畜禽遗传资源委员会家禽专业委员会专家与保种单位对接指导机制，进一步提升了地方鸡的保种效率。

鸡保种技术和方法创新受到国内外研究人员的高度关注。在活体保种方法上，研究并制定了多种适用于不同条件资源场的保种方法，其中，"家系等量留种随机选配法"已在全国各级保种场推广使用，并取得良好效果。此外，配子、胚胎、干细胞等遗传材料的冷冻保存作为畜禽活体保护的重要补充，对畜禽遗传资源保护有着重要的意义。精液冷冻技术对于家禽生产发展和优良种质资源保护至关重要，利用精液冷冻技术还可以建立遗传资源库，保护濒临灭绝的地方特色品种。目前，鸡精液稀释以及低温保存技术已经趋于成熟。目前，鸡精液冷冻技术仍处于研究阶段，未能在生产中应用。精子抗冻性可能是影响冷冻保存技术的根本原因，而关于鸡精子抗冻性的相关研究较少，抗冻性差异产生的机制尚不清楚。一些研究人员已经对此进行了积极探索，发现精子抗冻性不仅受到冷冻保存条件的影响，还会受到相关基因的调控。

（二）地方鸡遗传资源利用现状

到2022年底，以国内地方鸡种作为主要育种素材，培育并通过国家级审定的黄羽肉鸡配套系达到70个；其中，2022年通过审定的肉鸡新配套系有4个（富凤麻鸡、光大梅岭4号肉鸡、裕禾1号黄鸡、东禽1号麻鸡）。这些培育的黄羽肉鸡新配套系均是以地方鸡为主要育种素材、适当导入外血杂交配套而成。与地方品种相比，新配套系的饲料转化率、产蛋数等生产性能获得显著提升，同时具有适屠性好、风味好等优点。

第三章 肉鸡种业创新攻关

一、遗传改良计划

（一）开展的主要工作

为更好地贯彻落实《全国肉鸡遗传改良计划（2021—2035年）》，加快肉鸡遗传改良进程，进一步完善国家肉鸡良种繁育体系，提高肉鸡育种能力、生产水平和养殖效益，在农业农村部种业管理司和全国畜牧总站牵头组织下，整合科研院所、政府技术服务部门、育种企业等各方力量，实施一系列举措持续推进我国肉鸡遗传改良工作。主要有：2022年8月农业农村部印发《关于加快自主培育白羽肉鸡品种推广应用工作的通知》，统筹各方力量，强化政策扶持，加快我国自主培育白羽肉鸡新品种推广应用。同月，农业农村部发布了《农业农村部办公厅关于扶持国家种业阵型企业发展的通知》遴选了一批重点优势企业构建"破难题、补短板、强优势"企业阵型，入选的肉鸡企业12家，其中北京沃德辰龙生物科技股份有限公司、福建圣农发展股份有限公司、佛山市高明区新广农牧有限公司入选白羽肉鸡破难题阵型；温氏食品集团股份有限公司、江苏立华牧业股份有限公司、山东益生种畜禽股份有限公司等10家企业入选黄羽肉鸡强优势阵型，佛山市高明新广农牧有限公司同时入选黄羽肉鸡强优势阵型和白羽肉鸡破难题阵型。2022年11月，国家育种联合攻关工作推进会强调把主要粮食与畜禽育种攻关摆在突出位置。

同时，国家肉鸡产业技术体系建立了肉鸡遗传改良数据平台，收集和分析核心品种生产性能，确定了祖代、父母代、商品代的生产性能指标，每年度收集生产数据约6万条。

（二）取得的主要成效

1. 新品种培育进展显著

截至2022年底，新增通过国家级审（鉴）定肉鸡配套等4个，地方鸡种资源2个，我国鸡遗传资源和品种数量增加到194个，其中配套系70个，地方鸡种119个，培育品种5个，进一步丰富了我国肉鸡遗传资源，保障了我国肉鸡种源供给。

2. 肉鸡高效育繁推体系基本形成

历经40余年的繁育体系建设，我国肉鸡产业已经形成了育种场（资源场）、祖代肉种鸡场、父母代场与肉鸡生产场（户）等层次的完善的良种繁育体系，保障了肉鸡产业稳定发展。在全国肉鸡遗传改良计划的推动下，已遴选出18家国家级肉鸡核心育种场和17个扩繁基地。

我国白羽肉种鸡新育成品种战略作用不断凸显，白羽肉鸡祖代更新已不再单纯依靠国外品种，形成了"国外引进祖代、曾祖代种源国内繁育和国内自有品种供应"的三元市场竞争结构。

在市场竞争的推动下，我国黄羽肉鸡的育繁推体系也在逐渐成形。虽然由于种业公司的祖代种源仍然很少在市场上流通，但从父母代种鸡到商品代生产已经形成较为完善的推广应用体系，并且已经有30.8%的父母代种鸡是通过市场进行流通，推动了黄羽肉鸡种业生产体系的不断完善。同时，在育种公司内部也正在尝试将核心群、曾祖代、祖代进行剥离，向着完善的繁育体系迈进。

3. 肉鸡遗传性能明显提升

《全国肉鸡遗传改良计划（2021—2035年）》实施以来，我国白羽肉鸡商品鸡生产性能获得明显提升，遗传进展显著。从产业监测数据看，白羽肉鸡近5年来各项生产指标都有明显的改进，整体生产效率增加11.9%，详见表3-9。虽然从监测数据看，近5年来黄羽肉鸡的生产性能没有显著的变化，但这主要是受消费需求和产业结构的影响；然而从出栏日龄的缩短中，可以确认整体的生产效率仍在向好的方面转变，详见表3-10。

表3-9　白羽肉鸡商品肉鸡生产性能参数

年度	出栏日龄/天	出栏体重/千克	饲料转化率	成活率/%	生产消耗系数	欧洲效益指数
2018	43.6	2.56	1.73	95.9	102.6	325.8
2019	43.8	2.51	1.74	96.0	104.1	315.6
2020	44.2	2.64	1.70	95.8	100.8	336.8
2021	43.4	2.63	1.63	96.1	96.9	356.3
2022	42.5	2.61	1.62	96.2	96.0	364.4

表3-10 黄羽肉鸡商品肉鸡生产性能参数

年度	出栏日龄/天	出栏体重/千克	饲料转化率	成活率/%	生产消耗系数	欧洲效益指数
2018	97.3	1.95	3.00	95.5	167.3	63.9
2019	97.1	1.95	2.97	95.4	163.8	64.6
2020	98.7	1.87	3.13	94.5	168.9	57.4
2021	95.2	1.95	3.06	95.1	164.2	63.6
2022	94.4	1.95	3.07	95.0	164.6	63.7

二、科研进展

（一）重要基因筛选和鉴定

2022年，我国学者针对肉鸡外观、生长、腹脂沉积、肉质、繁殖、抗病等性状开展了大量的基础研究工作，筛选出一批影响重要经济性状的SNPs、基因和代谢物。

1. 外观性状

张文武等发现WNT9A基因是影响白耳黄鸡冠齿数的重要候选基因。Zhou等发现CYP2D6等14个基因是影响鸡腹膜色素沉着的重要候选基因。赵超等发现MC1R基因是影响鸡青胫性状的重要基因。Fan等在MC1R基因上发现4个SNPs与太行鸡羽毛颜色显著相关。屠云洁等发现Wnt3a是影响金陵花鸡毛囊密度性状的重要候选基因。

2. 生长性状

Dou等通过GWAS（全基因组关联分析）分析鉴定出113个与肉鸡体重性状相关的关键变异，进一步筛选出IGF2BP1等13个影响肉鸡体重性状的候选基因。Wang等通过GWAS分析鉴定出1 539个与肉鸡不同周龄体重显著相关的SNPs，进一步鉴定出DLEU7等7个影响肉鸡生长性状的重要候选基因。Lin等发现RPL3L、FBP2等9个基因是影响鸡出生后肌肉发育的候选基因，并进一步发现RPL3L通过调节ASB4和ASB15的表达来促进鸡成肌细胞的增殖，抑制其分化。Lei等发现circRNA225和circRNA226可能是调控肌肉发育的关键circRNAs。

3. 肉质性状

Sun等通过不同鸡种基因组选择性清除分析，筛选出TBXAS1、GDPD5、SLC2A6和MMP27可能影响肉色性状。Weng等通过磷酸化蛋白质组学发现，MRC2和SLC7A5等蛋白的磷酸化对雪山鸡和罗斯308肉鸡的蛋白质和IMF沉积有正向影响。Li等发现果糖、甘露糖代谢、花生四烯酸代谢、甾体激素生物合成、核黄素代谢、不饱和脂肪酸生物合成和亚油酸代谢是影响肉鸡鸡胸肉性状的主要代谢途径，并筛选出38个重要基因。Xiong等发现PHKG1基因的rs15845448位点与宁都三黄鸡的宰后24小时和48小时滴水损失率、pH值、肉色显著相关。

4.屠体性状

Tan等通过大群体GWAS分析，筛选出*IGF2BP1*是影响京星黄鸡胸肌重的关键基因。Li等通过GWAS分析发现*FNDC3A*、*MPP6*和*KANSL1*等基因是影响内脏重的候选基因。赵迪等发现*COL1A2*和*SPARC*是影响黄羽肉鸡全净膛率的候选基因。Jing等通过肠道宏基因组、转录组和表型的多组关联研究，发现腹部脂肪沉积可能受微生物所在肠区室中宿主基因表达的相互作用的影响。

5.繁殖性状

Du等发现*KIFC1*、*KCNK2*和*REC8*基因是影响精子活力和精子发生的重要基因。Guo等发现*IGF2BP3*、*IGFBP2*和*IGFBP5*基因的SNPs与产蛋数显著相关。Han等发现*CTNNB1*基因5′调控区的SNP对产蛋量有显著影响。Ding等在Z染色体筛选出QTL区间（ChrZ. 10.81～13.05 Mb），包括*DAB2*等9个基因和29个SNPs与产蛋量有关。

（二）肉鸡基因组选择研究

基因组选择（Genomic Selection，GS）利用覆盖全基因组范围内的分子标记，能更好地解释遗传变异基因组选择。GS作为新一代的育种技术，在肉鸡育种上逐步得到商业应用。目前约10个国内核心育种企业（佛山新广、广东温氏、江苏立华、广西金陵、湘佳牧业等）已经开始使用这项技术。

1.育种芯片开发

2022年，研发了5款基因组分型芯片产品，助推了我国肉鸡分子育种进程。这5款芯片产品主要利用了基于靶向SNP标记集合检测的"液态芯片"方法，包括：①由中国农业科学院北京畜牧兽医研究所、西北农林科技大学联合北京康普森农业科技有限公司开发出国内首款泛基因组肉鸡50K芯片，为肉鸡性状深入解析和分子育种提供新思路；②由江苏省家禽科学研究所开发的"苏芯1号"低密度液相芯片，适用于中国地方鸡品种资源评价、亲缘关系鉴定以及屠宰型肉鸡品种经济性状遗传改良等方面；③由江苏省家禽研究所开发的基因分型液相片"西芯一号"为地方鸡遗传资源保护和优异鸡种质资源鉴定提供了有力的核心技术支撑；④由山东省农业科学院家禽研究所开发的适用于山东地方鸡种的"鲁芯1号"系列液相芯片，该芯片有利于维护山东地方鸡种的遗传多样性，加快山东地方鸡品种的开发利用；⑤由湖南农业大学和湖南湘佳牧业股份有限公司联合开发出肉鸡60K基因芯片"湘芯一号"，可用于湖南省地方鸡品种的种质鉴定和提纯复壮，助力解决了传统肉鸡育种方法周期长、效率低的问题。

2.基因组选择技术升级

集成了繁殖与生长等拮抗性状的基因组选择模型、肌内脂肪与腹脂性状的基因组选择技术，包括：①建立和优化繁殖、生长等拮抗性状的基因组选择模型1个，使用该模型的预测准确率提高21.17%；②结合GWAS先验标记信息的基因组育种值（GEBV）与基因组最佳线性无偏预测（GBLUP）方法对鸡RFI性状进行育种值估计，将GWAS结果中P值最显著的top 10%～15%的SNPs作为先验信息整合至基因组选择模型中，可以将RFI的预测准确性提升2.10%～5.17%；③通过GWAS和选择准确性验证分析，筛选出与鸡腹脂率性状相关的8 647个SNP可作为先验信息加入到育种值估计模型中，预测准确性可提升2.57%；④针对黄羽肉鸡饲料转化效率等重要性状，开展基于低深度测序技术的基因组选择方法研究，提出了一种加入基因组通路信息的单倍型方法可提高基因组预测提高饲料转化效率基因组选择准确性。

3. 大数据育种技术创新体系研发

构建了结合智能表型测定、数据自动传输、基因组育种值估计和大数据集成的肉鸡育种大数据平台；研发了全国首个肉鸡育种规划和遗传评估系统和肉鸡育种系统；积累育种数据平台数据量达到200TB以上。

（三）育种技术开发

1. 表型智能化测定和预测技术研发

研发集成屠体外观性状、腿病健康、肉质、体重等10项重要表型精准测定技术，主要包括：①利用机器学习自动识别算法，开发了白羽肉鸡腿部健康X射线影像判别技术，鉴定准确率达到98%；②利用血清酶活性建立了白羽肉鸡木质肉活体鉴定技术；③研发了平养条件下白羽肉鸡饲料转化率智能化表型精准测定技术，示范推广2.6万只；④研发了一款佩戴方便、稳定、数据传输准确的新型翅标；⑤研发了一款肉鸡体重自动测定秤，测定误差在0.5%以内，测定效率提高35%以上；⑥采用图像识别技术，研发出一款肉鸡毛囊、肤色等屠体性状的自动化测定系统，性状判定准确率达到96%以上；⑦研发了一种基于图像识别技术的肉鸡活体表型（腹脂含量、胸肌厚度、睾丸横切面等）、胴体性状（体重、体尺、肤色、毛孔密度等）的智能化表型精准测定技术；⑧利用色差仪和计算机视觉等方法研发出一种基于计算机视觉的鸡肤色表型测定方法；⑨研发出一种基于血清色素含量、分子标记和表型测定值的活体皮肤色度精准选育方法；⑩研发出一种利用生物阻抗法测量鸡腹部脂肪含量的方法。

2. 基因编辑技术的研发

成功建立了肉鸡血液和性腺来源的PGCs细胞分离、体外培养、建系和冻存的方法。开发了一种基于Cas9蛋白和sgRNA共同向细胞递送的Cas9RNP靶向基因编辑纳米平台，该方法利用脂质体修饰的纳米Fe@RNP复合物进行细胞递送，有效地传递到细胞质并伴随向细胞核的运输。Cas9RNP被有效地加载，实现了高达90%的递送效率以及60%以上的切割效率，并且具有低细胞毒性和优异的稳定性。建立了CRISPR/cas9介导的基因组编辑技术用于蓝色蛋壳鸡PGCs的遗传修饰。使用CRISPR/cas9介导的重组激活基因1（RAG1）敲除构建了免疫缺陷鸡模型，以研究鸟类特异性免疫细胞的发育。

在研发黄羽肉鸡精准碱基编辑技术方面，建立了针对鸡*TMEM182*基因敲除的单碱基编辑工具，并成功在鸡DF-1细胞中对*TMEM182*基因进行精准编辑，由此建立一套针对鸡体外细胞的精准单碱基编辑技术。

第四章 肉鸡种业企业发展

一、繁育体系建设情况

（一）种业产业规模

2020年以来，我国肉鸡年产值保持在4 000亿元以上，2022年达到4 611亿元（小型白羽肉鸡的祖代生产和屠宰加工，以及黄羽肉鸡的屠宰加工产值因无法进行统计，故没有纳入计算）。其中，按照品种划分：白羽肉鸡为2 864亿元，占比为62.1%；黄羽肉鸡为1 358亿元，占比为29.5%；小型白羽肉鸡为389亿元，占比为8.4%。按照产业环节划分：种业生产为273亿元，占比为5.9%；肉鸡养殖为3 067亿元，占比为66.5%；屠宰加工为1 272亿元，占比为27.6%。2022年肉鸡种业产能过剩，出现父母代生产环节严重亏损，产品价格持续低迷，因此，2022年肉鸡种业产值大幅度缩小，在整体产业中的占比较2021年减少了1.2%，产值约减少了51亿元。近十年肉鸡产业发展过程中种业产值占产业总产值的平均比重为7.9%，低于常规认为的10%，较低的比重限制了在品种培育上资金的投入，制约了种业的发展。

（二）种业企业建设情况

我国肉鸡产业历经40余年的发展，已经形成了育种场（或资源场）、祖代肉种鸡场、父母代场与肉鸡生产场（户）等层次完善的繁育体系，保障了肉鸡产业稳定发展。2022年共有祖代及以上养殖场191个，新增加2个，年末祖代存栏量为1 255.3万套，单场平均规模为6.57万套；有父母代养殖场1 167个，新增加50个，年末父母代存栏量为11 381.1万套，单场平均规模为9.75万套，详见表3-11。

表3-11 全国肉种鸡场数量

年度	肉种鸡场/个	祖代及以上养殖场/个	父母代场/个	祖代年末存栏/万套	父母代年末存栏/万套	年末种鸡总存栏/万套	父母代场平均存栏规模/万套
2018	1 195	136	1 059	869.9	8 288.5	9 158.4	7.8
2019	1 261	166	1 095	764.1	9 485.5	10 249.6	8.7
2020	1 256	152	1 104	699.8	9 130.1	9 829.9	8.3
2021	1 306	189	1 117	1 207.6	9 923.0	11 130.6	8.9
2022	1 358	191	1 167	1 255.3	11 381.1	12 636.4	9.8

白羽肉鸡　祖代种鸡规模较大的代表性企业有（部分企业，排名不分先后）：北京大风家禽育种有限公司、北京家禽育种有限公司、福建圣农发展股份有限公司、哈尔滨鹏达牧业有限公司、河北飞龙家禽育种有限公司、科宝（湖北）育种有限公司、江苏京海禽业集团有限公司、山东益生种畜禽股份有限公司、诸城外贸有限责任公司、广东省佛山市高明区新广农牧有限公司、北京沃德辰龙生物科技股份有限公司。

黄羽肉鸡　祖代种鸡规模较大的代表性企业有（部分企业，排名不分先后）：广东温氏食品集团有限公司、江苏立华牧业股份有限公司、海南（潭牛）文昌鸡股份有限公司、广东智威农业科技股份有限公司、佛山市高明区新广农牧有限公司、广州市江丰实业股份有限公司、广东天农食品有限公司、广西金陵农牧集团有限公司、广西凤翔集团畜禽食品有限公司、广西参皇养殖集团有限公司、南宁市良凤农牧有限责任公司、广西容县祝氏农牧有限责任公司、广西南宁市富凤农牧有限公司、广西园丰牧业集团股份有限公司、广西鸿光农牧有限公司、四川德康农牧食品集团股份有限公司、广西春茂农牧集团有限公司、安徽华卫集团禽业有限公司、浙江光大种禽业有限公司、台山市科朗现代农业有限公司、鹤山市墟岗黄畜牧有限公司。

小型白羽肉鸡（817肉鸡）种鸡　规模较大的代表性企业有（部分企业，排名不分先后）：聊城禾邦农业有限公司、鹿邑县满意禽业有限公司、聊城市奥祥禽业有限公司、北京市华都峪口禽业有限责任公司、桂柳牧业集团、安徽华卫集团禽业有限公司、河南丰园禽业有限公司、河北玖兴农牧发展有限公司、德州佳和牧业有限公司、荣达禽业股份有限公司、德州瑞祥农业科技有限公司。

二、核心育种场（阵型企业）概况

（一）育种企业状况

核心育种场和肉鸡阵型企业在肉鸡种业振兴方面起着重要的推进作用，肉鸡核心育种场是肉鸡产业的主力军，核心育种场主要承担新品种培育和已育成品种的选育提高等工作，我国肉鸡产业已经基本形成了以原种场和资源场为核心，扩繁场和改良站为支撑，质量检测中心和遗传评估中心为保障的畜禽良种繁育体系框架，良种供应能力显著增强，保障了产业稳定发展。同时构建种鸡技术支撑体系，成立蛋鸡、肉鸡遗传改良计划专家组，落实专家联系制，实行一对一技术指导；组织改良计划专家赴核心场千余次，开展现场技术指导；持续开展种禽生产性能测定、遗传评估，为种禽企业，尤其是核心育种场，培养了技术和管理人才上百人次。

目前全国认定的国家肉鸡核心育种场20个，扩繁推广基地18个。常年存栏祖代种鸡50余万套、父母代鸡1 500余万套，商品代雏鸡供应量超过15亿只，良种供应能力有效支撑了肉鸡产业的持续健康发展，对加快畜牧业结构调整、满足城乡居民肉类消费和增加农民收入作出了重要贡献。截至2022年底，国家畜禽遗传资源委员会共审定通过肉鸡新品种和配套系75个，多数品种具有适应性强、生产性能优异、风味独特等特点，受到市场青睐（表3-12）。

肉鸡阵型企业是肉鸡产业的先锋军，目前从全国遴选出白羽肉鸡破难题阵型企业3家，黄羽肉鸡强优势阵型企业10家。

表3-12　国家肉鸡核心育种场

所在省份	单位名称	主推品种
江苏省	江苏省家禽科学研究所科技创新中心	邵伯鸡配套系
江苏省	江苏立华育种有限公司	雪山鸡、花山鸡配套系
浙江省	浙江光大农业科技发展有限公司	光大梅黄1号肉鸡配套系
河南省	河南三高农牧股份有限公司	三高青脚黄鸡3号配套系
广东省	广东温氏南方家禽育种有限公司	温氏矮脚黄鸡、温氏天露黄鸡配套系
广东省	广东天农食品集团股份有限公司	天农麻鸡配套系
广东省	广东金种农牧科技股份有限公司	金种麻黄鸡配套系
广东省	广州市江丰实业股份有限公司福和种鸡场	江村黄JH-2、JH-3、金钱麻鸡配套系
广东省	佛山市高明区新广农牧有限公司	新广铁脚麻、新广K996麻系配套系
广东省	佛山市南海种禽有限公司	南海黄麻鸡1号
广东省	广东墟岗黄家禽种业集团有限公司	墟岗黄鸡1号配套系
广东省	江门科朗农业科技股份有限公司	科朗麻黄鸡配套系
广西壮族自治区	广西金陵农牧集团有限公司	金陵花鸡、金陵麻鸡、金陵黄鸡配套系
广西壮族自治区	广西鸿光农牧有限公司	鸿光黑鸡、鸿光麻鸡配套系
海南省	海南罗牛山文昌鸡育种有限公司	潭牛鸡配套系
四川省	四川大恒家禽育种有限公司	大恒699肉鸡、大恒799肉鸡配套系
四川省	眉山温氏家禽育种有限公司	温氏青脚麻鸡2号
福建省	福建圣泽生物科技发展有限公司	"圣泽901"白羽肉鸡配套系
广东省	佛山市高明区新广农牧有限公司（弥勒新广农牧科技有限公司育种场）	广明2号白羽肉鸡
广西省	广西参皇养殖集团有限公司	广西三黄鸡、广西麻鸡、瑶鸡、文昌鸡、清远麻鸡

（二）良种扩繁推广基地概况

在全国肉鸡遗传改良计划的推动下，已遴选出18个扩繁基地（表3-13）。

表3-13　国家肉鸡良种扩繁推广基地

所在省份	单位名称	主推品种
河北省	河北飞龙家禽育种有限公司	AA+祖代肉种鸡的生产；AA+父母代肉种鸡及种蛋
江苏省	江苏立华育种有限公司	雪山鸡、花山鸡配套系
江苏省	江苏京海禽业集团有限公司	京海黄鸡、绿叶牌AA父母代种雏、商品代苗鸡
福建省	福建圣农发展股份有限公司	白羽肉鸡配套系"圣泽901"
湖南省	山东益生种畜禽股份有限公司	利丰父母代种鸡、哈伯德父母代种鸡、哈伯德商品代鸡苗
广东省	湖南湘佳牧业股份有限公司	湘佳童子鸡、湘佳黑土鸡二号
广东省	广东温氏南方家禽育种有限公司	新兴矮脚黄鸡、新兴黄鸡2号、新兴竹丝鸡3号、新兴麻鸡4号、天露黑鸡、天露黄鸡、温氏青脚麻鸡2号
广东省	江门科朗农业科技股份有限公司	科朗黄麻鸡、科朗隐性白、科朗胡须鸡
广东省	广东天农食品集团股份有限公司	凤中皇清远鸡、凤中凤清远鸡、天农金典皇土鸡
广东省	广州市江丰实业股份有限公司	江村黄鸡配套系 江村黄鸡商品肉鸡
广东省	佛山市南海种禽有限公司	南海黄鸡1号、弘香鸡配套系
广东省	广东墟岗黄家禽种业集团有限公司	墟岗黄鸡1号
广东省	隆安凤鸣农牧有限公司	金陵黄鸡、金陵麻鸡种苗
广东省	广西鸿光农牧有限公司	鸿光黄鸡、鸿光麻鸡配套系
海南省	海南罗牛山文昌鸡育种有限公司	文昌鸡
云南省	玉溪新广家禽有限公司	节粮型"铁脚麻"配套系、正常型"铁脚麻"配套系、"K996麻系"配套系、"K996"配套系、新广"土麻鸡"配套系、"广明2号"配套系
黑龙江省	哈尔滨鹏达种业有限公司	爱拔益加
安徽省	安徽华栋山中鲜农业开发有限公司	皖南三黄鸡，山中鲜鸡配套系和徽鲜鸡配套系

三、肉鸡上市企业发展状况

目前国内与肉鸡生产相关的上市企业有温氏股份（300498）、圣农发展（002299）、立华股份（300761）、湘佳股份（002982）、益生股份（002458）、民和股份（002234）等有17家企业，其中10家在A股上市，有3家在新三板上市，4家在港股上市。与白羽肉鸡相关的有益生股份、民和股份、圣农发展和禾丰股份等，与黄羽肉鸡相关的有立华股份、温氏股份和湘佳股份。几家上市公司里，益生股份是我国白羽肉种鸡的龙头企业，民和股份主要销售商品代雏鸡（鸡苗），圣农发展、仙坛股份是白羽肉鸡养殖企业。立华股份、温氏股份和湘佳股份则主要销售黄羽肉鸡。

（一）益生股份

山东益生种畜禽股份有限公司是农业产业化国家重点龙头企业，在业内拥有近20年的经营历史，是中国畜牧业协会副会长单位、中国畜牧业协会禽业分会会长单位、中国畜牧业协会猪业分会副会长单位、山东畜牧兽医学会副理事长单位、山东畜牧协会副会长单位。公司鸡业务板块包括白羽肉鸡祖代和褐壳蛋鸡祖代种鸡的引进和饲养，其引进数量和饲养量多年位于国内首位。曾引入哈伯德曾祖代繁育祖代种鸡，并培育出"益生909"小型白羽肉鸡配套系。在肉种鸡方面其主要核心业务为进行白羽肉鸡祖代和父母代生产，主要产品为父母代肉种鸡雏鸡和商品代肉雏鸡。

2022年其鸡业务板块销售额为18.96亿元，同比增加0.58%，占公司业务的89.8%；鸡苗生产量为6 569.1万只（套），同比增加38.5%；销售量为6 513.0万只（套），同比增加38.8%；毛利率为0.58%，比上年同期减少15.16%。鸡苗生产量和销售量较上年同期大幅增加，主要原因为：滨州益生种禽、东营益生种禽、山东益仙种禽等分公司在2021年度相继投产，2022年度满负荷生产，相应的鸡苗生产量和销售量大幅增加。

（二）民和股份

山东民和牧业股份有限公司是农业产业化国家重点龙头企业、中国畜牧业协会禽业分会副会长单位，2004年入选"亚洲家禽企业50强"。公司的主营业务包括父母代肉种鸡的饲养、商品代肉雏鸡的生产与销售；商品代肉鸡的饲养与屠宰加工；鸡肉制品的生产与销售；有机废弃物资源化开发利用。是国内最大的父母代肉种鸡笼养企业，主要产品为商品代肉鸡苗。生产的商品代鸡苗除公司自用外，主要销售给大型养殖公司、大中型养殖户和经销商；子公司民和食品以商品代肉鸡屠宰加工冷冻鸡肉制品为主。

2022年，民和股份适当降低了商品代鸡苗产量，销售商品代鸡苗2.59亿羽；鸡肉产品销量7.17万吨；实现营业收入16.1亿元，较去年减少9.39%；净利润-4.5亿元，较去年下降1 049.51%；总资产39.5亿元，较年初增加2.96%；净资产26.7亿元，较年初下降14.46%。

（三）圣农发展

福建圣农发展股份有限公司是一家自养自宰白羽肉鸡专业生产企业，主要从事于以肉鸡饲养、肉鸡屠宰加工和鸡肉销售为主业，主要产品是鸡肉。现已发展为集白羽肉鸡育种、祖代和父母代种鸡养殖、种蛋孵化、饲料加工、肉鸡养殖、屠宰加工、食品深加工为一体的白羽肉鸡生产企业。

2022年公司产量、销量和营业收入均实现增长。全年鸡肉销售量114.11万吨，肉制品销售量23.41万吨，分别较2021年增长8.12%和4.25%。公司实现主营业务收入154亿元，较2021年增长13.7%，全年实现归母净利润4.11亿元。

（四）禾丰股份

禾丰牧业股份有限公司是国家级农业产业化重点龙头企业，是中国饲料工业协会副会长单位，是中国最早通过ISO 9001国际质量管理体系和HACCP食品安全管理体系双认证的饲料企业之一。现主要业务包括饲料及饲料原料贸易业务、肉禽业务、生猪业务，同时涉猎动物药品、养殖设备、宠物医疗等领域。2022年公司肉禽销售达92.8亿元，毛利率为4.29%。

（五）立华股份

江苏立华牧业股份有限公司（原江苏立华牧业有限公司）成立于1997年6月，是一家集科研、生产、贸易于一身，以优质草鸡养殖为主导产业的一体化农业企业，是江苏省农业产业化经营重点龙头企业、江苏省农业科技型企业、国家级农业标准化示范区。公司业务包含黄羽肉鸡和生猪两个板块。在黄羽鸡业务上建立了集曾祖代、祖代与父母代种鸡繁育、饲料生产、商品代黄羽肉鸡养殖与屠宰加工为一体的完整产业链。

2022年公司销售肉鸡（含毛鸡、屠宰品及熟制品）4.07亿只，同比增长5.99%；营业收入为128.2亿元，同比增长28.2%，占公司总营业收入的88.7%；毛利率为13.5%。

（六）温氏股份

温氏食品集团股份有限公司（简称"温氏股份"），创立于1983年，现已发展成一家以畜禽养殖为主业、配套相关业务的跨地区现代农牧企业集团。公司主营业务包括黄羽肉鸡和生猪两个板块。

2022年温氏股份上市肉鸡10.81亿只（含毛鸡、鲜品和熟食），同比下降1.83%，销售总收入339.45亿元，同比增长18.06%，占公司总营业收入的42.51%；毛利率为13.1%。

（七）湘佳股份

湖南湘佳牧业股份有限公司成立于2003年，是中国鲜禽上市第一股；先后获得农业产业化国家重点龙头企业、全国脱贫攻坚先进集体、全国就业扶贫示范基地、全国五一劳动奖状等荣誉称号。公司业务包含肉禽、蛋禽、生猪、有机肥和柑橘五大业务板块。

2022年，公司销售商品肉鸡4 169.38万只，同比上升14.64%；活禽销售收入10.06亿元，同比上升32.13%。冰鲜产品销售9.07万吨，同比上升19.28%；冰鲜销售收入23.92亿元，同比上升26.77%。

第五章　肉鸡种业发展展望

肉鸡产业因前两年养殖规模大幅扩张以及新增产能陆续投产，2022年受新冠疫情和生猪产能恢复影响，鸡肉消费增长乏力。同时，饲料价格持续大幅上涨，创近10年新高，肉鸡养殖成本快速上涨。肉鸡产业结构持续调整，白羽肉鸡和黄羽肉鸡出栏量均呈现较大幅度下降，小型白羽肉鸡出栏量延续扩张趋势。其中，黄羽肉鸡出栏量更是连续3年下滑，头部企业集中度进一步提升，部分中小散户退出市场。

一、存在问题

（一）白羽肉鸡引种受阻，我国肉鸡育种和新品种推广任务更加紧迫

长期以来，因缺乏自有品种，我国白羽肉鸡种源严重依赖国外进口。2022年因新冠疫情导致的国际航班不畅，以及欧洲和北美禽流感导致的国内禽类进口封关，我国白羽肉鸡祖代种鸡引种严重受阻。2022年白羽肉鸡种源供应风险加剧的问题再次凸显，加快推进肉鸡种业科技自立自强更为迫切。

与此同时，我国本土肉鸡品种黄羽肉鸡遗传资源丰富，但资源利用程度低、品种重复性高以及饲料转化率等关键技术指标缺乏竞争力等问题突出，并且黄羽肉鸡逐渐告别活禽销售、转为生鲜上市的必然趋势，对屠宰加工型黄羽肉鸡品种需求上升，也迫切需要肉鸡种业科技创新的支撑。

（二）饲料价格创新高，肉鸡养殖成本明显上涨

饲料价格持续大幅上涨，创近10年新高。玉米和豆粕是肉鸡配合饲料的主要构成，其中玉米占

50%～60%，豆粕占25%～30%。2022年玉米和豆粕价格上涨，尤其是豆粕价格大幅上涨，带动国内肉鸡配合饲料价格上浮至历史高位。2022年肉鸡配合饲料平均价格为3.89元/千克，较2021年增长7.17%；年末肉鸡配合饲料价格达到4.09元/千克，较2021年同期增长10.8%。

2022年白羽肉鸡养殖环节，虽然全年平均雏鸡成本等有小幅下降，但由于饲料成本涨幅显著，全年白羽肉鸡平均养殖成本上涨3.0%，为8.1元/千克。2022年黄羽肉鸡则受各项成本上涨，尤其是雏鸡成本和饲料成本上涨因素影响，养殖成本增幅达到6.6%，为13.7元/千克。

（三）国际禽流感蔓延值得警惕，国内肉鸡产业疫病防控任重道远

2020年以来高致病性禽流感疫情在全球多地传播，2022年禽流感疫情持续蔓延，其中欧美遭遇了历史上最严重的禽流感危机。2022年11月，美国农业部公布数据显示，2022年禽流感已导致美国超过5 000万只家禽被扑杀；欧盟食品安全局公布数据显示，高致病性禽流感已影响欧洲37个国家，已有近5 000万家禽被扑杀。根据我国农业农村部公布数据，2022年虽然我国也出现了高致病性禽流感疫情，疫情发生在野生家禽上，为点状发生，可防可控，未发生家禽禽流感疫情。特别需要高度重视的是，H7N9疫情又在北方检出，迫切需要强化监测和防控。很多养殖场生物安全防控薄弱，一旦有新的变异病毒入侵，必将遭遇非常被动的局面。动物疫病具有极大的不确定性，在全球多国禽流感疫情大肆侵袭的情况下，国内疫病防控任重道远，必须进一步加强疫病防控体系建设。

二、发展建议

（一）加大新育成自主品种战略投入，有效保障种源供给

种鸡的质量水平是肉鸡产业高效、高质生产的基础支撑。白羽肉种鸡新育成品种战略作用不断凸显，2022年我国更新的白羽肉种鸡中，源于自主培育品种的近30%。国内对种鸡需求基本稳定，种鸡进口品种的缺口将通过国内自主繁育品种弥补，国内育种企业有望通过此次机遇抢占市场份额，提升国产品种的市场占比。

（二）饲料粮价格大幅上涨，加大低蛋白日粮推广的需求愈加迫切

因2022年初南美大豆减产，以及2022年俄乌冲突导致的全球粮食供给减少和能源价格抬升，国际粮食供需处于紧张状态，粮食价格大幅上涨。根据联合国粮食及农业组织（FAO）公布数据，2022年全球谷物价格指数平均为154.7点，较2021年上涨17.9%。2023年，受俄乌冲突带来的不确定性，美联储加息仍存变数，以及可能的极端气候导致粮食减产等多重复杂性因素影响，国际粮价保持相对高位震荡运行的可能性仍较大。2022年饲料粮价格的大幅上涨导致国内肉鸡配合饲料价格持续攀升至历史最高位，这一趋势有可能延续至2023年。饲料粮价格的高位运行，推动了肉鸡养殖成本的显著提升，严重挤压养殖盈利空间，影响养殖户补栏积极性。

（三）产业基础不够稳固，大力推动肉鸡产业现代化产业体系建设

我国要推动肉鸡产业高质量发展，必须聚力补短板、强弱项，构建稳固强大的产业基础。作为

一个资源紧缺型国家，我国肉鸡养殖的饲料、土地、人工价格等全线高企，肉鸡养殖成本明显高于美国、巴西等肉鸡生产和出口大国，缺乏竞争力。此外，虽然肉鸡养殖规模化水平持续提升，鸡舍养殖设备和环境控制条件逐步优化，但大部分肉鸡养殖场距离实现高质量标准化还有较大差距，导致反映养殖成效的关键技术参数偏低，直接影响到养殖成本和产品质量。再者，随着养殖总量规模的不断扩大，由于缺乏合理的种养布局，大量养殖粪便集中排放但缺乏与之相匹配的消纳耕地的问题突出，环保压力长期存在，环保成本仍将高企。

构建现代产业体系是建设现代化经济体系的重中之重，是实现高质量发展的关键物质技术基础。一是依靠科技进步突破发展瓶颈，加大基层养殖技术推广，不断提高养殖机械化水平和资源利用效率，实现产业增长方式从传统的要素投入驱动型向依靠全要素生产率提升的转变。二是大力提升标准化、智能化养殖基础设施建设，加大养殖技术推广力度，加快产业转型升级。三是进一步推进肉鸡产业化发展进程，完善产业化组织模式和利益分配机制，提升全产业链的发展质量和效益，尤其要充分发挥龙头企业对家庭养殖场户的带动作用，促进小农户与现代农业发展有机衔接。四是强化动物疫情监测报告系统，加大力度完善基层畜牧兽医体系建设，推动适应疫病防控新形势的畜牧兽医体制改革。五是加强养殖粪污资源化利用的规范管理，扶持粪污处理设施建设，引导粪污资源化产品市场体系形成，大力推动种养结合循环生产模式，推进肉鸡养殖绿色发展。

三、未来展望

（一）人均鸡肉消费量增长潜力大

近年来中国禽肉年人均消费为23千克左右，其中，鸡肉消费占60%左右。2022年鸡肉人均消费为14.61千克/人，比上年增加3.09%左右；中国鸡肉人均消费量远低于美国51千克/人的消费水平，与日本人均消费23千克/人也存在很大差距。根据鸡肉消费量与人均GDP密切相关性预测，到2030年我国鸡肉人均消费为16.8千克/人。

2023年鸡肉消费将逐渐回暖，鸡苗和毛鸡价格上涨，种鸡养殖恢复盈利，预计白羽肉鸡出栏量小幅增加。

2023年黄羽肉鸡终端消费提振，同时也面临活禽管制、冰鲜升级的压力。综合各种因素对市场的影响，预计2023年黄羽肉鸡出栏量小幅增加，上半年毛鸡价格走势偏弱，下半年毛鸡价格小幅上涨。

（二）肉鸡产业屠宰产能投资力度加大

鸡肉作为最佳替代动物蛋白，补充速度和经济效益比其他动物蛋白具有优势，白羽肉鸡产业成为新的投资热点。中国白羽肉鸡大型企业持续扩张，投资环节仍以养殖、屠宰、深加工为一体的全产业链项目为主，种鸡环节为辅。从投资主体来看，白羽肉鸡产业投资以圣农、正大、禾丰、大成等肉鸡产业龙头企业为主。投资项目包括，圣农肉鸡加工六厂年屠宰9 000万只肉鸡项目投产、浦城

9 000万羽肉鸡生熟一体化项目奠基；禾丰集团河南开封1亿只肉鸡全产业链项目签约；正大集团在河南开封和河北衡水的肉鸡项目分别处于招标和验收阶段；双汇加大白羽肉鸡产业投资力度，周口1亿羽肉鸡全产业链项目投产，辽宁阜新和河南漯河的肉鸡项目处于建设中；温氏在灌南投资的1亿只肉鸡全产业链项目加速推进；吉林德翔集团通榆1亿只肉鸡全产业链项目破土动工。同时，雅士享、春雪和喜翔等地方龙头企业持续扩张，提升市场份额。此外，峪口、京海和新广农牧布局种鸡，投资雏鸡产能约2亿羽。

黄羽肉鸡产业远远没有白羽肉鸡产业成熟，投资力度小于白羽肉鸡产业。2022年产业处于微利甚至亏损状态，头部企业在屠宰环节投资力度加大。从投资主体来看，温氏股份、立华股份和湘佳牧业继续推进育种、养殖、屠宰、深加工和销售于一体的全产业链经营模式，重点加大屠宰、食品加工和育种环节投资力度；传味股份和江丰实业投资屠宰环节，逐步完善产业链协同效应，提升企业竞争力；广弘控股投资种鸡和肉养殖环节，扩大产能，提升企业市场份额。

（三）肉鸡产业加大终端产品研发和销售优化

近年来受新冠疫情冲击，包括鸡肉产品在内的国内消费整体受很大抑制。随着国家对疫情防控政策调整，2023年国内消费水平总体上将出现明显反弹，尤其随着餐馆堂食、团体食堂户外消费转为正常运行，肉鸡消费将恢复性反弹。但同时随着猪肉供给量恢复以及猪肉价格回落，猪肉和鸡肉抢占市场份额的竞争将更激烈。肉鸡产业应抓住消费恢复性反弹的机遇，充分发挥生产优势和价格优势，顺应、满足消费者需求偏好，扩大消费规模，抢抓反弹份额。一是做大做强加工业。优化政策支持导向，加大政策支持力度，鼓励肉鸡产品加工业做大做强；支持肉鸡产品加工业提升加工技术装备水平，优化产品加工结构，特别是大力增强精深加工和熟制品加工能力。二是做活做畅产品营销。顺应肉类消费趋向健康、新鲜化、便利化的新需求，创新产品生产方式和营销方式，充分利用互联网平台和现代物流体系推动肉鸡冰鲜和预制菜产品走进千家万户，开辟新的消费市场空间。

奶牛篇

第一章　奶牛种业发展概况

一、发展概况

（一）自主培育技术得到优化。2022年，继续实施《全国奶牛遗传改良计划（2021—2035年）》，持续推进品种登记、性能测定、遗传评估等基础性工作。截至2022年底，荷斯坦牛品种登记207.5万头，娟姗牛品种登记4.7万头；39家DHI（奶牛牛群改良）测定中心对1 324个奶牛场的162.9万头奶牛进行生产性能测定，测定记录840.7万条。与2021年相比，参测泌乳牛数量增加10.1%；场平均泌乳牛规模1 230头，同比扩大8.9%；参测奶牛平均305天产奶量10.3吨，同比增加0.1吨；测定日平均体细胞数22.3万个/毫升，同比减少1.3万个/毫升；测定日平均乳脂率3.97%，同比提高1.0%；平均乳蛋白率3.35%，同比提高0.3%。全国持证上岗的中国奶牛体型鉴定员70名，鉴定牛场185个，鉴定奶牛2.8万头。

（二）奶牛种源供给得到基本保证。2022年，国家奶牛核心育种场20家，存栏奶牛8.1万头，其中荷斯坦牛核心群10 191头，胎次单产13.82吨、平均乳脂率3.75%、平均乳蛋白率3.36%；累计出栏中国荷斯坦种公牛2 201头，全国种公牛站荷斯坦种公牛（乳用和乳肉兼用）存栏、冻精生产和销售小幅下降，但遗传水平小幅提高。

（三）遗传评估工作有效推进。一是全国奶牛遗传改良专家组修改了《全国乳牛种公牛遗传评估方案》，增加了验证公牛的质控条件。2022年可用于国内种公牛遗传评估的DHI参测奶牛87.2万头，测定记录936.6万条，分布在2 882个奶牛场；有体型鉴定成绩的奶牛20.8万头，分布在1 333个奶牛场。二是利用2020版中国奶牛性能指数（CPI）及中国奶牛基因组性能指数（GCPI），农业农村部种业管理司、全国畜牧总站发布了《2022年中国乳用种公牛遗传评估结果》。三是验证公牛产奶量、乳脂量和乳蛋白量性状取得进展。1997—2016年出生的中国荷斯坦牛公牛世代平均进展：产奶量123.63千克、乳脂量3.96千克、乳蛋白量3.89千克；2002—2019年出生的中国荷斯坦牛母牛遗传进展：产奶量68.64千克，乳脂量1.69千克，乳蛋白量2.31千克；2007年以后出生的中国荷斯坦牛好于2007年之前出生的个体。四是截至2022年12月，基于中国荷斯坦牛基因组选择参考群体，从综合性能指数、乳脂量、乳蛋白量、体型总分、泌乳系统、肢蹄、体细胞评分等方面，累计完成3 497头荷斯坦青年公牛的基因组遗传评估。

二、奶牛供种能力及产销情况

（一）种公牛站

国产公牛遗传品质提升，但市场占有率显著下降。奶牛良种补贴政策取消后，种公牛站受进口冻精的冲击，国产冷冻精液的市场占有率显著下降，导致中国荷斯坦种公牛存栏由2015年的1 800多头下滑至2021年的452头，但遗传品质显著提升，国产冻精市场价格提高。

种源自给率远低于国家安全红线。据行业数据统计，我国自主培育荷斯坦牛冷冻精液市场占有率约为35%。但是，到2022年末，全国44家种公牛站拥有种畜禽生产经营许可证，其中从事奶用种公牛培育与冷冻精液推广的机构仅为6家，种公牛存栏中荷斯坦牛426头、褐牛30头、娟姗牛25头、乳用西门塔尔牛456头，但自主培育种公牛分别为75头、32头、11头、341头，种源自给率不足25%。亟须建立具有国际竞争力的种质评价机制，鼓励自主培育种公牛，逐步提高种公牛遗传质量。

（二）国家核心育种场

根据《农业农村部办公厅关于开展国家奶牛核心育种场遴选工作的通知》，2018年、2021年全国共遴选奶牛核心育种场16家（表4-1），存栏奶牛8.1万余头（其中塔城地区种牛场仅饲养新疆褐牛）。其中荷斯坦牛母牛8 950头、褐牛母牛524头。2022年荷斯坦牛胎次单产13.82吨、平均乳脂率3.75%、平均乳蛋白率3.36%，累计销售种牛2 201头。

表4-1 国家奶牛核心育种场名单

序号	企业名称	获批时间/年	所在省份
1	北京首农畜牧发展有限公司奶牛中心良种场	2018	北京市
2	石家庄天泉良种奶牛有限公司	2018	河北省
3	内蒙古犇腾牧业有限公司第十二牧场	2021	内蒙古自治区
4	大连金弘基种畜有限公司丛家牛场	2021	辽宁省

序号	企业名称	获批时间/年	所在省份
5	光明牧业有限公司金山种奶牛场	2021	上海市
6	东营神州澳亚现代牧场有限公司	2021	山东省
7	河南花花牛畜牧科技有限公司	2021	河南省
8	贺兰中地生态牧场有限公司	2021	宁夏回族自治区
9	新疆塔城地区种牛场	2021	新疆维吾尔自治区
10	北京首农畜牧发展有限公司（金银岛牧场）	2021	北京市
11	天津梦得集团有限公司	2021	天津市
12	宁夏农垦乳业股份有限公司（平吉堡第三奶牛场）	2021	宁夏回族自治区
13	河北康宏牧业有限公司	2021	河北省
14	云南牛牛牧业股份有限公司	2021	云南省
15	现代牧业（通辽）有限公司	2021	内蒙古自治区
16	昌吉市吉缘牧业有限公司	2022	新疆维吾尔自治区
17	北京首农畜牧发展有限公司（南口二场）	2022	北京市
18	山东视界牧业有限公司	2022	山东省
19	泰安金兰奶牛养殖有限公司	2022	山东省
20	宁夏农垦乳业股份有限公司（平吉堡第六奶牛场）	2022	宁夏回族自治区

（三）奶牛产销情况

2022年，我国共有44家种公牛站，比2021年多出7家，其中饲养荷斯坦牛、娟姗牛、乳用西门塔尔牛等乳用或乳肉兼用公牛的有21家。饲养荷斯坦种公牛的公牛站13家，采精荷斯坦种公牛存栏428头，其中自主培育75头，生产荷斯坦牛冻精278.8万剂，年销售290.4万剂，年培育荷斯坦牛后备公牛181头；与2021年相比，2022年荷斯坦牛采精公牛存栏量降低（减少30头、降低6.6%），培育荷斯坦牛后备公牛头数降低（减少26头，降低12.6%），冻精生产和销售量同样小幅下降。饲养娟姗种公牛的有4家，采精娟姗种公牛存栏25头，生产娟姗牛冻精37万剂，年销售16万剂，年培育娟姗牛后备公牛1头；与2021年相比，小幅增加。饲养乳用西门塔尔种公牛的有8家，采精乳用西门塔尔种公牛存栏456头，生产乳用西门塔尔种公牛冻精795.3万剂，年销售670.2万剂，年培育乳用西门塔尔种公牛后备公牛70头；与2021年相比，采精公牛存栏下降（减少132头，下降22.4%），冻精产量和销售量均小幅下降。饲养褐牛种公牛的有3家，采精种公牛存栏30头，生产褐牛冻精35.1万剂，年销售37.5万剂，种牛存栏和冻精生产、销售基本与2021年持平。

2022年进口荷斯坦牛冷冻精液为247.8万剂，销售247.8万剂；2022年进口娟姗牛冷冻精液为5.0万剂，销售5.0万剂；进口乳用西门塔尔5.3万剂，销售5.3万剂。

第二章　奶牛种业创新攻关

一、奶牛育种联合攻关

（一）北京首农畜牧奶牛中心

（1）建成奶牛育种信息平台。研发数据信息共享与加密模式，通过集成9台（套）核心计算服务器，处理数据达580万条，实现多牧场数据汇集、存储、管理与分析，开展单牧场、多牧场的育种数据查询、统计分析与导出，搭建起奶牛育种大数据信息平台，奶牛种源数据总量全国第一，部分数据国内唯一。

（2）新增奶牛选育性状10个。建立了奶牛繁殖、产犊、长寿、健康等性状的指标定义标准、记录体系、质控方案与基础数据库，通过数据模拟、子数据集等方式，开展不同性状基因组选择遗传评估模型的适用性分析，建立繁殖、产犊、长寿3类新选性状遗传评估模型及算法，新增选育性状含首次产犊日龄、产犊后首次配种天数、青年牛首末次配种间隔、成母牛首末次配种间隔、女儿产犊难易、产犊难易、女儿死产、死产、成母牛生产寿命等10个选育性状，制定了适用于育种数据采集的标准化采集程序，明确规定牛群育种数据采集的基本要求及各育种指标的定义和计算方法。

（3）升级生产寿命指数。为完善奶牛育种自主联盟"UTPI"指数评估体系，基于499 258条奶牛离群事件数据，提出不同体型性状的权重比例，拟合新的生产寿命选择指数，形成最佳权重比例加权组成，优化产生全新"PL+"指数。应用于奶牛育种自主创新联盟（总第八期）种公牛遗传评估，11117666号种公牛获得本期遗传评估结果冠军，UTPI值达3 034，产奶量育种值达2 323，且在体型、长寿性等方面具备显著改良优势。该指数的全新升级，提升了在群奶牛生产寿命早期遗传评估准确性，为联盟奶牛群体选育提供更为准确的科技支撑，为全国奶牛种质自主评价体系的建设提供了参考。

（4）3家示范场入选国家级奶牛核心育种场。2022年度新增联合育种与示范牛场7个，育种群规模2.1万头，平均单产12吨，覆盖京津冀、山东、河南、宁夏等地区。首农畜牧金银岛牧场、宁夏农垦贺兰山平吉堡奶牛三场成功入选国家奶牛核心育种场，与2021年相比，育种群规模与质量得到显著提升，奶牛育种示范场创建工作成效显著。

（5）公牛自主培育规模提升。坚持目标导向，围绕降低进口依赖、降低育种成本，通过定向精准选配，坚持本土化选育。2022年发布联盟种子母牛遴选报告4期，累计选配、配妊荷斯坦种子母牛130头，利用自主种源生产荷斯坦牛种用胚胎101枚，培育荷斯坦种公牛72头，其中进口胚胎移植36头，自主培育36头，自主化率达到50%。

（6）育种芯片实现国产替代。联合中国农业大学，委托华智生物开发设计国内首款高密度液相育种芯片，2022年在北京地区检测奶牛1 500头，用于种子母牛群遴选和参考群体构建，进一步完善了育种芯片自主评估体系。

（7）奶牛OPU-IVF（活体采卵-体外受精）胚胎生产技术获突破。研发新型配方，创新奶牛OPU-IVF胚胎生产技术，IVF（体外受精）囊胚率达36.3%，生产体内胚胎6.5枚/头次，达到国际先进水平，种牛高效扩繁成效显著。

（8）构建商业化联合育种模式。首农畜牧与现代牧业联合成立蒙元种业科技（北京）有限公司，实现联盟实体化运营，奶牛联合育种商业化运营模式初见雏形。

（二）山东奥克斯畜牧种业有限公司

（1）加强奶牛核心育种场建设。一是在东营澳亚、德州维多利亚、南京卫岗等20家奶牛养殖企业遴选系谱指数前5%的牛只开展母牛基因组检测。二是在东营澳亚、日照鲜纯、海原新希望、牡丹江将军牧场和隆盛牧场组建种子母牛群，其中最高TPI（总性能指数）值达3 000以上，达到国际先进水平。三是自建规模5 000头的核心育种场，已进场母牛1 200头。

（2）自有种子母牛群培育后备公牛132头。在澳亚三场、澳亚四场、海原新希望和日照鲜纯累计培育后备公牛132头，其中通过OPU或计划选配等技术自主培育47头，占比39.6%；公牛平均GTPI育种值达2 826.1，最高值达到3 118，遗传水平优良，优势明显，进一步优化了种公牛自主培育技术体系。

（3）强化育种数据收集与遗传评估工作。通过信息化、标准化、高通量奶牛大数据采集技术研发与推广，准确、规范采集奶牛产量性状、体型性状、健康性状和繁殖性状等育种大数据。基于电子耳标和条形码识别的信息化奶样采集和数据记录系统，研发了具有可查询牛号、实时记录、重复判断、自动计分及数据自动存储、规范导出等功能的奶牛体型性状鉴定APP软件；制定奶牛繁殖、长寿性数据收集标准，积累奶牛健康、繁殖及长寿数据，构建遗传评估原始数据库；研究采用随机回归测定日模型估计了奶牛产奶量、乳脂率、蛋白率等产量性状的遗传参数，获得最优评估模型，估计了山东地区奶牛20个体型性状的遗传参数。

（4）完善奶牛高效快速扩繁产业化技术平台。规范了奶牛OPU-IVP高效快繁技术流程，在全国范围内建立体外胚胎生产基地，促进优秀种质流通。研发体外胚胎程序化冷冻与玻璃化冷冻体系，攻关奶牛体外胚胎冷冻、保存等关键技术，优化奶牛OPU-IVP高效快繁技术流程。在澳亚牧场、现代牧业、中垦华山牧场等建立体外胚胎生产基地，生产体外胚胎10 000枚以上；通过技术引领与理念宣传，提升规模化养殖企业育种积极性，撬动社会资金近9 000万元，为奶牛种质自主培育拓宽新渠道、新思路，积累新群体、新潜能。

（三）内蒙古赛科星种业

（1）自主培育优秀种牛，组建核心种群。赛科星现存栏公牛169头，存栏母牛15万头，核心母牛群有438头。赛科星新培育的种公牛中，目前有15头GTPI成绩>3 000，其中15522027的GTPI值达到3 131，排名全国第一。

（2）冻精推广销售，市场规模稳居首位。拥有亚洲第一、全球第二的性控冻精生产基地（中国和林格尔），年产各类冻精300万剂，冻精产品销售连续11年位居全国第一。

（3）生产高产奶牛性控胚胎，构建奶牛"育、繁、推"一体化技术体系。建成了国际领先的，集科研开发、技术创新和产业化胚胎生产的大型生物技术基地——胚胎工程中心。利用产学研结合的实施模式，创新、集成了OPU-IVF-ET（活体采卵-体外受精-胚胎移植）关键技术体系，OPU每头次采卵平均14枚，累计生产高产奶牛性控胚胎2万余枚，胚胎移植1.5万枚。

（4）种公牛高效克隆技术开发，主要技术指标突破性提升。2022年赛科星研究院技术团队联合西北农林科技大学张涌院士团队，开展种公牛高效克隆技术研究，建立顶级荷斯坦奶牛细胞系，种公牛克隆胚胎生产效率已达到40%；正常克隆后代出生率8.6%。在赛科星国家级育种场成功培育2头克隆奶牛"优优"和"星星"，为培育适宜我国的、具有传统基因优势的世界级种牛作出贡献。

（5）加强奶牛基础数据收集，扩大性能测定和基因组检测规模。赛科星牵头整合内蒙古现有能够整合的DHI的资源，组建西北地区最大的第三方DHI检测中心，年测定泌乳牛能力达到8万～10万头。奶牛全基因组检测累计达到2万头以上。

二、奶牛遗传改良计划

（一）开展的主要工作

2022年围绕奶牛遗传改良计划，行业主要开展了以下六方面的工作。

1. 品种登记

设立在中国奶业协会的中国奶牛数据中心是国家级奶牛品种登记机构。目前登记在库的乳用品种主要包括中国荷斯坦牛、娟姗牛、新疆褐牛、三河牛和奶水牛，品种登记总量达到200余万头，登记范围覆盖26个省（自治区、直辖市），其中，荷斯坦牛207.5万头，娟姗牛4.7万头。中国荷斯坦牛品种登记数量年度分布见图4-1。

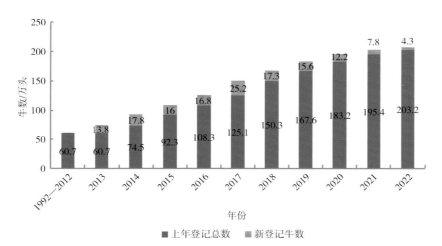

图4-1 1992—2022年中国荷斯坦牛品种登记数量年度分布

2. 生产性能测定

奶牛生产性能测定作为奶牛群体遗传改良工作中一项非常重要的基础性工作，直接影响群体遗传改良进展的总体水平。在牛群中实施准确、规范、系统的个体生产性能测定，获得完整、可靠的生产性能记录，以及与生产效率有关的繁殖、疾病、管理、环境等各项记录，对于建立我国奶牛核心育种群，自主培育种公牛工作具有重要意义。

2022年全国奶牛生产性能测定工作稳步推进，全年39家DHI实验室开展测定工作。据中国奶牛数据中心统计，全年共有1 324个奶牛场的162.9万头奶牛参加生产性能测定，测定记录达840.7万条。参测泌乳牛数量比2021年增加10.1%，场平均泌乳牛规模达到1 230头，同比增加8.9%，参测牛数量与群体变化如图4-2所示。

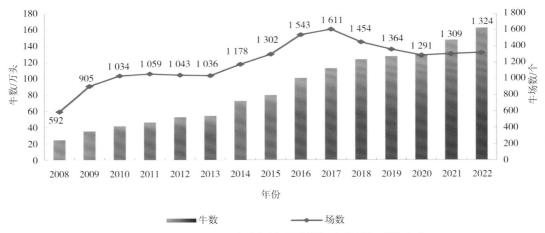

图4-2 2008—2022年参测中国荷斯坦牛数量与群体变化

3. 体型鉴定

2022年，中国奶业协会组织召开中国奶牛体型鉴定员线上培训班，参与培训人数达到700余人，围绕《中国奶牛体型鉴定员管理办法（试行）》《中国荷斯坦牛体型鉴定技术规程》等相关内容进行培训，同时发布了中国荷斯坦牛体型鉴定教学视频，该片由中国奶业协会制作，中国奶牛体型资深鉴定员石万海老师担任主讲。中国奶牛体型鉴定员队伍不断扩大，为全国奶牛遗传改良计划的有效实施奠定了坚实的基础。目前全国持证鉴定员70人，分布在北京、天津、河北、内蒙古等10个省份，在全国范围内开展体型鉴定工作，年平均鉴定5万余头。

据中国奶牛数据中心统计，2022年参加中国奶牛体型鉴定的牛场有185个，鉴定奶牛2.8万头（图4-3）。全国开展中国奶牛体型外貌鉴定的省（自治区、直辖市）共有28个，累计鉴定1 564个奶牛场的56.3万头奶牛，其中北京、河北、内蒙古、上海和山东地区的累计鉴定奶牛数均超过了5万头。

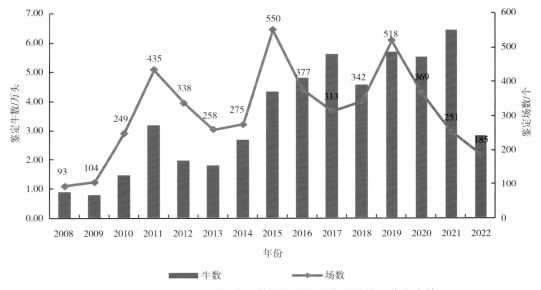

图4-3　2008—2022年中国荷斯坦牛体型鉴定场数和鉴定头数

4. 后裔测定

中国北方荷斯坦牛育种联盟（以下简称"北方联盟"）和中国奶牛后裔测定香山联盟（以下简称"香山联盟"）于2010年和2013年相继成立（表4-2）。依托北方联盟和香山联盟，全面开展荷斯坦牛青年公牛后裔测定工作，联盟以理事会、工作组协调会、数据互查等多种形式有效推进青年公牛后裔测定工作。

2022年，北方联盟组织冻精互换工作2次，5家成员单位互换后测优秀青年公牛56头，互换后测冻精33 150支。互换公牛全部进行了全基因组测定，GTPI值在平均值2 746，范围2 622～2 901，遗传品质优良。联盟5家单位年度发放后测冻精36 840支，收集配种记录12 028条、妊检记录7 610条、产犊记录6 270条、女儿牛记录3 986条。北方联盟有424头青年公牛获得全国基因组选择遗传评估结果，其中有9头基因组综合选择指数（GCPI）位于全国前10位；有74头种公牛获得验证结果，其中有1头验证成绩（CPI）位于全国前10位。

2022年，香山联盟参加后测公牛共128头，发放冻精92 495支，体型外貌鉴定牛只43 459头次，收集配种记录74 588条，妊娠记录44 753条，产犊记录21 655条，女儿牛记录10 857条。香山联盟在全国基因组选择遗传评估TOP100中有28头青年公牛，验证结果TOP100有84头。

表4-2 后测联盟组织概况

联盟名称（成立时间）	现有联盟成员
北方联盟 2010年1月17日	河北省畜牧良种工作总站 河南省鼎元种牛育种有限公司 山西省畜牧遗传育种中心 山东奥克斯畜牧种业有限公司 内蒙古赛科星繁育生物技术（集团）股份有限公司
香山联盟 2013年8月18日	北京奶牛中心 上海奶牛育种中心有限公司 天津市奶牛发展中心 内蒙古天和荷斯坦牧业有限公司 新疆天山畜牧生物工程股份有限公司

5. 基因组选择参考群规模不断扩大

大规模、高质量的参考群体是荷斯坦牛基因组遗传评估的基础。在农业农村部和全国畜牧总站的支持下，我国奶牛基因组选择参考群体持续扩大，2020年新增牛只6 300头；2021年，继续新增牛只3 500头；2022年新增520头。截至目前，我国奶牛基因组选择参考群体规模达到1.9万头。

6. 遗传评估

农业农村部种业管理司、全国畜牧总站发布了《2022年中国乳用种公牛遗传评估结果》，公布全国19个种公牛站的1 911头乳用种公牛的遗传评估结果，其中包括全国13个种公牛站的394头中国荷斯坦牛验证种公牛常规遗传评估结果，16个种公牛站的1 476头中国荷斯坦牛青年种公牛基因组检测遗传评估结果，以及6个种公牛站41头娟姗牛的体型评定结果。

（1）常规遗传评估。常态化开展常规遗传评估工作，分别利用多性状随机回归测定日模型（Test-day Model）、多性状动物模型（Animal Model）计算产奶性状、体细胞评分和体型性状的个体育种值。2022年全国奶牛遗传改良专家组，根据行业需要修改了《全国乳牛种公牛遗传评估方案》，增加了验证公牛的质控条件。2022年，中国荷斯坦牛的遗传评估继续使用2020版性能指数（CPI）（图4-4），参与综合性能指数合成的育种值性状有乳蛋白量、乳脂量、体细胞分、体型总分、肢蹄和泌乳系统共6个。各类性状的权重分别为：生产性状60%、体型性状30%以及体细胞评分性状10%。其中，*Prot*：乳蛋白量EBV（估计育种值）；*Fat*：乳脂量EBV；*Type*：体型总分EBV；*MS*：泌乳系统EBV；*FL*：肢蹄EBV；*SCS*：体细胞评分EBV。

$$CPI_{2020} = 4 \times \left[35 \times \frac{Prot}{20.7} + 25 \times \frac{Fat}{24.6} - 10 \times \frac{SCS-3}{0.16} + 8 \times \frac{Type}{5} + 14 \times \frac{MS}{5} + 8 \times \frac{FL}{5} \right] + 1\,800$$

图4-4　中国奶牛性能指数（CPI）公式

（2）基因组遗传评估。进入21世纪以来，基于基因组高密度标记信息的基因组选择技术（GS）成为动物育种领域的研究热点。利用该技术，可实现青年公牛早期准确选择，大幅度缩短世代间隔，加快群体遗传进展，并显著降低育种成本。2009年开始，欧美主要发达国家就将GS技术全面应用于奶牛育种。在农业农村部支持下，2008年中国农业大学张沅、张勤教授带领奶牛育种团队承担了我国奶牛基因组选择技术平台的研发。2012年1月13日，"中国荷斯坦牛基因组选择技术平台的建立"通过教育部科技成果鉴定，被农业农村部指定为我国荷斯坦牛公牛遗传评估的唯一方法并开始在全国推广应用，实现了青年公牛基因组检测全覆盖。截至2022年12月，基于中国荷斯坦牛基因组选择参考群体，累计对全国33个公牛站的4 262头荷斯坦青年公牛进行了基因组遗传评估。每个育种目标性状的个体直接基因组育种值基于150K全基因组SNP基因型数据，采用GBLUP方法，通过DMU软件计算，系谱指数由CDN网站下载（2022年8月），个体直接基因组育种值与系谱指数加权得到每个性状的基因组育种值。2022年，继续使用2020版中国奶牛基因组性能指数（GCPI）（图4-5），参与性能指数合成的育种值性状和权重与CPI一致。

$$GCPI_{2020} = 4 \times \left[35 \times \frac{GEBV_{Prot}}{17.0} + 25 \times \frac{GEBV_{Fat}}{22.0} - 10 \times \frac{GEBV_{SCS}-3}{0.46} + 8 \times \frac{GEBV_{Type}}{5} + 14 \times \frac{GEBV_{MS}}{5} + 8 \times \frac{GEBV_{F\&L}}{5} \right] + 1\,800$$

图4-5　中国奶牛基因组性能指数（GCPI）公式

（二）取得的主要成效

2022年继续落实《全国奶牛遗传改良计划（2021—2035年）》，全国奶牛生产性能测定（DHI）数量稳步递增，奶牛联合育种工作持续推进，标准化、规模化牧场已经成为发展主流，存栏100头以上规模化养殖比例达到72.0%，同比提高2.0%，比2017年提高13.7%。奶牛生产水平进一步提高，单产达到9.3吨，同比增长0.6吨，比2017年增长2.3吨。

奶牛育种各项基础工作的持续扎实开展为我国奶牛自主遗传评估奠定了良好的数据基础。截至2022年底，全国累计参测3 720个牛场557万头奶牛，收集测定记录7 344万条。用于遗传评估的DHI测定奶牛数量达到87.2万头，来自4 218个公牛家系，测定记录达936.6万条，分布在2 882个奶牛场；体型鉴定奶牛数量达到20.8万头，来自1 333个公牛家系，分布在1 333个奶牛场。与2008年相比，提供育种基础数据的奶牛数量大幅度提高。

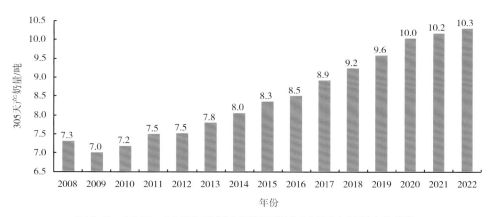

图4-6　2008—2022年参测中国荷斯坦牛305天产奶量变化趋势

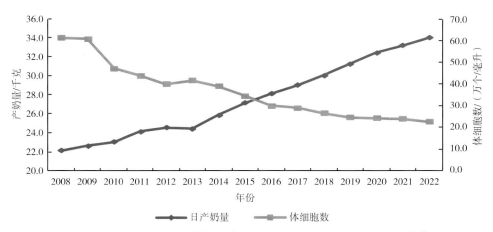

图4-7　2008—2022年荷斯坦牛测定日平均产奶量及体细胞变化趋势

测定日平均乳脂率与乳蛋白率。2022年参测奶牛测定日平均乳脂率为3.97%，同比提高了1.0%；平均乳蛋白率为3.35%，同比提高了0.3%。较2008年相比，平均每100克生鲜乳的乳脂肪率增加0.33克，乳蛋白率增加0.07克（图4-8）。

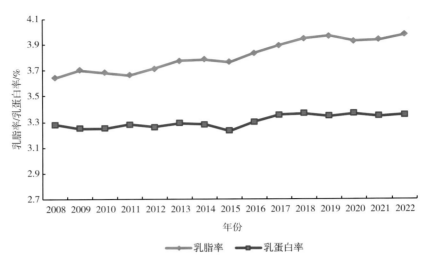

图4-8　2008—2022年参测荷斯坦牛测定日平均奶乳脂率、乳蛋白率变化趋势

1. 公牛群体遗传进展

（1）公牛各性状基因组遗传评估遗传进展。截至2022年底，已累计对来自全国33个种公牛站的4 262头荷斯坦青年公牛进行了基因组遗传评估（图4-9）。基于2022年12月的基因组评估成绩统计了遗传进展（图4-10至图4-19），参测荷斯坦公牛的基因组性能指数（GCPI）及产奶性状（产奶量、乳蛋白率、乳蛋白量、乳脂率和乳脂量）均获得了较显著的遗传进展；体型总分和泌乳系统性状的遗传进展较小，尤其肢蹄和体细胞评分性状的遗传进展不明显，可能因为体型性状易受鉴定员等环境因素影响，而体细胞评分性状可能受遗传力低且育种值分布狭窄等因素的影响。

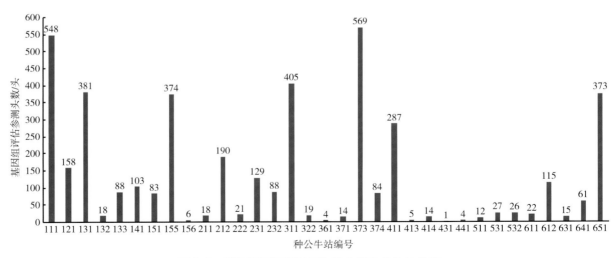

图4-9　我国基因组评估青年公牛的种公牛站分布

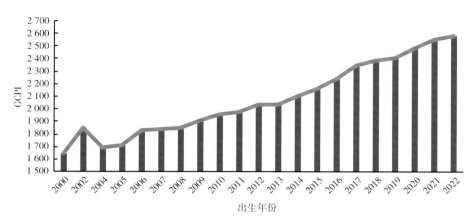

图4-10　青年公牛的基因组性能指数（GCPI）

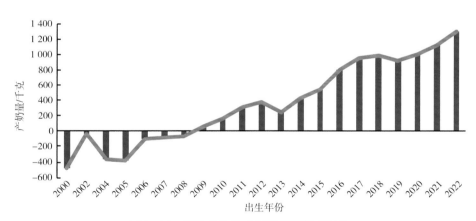

图4-11　青年公牛的产奶量基因组育种值

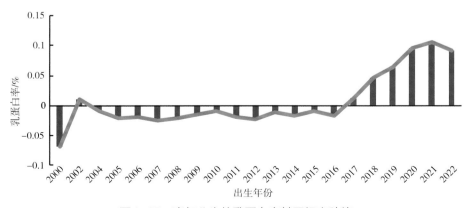

图4-12　青年公牛的乳蛋白率基因组育种值

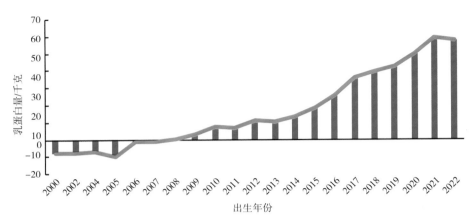

图4-13　青年公牛的乳蛋白量基因组育种值

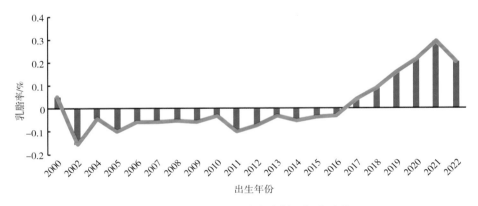

图4-14　青年公牛的乳脂率基因组育种值

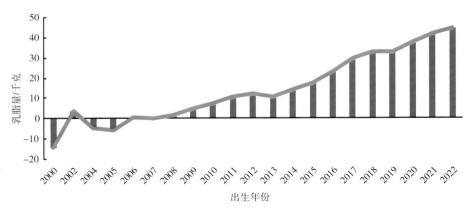

图4-15　青年公牛的乳脂量基因组育种值

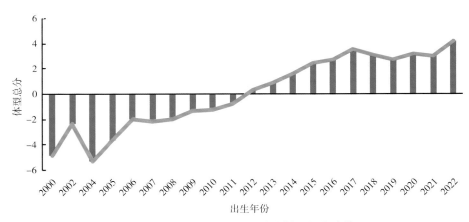

图4-16　青年公牛的体型总分基因组育种值

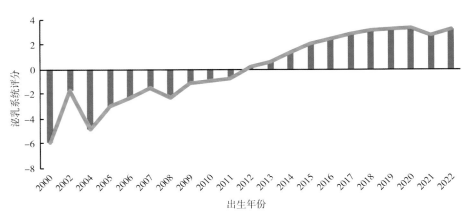

图4-17　青年公牛的泌乳系统评分基因组育种值

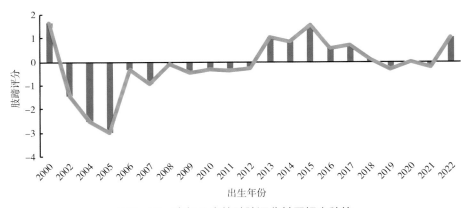

图4-18　青年公牛的肢蹄评分基因组育种值

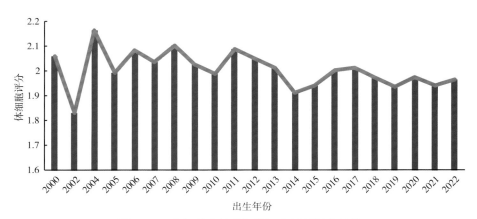

图4-19　青年公牛的体细胞评分基因组育种值

（2）公牛各性状常规遗传评估遗传进展。根据2022年11月全国荷斯坦牛常规遗传评估育种值结果统计，可以看出中国荷斯坦牛群体世代在产奶量、乳脂量、乳蛋白量等关键性状上均取得显著遗传进展，体细胞评分进展不明显，总体来说公牛的进展速度略快于母牛，三胎进展略快于二胎，二胎进展略快于一胎，生产性状比体型性状遗传进展更明显。《中国奶牛群体遗传改良计划（2008—2020年）》的实施，进一步促进了我国奶牛自主育种体系的建设，加快了各性状的遗传改良进展速度。1997—2016年出生的中国荷斯坦牛公牛群体的产奶量育种值世代平均进展123.63千克、乳脂量3.96千克、乳蛋白量3.89千克；其中一胎产奶量世代平均进展80.05千克，二胎124.96千克，三胎137.91千克。出生年度在2007年之后中国荷斯坦牛公牛群体产奶量、乳脂率、乳蛋白量的世代进展明显快于2007年之前。中国荷斯坦牛公牛产奶量、乳脂量、乳蛋白量、体型总分、泌乳系统、肢蹄和体细胞评分性状的世代遗传进展趋势见图4-20至图4-27。

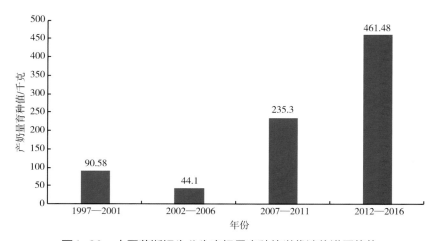

图4-20　中国荷斯坦牛公牛产奶量育种值世代遗传进展趋势

（注：依据各出生年度中胎次育种值估计可靠性≥60%的公牛统计）

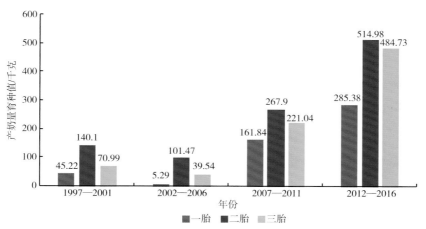

图4-21　中国荷斯坦牛公牛胎次产奶量育种值世代遗传进展趋势

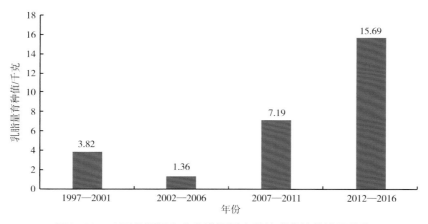

图4-22　中国荷斯坦牛公牛乳脂量育种值世代遗传进展趋势

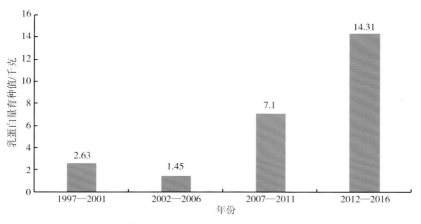

图4-23　中国荷斯坦牛公牛乳蛋白量育种值世代遗传进展趋势

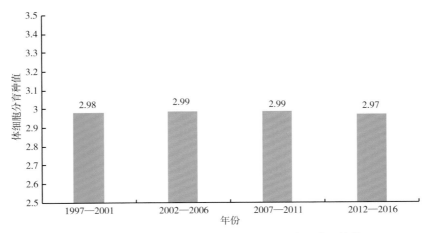

图4-24 中国荷斯坦牛公牛体细胞分世代遗传进展趋势

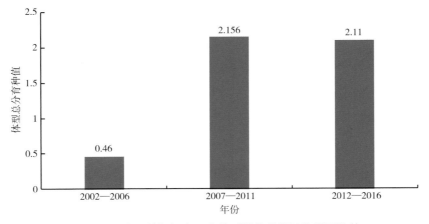

图4-25 中国荷斯坦牛公牛体型总分世代遗传进展趋势

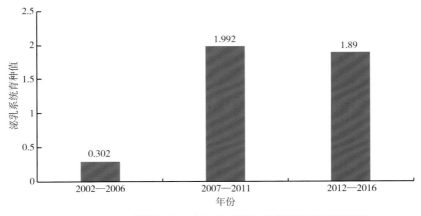

图4-26 中国荷斯坦牛公牛泌乳系统评分世代遗传进展趋势

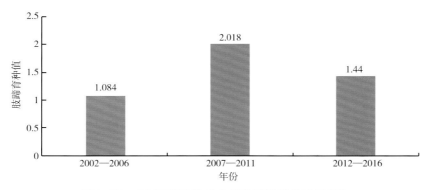

图4-27　中国荷斯坦牛公牛肢蹄世代遗传进展趋势

2. 母牛群体遗传进展

根据常规遗传评估数据，2002—2019年出生的中国荷斯坦牛母牛群体在产奶量、乳脂量和乳蛋白量上的遗传进展变化明显，产奶量世代平均进展68.64千克，乳脂量1.69千克，乳蛋白量2.31千克；一胎产奶量世代平均进展46.45千克，二胎66.66千克，三胎78.22千克。出生年度在2007年之后中国荷斯坦牛母牛群体产奶量、乳脂率、乳蛋白量的世代进展明显快于2007年之前（表4-3、表4-4）。中国荷斯坦牛母牛产奶量、乳脂量、乳蛋白量、体型总分、泌乳系统、肢蹄和体细胞评分性状的世代遗传进展趋势见图4-28至图4-35。

表4-3　中国荷斯坦牛母牛不同性状世代遗传进展情况

出生年份/年	产奶量/千克	乳脂量/千克	乳蛋白量/千克
2002—2004	-246.14	-5.21	-8.52
2005—2007	-201.17	-6.04	-6.42
2008—2010	-128.07	-3.25	-3.74
2011—2013	-91.25	-2.39	-2.45
2014—2016	9.81	0.29	0.30
2017—2019	97.07	3.26	3.01
平均进展	68.64	1.69	2.31

注：依据各出生年度中育种值估计可靠性≥30%的母牛统计。

表4-4　中国荷斯坦牛母牛胎次产奶量世代遗传进展情况

出生年份/年	一胎产奶量/千克	二胎产奶量/千克	三胎产奶量/千克
2002—2004	-180.05	-220.4	-261.31
2005—2007	-164.79	-161.64	-209.12
2008—2010	-102.41	-93.1	-140.04
2011—2013	-77.72	-60.36	-95.85

（续表）

出生年份/年	一胎产奶量/千克	二胎产奶量/千克	三胎产奶量/千克
2014—2016	10.89	14.17	22.25
2017—2019	52.19	112.9	129.81
平均进展	46.45	66.66	78.22

注：依据各出生年度中胎次育种值估计可靠性≥30%的母牛统计。

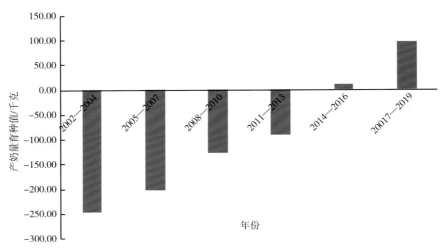

图4-28 中国荷斯坦牛母牛产奶量世代遗传进展趋势

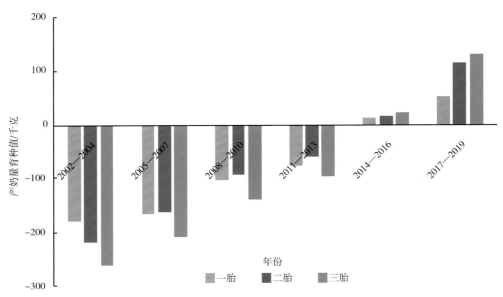

图4-29 中国荷斯坦牛母牛胎次产奶量世代遗传进展趋势

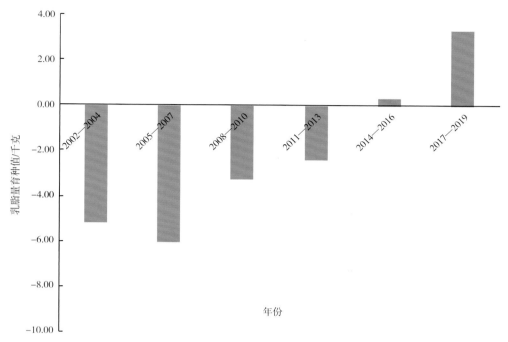

图4-30 中国荷斯坦牛母牛乳脂量世代遗传进展趋势

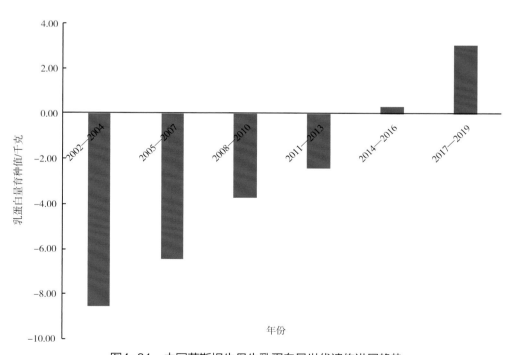

图4-31 中国荷斯坦牛母牛乳蛋白量世代遗传进展趋势

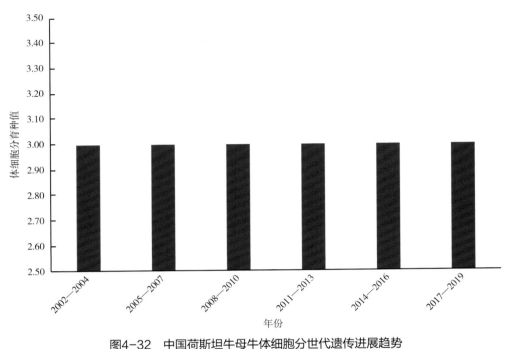

图4-32 中国荷斯坦牛母牛体细胞分世代遗传进展趋势

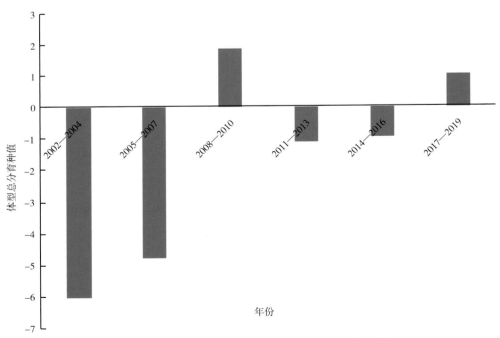

图4-33 中国荷斯坦牛母牛体型总分世代遗传进展趋势

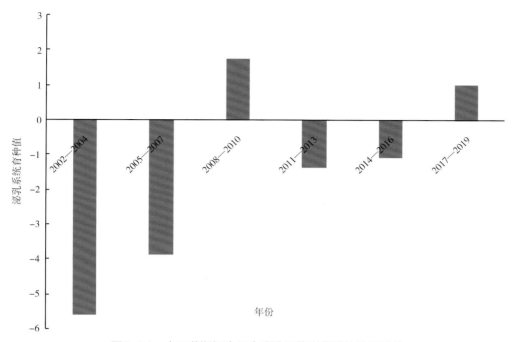

图4-34　中国荷斯坦牛母牛泌乳系统世代遗传进展趋势

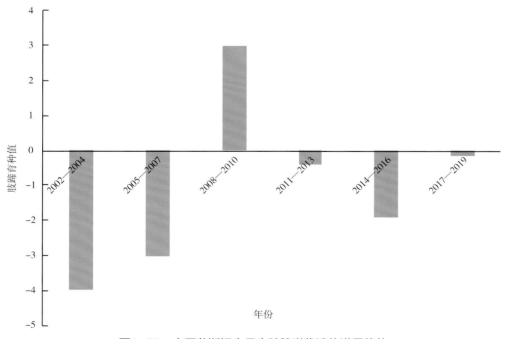

图4-35　中国荷斯坦牛母牛肢蹄世代遗传进展趋势

3. 良种快速扩繁进展

自2021年新一轮《全国奶牛群体遗传改良计划（2021—2035年）》正式发布以来，中国奶牛良种快速扩繁创新应用水平不断提高，全国规模化牧场人工授精，特别是性控冻精人工输精普及率进一步提升，超数排卵、胚胎移植等现代繁育技术研发与应用工作持续推进，性控胚胎良种扩繁正在成为国家级核心育种场扩繁种子母牛、种公牛站培育种牛的主要技术手段。

2022年，我国奶牛领域的种业阵型企业与科研院所正式形成联合攻关阵营，联合开展良种快速扩繁的科技创新，致力于解决性控技术和促卵泡素对外依赖度高、胚胎生产效率低以及良种快繁技术应用程度低的产业瓶颈问题。据不完全统计，2022年全国生产荷斯坦奶牛体内性控胚胎约10 000枚，体外性控胚胎约20 000枚，性控胚胎生产数量逐年提高，生产效率也在不断稳定提升。此外，在规范遗传材料监管方面，2022年我国初步完成了《奶牛胚胎移植技术规程》相关国家标准的修订工作，为规范遗传材料监管，提高种质质量安全水平，加快优良种质推广应用奠定了良好的基础。

第三章 奶牛种业企业发展

一、种业阵型企业工作进展

（一）北京首农畜牧发展有限公司

1. 基本概况

截至2022年年末，首农畜牧年末种公牛存栏189头，其中荷斯坦牛114头；奶牛总存栏91 996头，成年母牛存栏46 629头，全年总产奶51.9万吨，奶牛年单产11.47吨。

2. 科研投入和技术研发

2022年度主持承担/参与国家农业重大科技项目课题、科技部重点研发计划项目、北京市三年种业提升项目、北京市科技计划课题及集团项目10项，科技研发总预算投入近1亿元，其中专项资助经费5 411万元。本年度相关育种技术成果获得省部级以上科技奖励5项，获得授权专利13项，获软件著作权2项，发表科技论文9篇；联合申报国家标准及团体标准共计3项，获批《牛人工授精技术规程》行标1项，制定发布《种子母牛遴选标准》企业标准1项；自主构建体外胚胎培养体系，初步形成商业化应用模式。基因工程实验室平台建设完成并投入运营，搭建高通量基因芯片检测平台，显著提升了企业的自主研发能力和对外服务能力。

3. 育种工作主要成效

（1）品牌影响力显著提升。凭借奶牛中心育种优势，首农畜牧成功入选农业农村部国家畜禽种业阵型企业，农业农村部牛冷冻精液质量监督检验测试中心入选国家畜禽种业专业化平台。同时，首农畜牧成功入选全国十大种业龙头企业，按照《国家育种联合攻关总体方案》部署，开展奶牛育种自主攻关，承接国家农业重大科技项目，牵头成立的奶牛育种自主创新联盟再次成功入选国家农业科技创新联盟。

（2）联盟育种核心群规模和质量保持全国领先。首农畜牧金银岛牧场、天津梦得集团、宁夏农垦贺兰山平吉堡奶牛三场成功入选国家奶牛核心育种场，联盟内国家核心育种场达7家，占比全国近50%，核心群单产水平突破13吨，在奶牛育种核心群创建领域占据全国领先地位。

（3）奶牛基因组选择参考群体数据规模和质量全国领先。2022年公司自有奶牛基因组选择参考群芯片数据达10 549头份，数据规模和质量全国第一。新增标准化服务牧场38个，标准化育种服务牧场226场次。自主搭建育种大数据信息平台，拥有核心计算服务器9台套及相关配套设备，累计数据规模达580万条，数据规模全国第一，部分数据国内唯一。

（4）种公牛自主培育规模提升。2022年发布联盟种子母牛遴选报告4期，累计选配荷斯坦种子母牛130头，利用自主种源生产荷斯坦牛种用胚胎101枚，年度累计培育荷斯坦种公牛72头，其中进口胚胎移植36头，自主培育36头。

（5）种牛遗传评估体系日趋完善。在种质自主评价方面，完成遗传评估平台搭建，"UTPI"指数更加完善且实现完全独立自主遗传评估，种犊牛出生120天美国CDCB结果反馈率达到100%，有效保障种牛选留及时决策；在育种服务方面，不断完善并扎实推进6个KPI技术服务体系，完成联盟、首农专版、宁夏专版遗传评估报告3期，完成内外部育种托管牧场服务评估2期；在生产性能测定方面，拓展现代牧业、越秀辉山等客户，开展DHI标准化采样培训和产奶量计量校正方法调研，各项数据质量指标稳步提升。

（6）种牛遗传评估成绩刷新纪录。美国2022年8月开展CDCB全球荷斯坦种公牛遗传评估，公司参评荷斯坦种公牛GTPI成绩达3 000以上2头、2 900以上14头、2 800以上22头，为历年最高水平。其中，11122603、11122533号荣登中国境内参评种公牛的冠、亚军。

（7）推广应用自主选育国产芯片。公司联合中国农业大学委托华智生物开发设计我国第一款用于种子母牛群遴选和参考群体构建的高密度液相自主选育芯片，2022年度在北京地区验证并推广应用自主育种芯片数量达1 500头份，进一步完善了自主芯片评估体系，逐步实现国产替代。

（二）内蒙古赛科星繁育生物技术（集团）股份有限公司

1. 基本概况

优然牧业赛科星是一家以繁育生物技术为基础，良种家畜育种和规模化奶牛养殖为主营业务的国家级高新技术企业、国家畜禽种业阵型企业和内蒙古自治区农牧业产业化龙头企业，目前拥有2座种公牛站（美国威斯康星、中国和林格尔），1座国家级荷斯坦奶牛核心育种场（中国和林格尔犇腾十二牧场），1座世界级奶牛核心育种场暨国家乳业创新中心胚胎工程中心（中国清水河），1座亚洲第一、全球第二的性控冻精生产基地（中国和林格尔），年产各类冻精300万剂，冻精产品销售量连续11年位居全国第一，取得了国内在美注册种公牛排名第一的最好成绩。

2. 科研投入和技术研发

2022年度研发费用投入金额为2 700万元。2022年12月底，已获授权发明专利1项，实用新型专利2项，发表中英文论文9篇；新增标准一项，著作2部。2022年度获得科技奖励1项：奶牛种公牛培育与性别控制繁育关键技术创新应用，获得高等学校科学研究优秀成果奖二等奖。

3. 育种工作主要成效

（1）奶牛培育。赛科星现存栏公牛169头，存栏母牛15万头，核心母牛群有438头。赛科星新培育的种公牛中，目前有15头GTPI值>3 000，其中15522027的GTPI值达到3131。

（2）高产奶牛性控胚胎生产与移植。建成国际领先的、集科研开发、技术创新和产业化胚胎生产的大型生物技术基地—胚胎工程中心。利用产学研结合的实施模式，创新、集成了OPU-IVF-ET（活体采卵-体外受精-胚胎移植）关键技术体系，突破国内体外胚胎生产技术瓶颈，目前头均生产胚胎4.6枚/次（MOET技术）、OPU每头次采卵平均14枚，移植胚胎受胎率达40%，累计生产高产奶牛性控胚胎2万余枚，胚胎移植1.5万枚。

（3）种公牛高效克隆技术开发。2022年赛科星研究院技术团队联合西北农林科技大学开展种公牛高效克隆技术研究，建立顶级荷斯坦奶牛细胞系，种公牛克隆胚胎生产效率已达到40%；正常克隆后代出生率8.6%。在赛科星国家级育种场成功培育2头克隆奶牛"优优"和"星星"，实现奶牛克隆胚胎生产效率和移植受体妊娠率等主要技术指标的突破性提升，为培育我国具有传统基因优势的世界级种牛作出新突破（图4-36）。

图4-36　克隆奶牛

（4）后裔测定工作。截至2022年12月底，赛科星在北方联盟中交换56头牛，自主发放52头种公牛冻精到省外进行后裔测定，同时接收其他省份冻精7 725支。每月定期发放到内蒙古周边DHI的参测牧场及各个省外社会牧场，平均每个牧场2个月接受一批冻精。

（三）光明牧业有限公司

1. 基本概况

光明牧业上海奶牛育种中心有限公司存栏可采精成年种公牛57头；金山种奶牛场经过基因组检测的核心母牛群750头。

2. 科研投入和技术研发

2022年科研累计投入213万元，研发了DHI新采样测定系统和育种管理软件系统。其中，DHI新采样测定系统通过在采样瓶张贴条形码，可以实现牧场端耳号与条形码匹配，检测端配备设备通过扫条形码自动识别牛号，实现采样和检测两方面功能，效率和准确性大幅提升。育种管理软件包含冻精管理、胚胎管理、基础数据库、门户网站、牛群育种报告、选配服务报告等内容。运用基础数据库可以对公司牧场快速进行育种报告分析，详细分析公司牧场的牛群结构，了解牛群的遗传进展和牛群整体状况，实现对公司牧场牛只的个体选配。

3. 育种工作主要成效

2022年光明牧业上海奶牛育种中心自主培育公牛5头，进站种公牛16头，其中最高GTPI达到2971，累计完成DHI测定奶牛11.6万头，上传数据76.5万条，出具报告1 500余份，进一步丰富了上海奶牛养殖大数据库。另外，2022年育种中心完成编写了《公牛基因组选育规程》和《牧场核心牛群筛选技术规范》；开发完成了《上海奶牛育种管理平台》，实现了育种报告、选种选配报告与牧场系统的全面对接，达到国际先进水平。

（四）山东奥克斯畜牧种业有限公司

1. 基本概况

山东奥克斯畜牧种业有限公司是一家专业从事荷斯坦牛种质创新、冷冻精液生产、奶牛繁育与疾病防治等技术研究、科技推广与技术服务的高新技术企业。公司2022年入选"国家畜禽种业阵型补短板企业"，获批成立山东省奶牛种业技术创新中心。

2. 科研投入和技术研发

2022年，公司承担山东省农业良种工程、重点研发计划等科研项目8项，获批财政经费5 000余万元。另配套1 900万元的研发经费，用于高产特色奶牛核心育种群自主培育、奶牛现代育种体系构建、奶牛生物育种关键技术研发与优秀种质培育等科研工作。"荷斯坦牛特色种质培育关键技术研发与应用"荣获2022年度山东省科技进步奖一等奖；"奶牛育种表型数据库建立与应用"荣获2022年度山东省农业科学院科学技术奖一等奖。

3. 育种工作主要成效

（1）自主培育优质种牛。公司建成国际一流种质创新基地，荷斯坦种公牛存栏稳定在200余头，每年生产常规冻精200余万剂、性控冻精10余万剂，通过ISO9002质量管理体系认证，并连续15年国家牛冷冻精液质量监督检验测试中心市场随机抽检合格率保持100%。根据全国畜牧总站对乳用种公牛的最新遗传评估结果，公司培育的5头青年公牛全国排名前10；2023年3月，公司培育的

37322143公牛TPI值高达3 118，成为国内TPI率先突破3 100的优秀后备公牛。

（2）核心育种群组建情况。与东营神州澳亚现代牧场有限公司、云南牛牛牧业、现代牧业（通辽）有限公司长期合作开展联合育种工作，建成国家级奶牛核心育种场，提高核心种源质量和供种能力。组建了高质量的奶牛核心育种群3 000余头。依托奶牛重要性状表型大数据库，结合全基因组选择，以东营澳亚、日照鲜纯、海原新希望、牡丹江将军牧场和隆盛牧场为重点，同时自建奶牛优秀种质自主培育与高效扩繁示范基地，筛选出3 000余头奶牛核心育种群，其中TPI成绩3 000以上的15头，最高TPI值3 092，接近国际先进水平。

（3）攻关技术难点。公司注重奶牛育种科技攻关和集成创新，建成奶牛现代育种技术体系，在种子母牛评价、种公牛培育、分子育种技术研发等方面达到国际先进水平，并于国内率先实现集奶牛活体采卵、性别控制、体外受精、胚胎生产及胚胎移植等先进技术于一体的体外胚胎生产（OPU-IVP）技术产业化发展，搭建全国奶牛育种新技术服务平台，在东营澳亚、现代牧业、新希望集团、北大荒集团、卫岗乳业等建立OPU-IVP产业化应用基地10处，涵盖优质奶牛群体60万头，生产体外胚胎10 000余枚。

（五）新疆天山畜牧生物育种有限公司

1. 基本概况

新疆天山畜牧生物育种有限公司种公牛站是新疆唯一一家国家级牛羊冻精生产企业，位于昌吉市阿什里乡，饲养有荷斯坦、西门塔尔、新疆褐牛、安格斯、夏洛来、利木赞、和牛和娟姗牛8个品种种公牛136头。现存栏采精种公牛116头（奶牛14头、兼用牛48头、肉牛54头），后备种公牛20头（兼用牛1头、肉牛19头），全年累计生产冻精200万剂（其中常规冻精195万剂、性控冻精5万剂）。

2. 科研投入和技术研发状况

2022年，公司研发费用共计56.5万元。积极与国内的国家级核心育种场开展联合公牛培育，在荷斯坦牛和西门塔尔牛的培育方面与新疆呼图壁种牛场、伊犁创锦牧业开展联合培育；在褐牛的育种方面与新疆新褐种牛场、塔城地区种牛场联合开展培育。公司联合新疆农业大学、新疆畜牧科学院、石河子大学、中国农业大学、中国农业科学院共同开展种公牛培育工作。

3. 育种工作主要成效

（1）主要育种工作。公司与新疆农业大学长期合作，选育荷斯坦牛和新疆褐牛的种公牛和种母牛，利用新疆褐牛生产性能基础数据库软件，针对新疆褐牛在实际生产中积累的生产数据结构特征，实现了新疆褐牛生产性能数据的统一管理，规范了各项生产数据的格式，开展新疆褐牛的遗传评估。与自治区DHI中心长期合作开展DHI测定工作，通过测定分析及时发现牛场管理存在的问题，调整饲养和生产管理，有效地解决实际问题，最大限度地提高奶牛生产效率和养殖经济效益。

（2）主要成效。截至2022年12月底，共计注册41头荷斯坦种公牛。本站乳用荷斯坦种公牛在全国乳用公牛遗传评估中CPI排名第3，GCPI排名第5，体细胞育种值排名第一，乳蛋白育种值排名第

3。2022年承担了国家种畜禽生产性能测定项目，开展奶牛种公牛后裔测定18头，累计发放后测冻精6 544剂，共计发放全国11个牧场，共计收集配种定胎数据5 235条、开展体型外貌鉴定牛头数2 038头。公司种公牛站通过国家级"两病"净化示范场的验收，是全国仅有的通过"两病"净化示范场三家公牛站之一。

（六）河北乐源牧业有限公司

1. 基本概况

河北乐源牧业有限公司是君乐宝集团牧业发展板块的全资子公司，旗下主要分为奶牛、肉牛、种业、饲料四个板块。现辖25个奶牛养殖基地，奶牛总存栏15万头左右，母牛存栏15万头左右，原奶年产量80万吨，牧场平均305天产量11 320千克。青年牛基础群中TPI>2 400，产奶量为正值列为育种核心牛群，共计551头。成年母牛305天产奶量>15吨育种核心群共计816头。

2. 科研投入和技术研发

与西北农林科技大学开展育种战略合作。在全基因组测序参考群体构建上，君乐宝牧场协助西北农林开展全年总计5 000头成母牛的血样采集工作，提供对应牛只的系谱、生产性能、体细胞、繁殖、产犊及疾病健康等关键表型数据。

与北京八零同创和天津力牧公司开展胚胎生产及移植合作。联合开展体外胚生产，头次产胚数从0.8枚提升至3.5枚，逐步解决了胚胎生产效率低下的问题，2022年累计生产胚胎3 500枚，在乐源牧场移植1 500余枚（种用普通体内胚胎500枚，种用性控体内胚胎300枚，自产性控体外胚胎700枚），种用非性控胚胎移植成功率高达59%，种用性控胚胎45%，自产性控胚胎50%。同时，还开展了胚胎培养液配方及新型冷冻液的研究。

3. 育种工作及主要成效

（1）本单位奶牛育种。品元公司对河北乐源牧业下属牧场实行统一管理，每年指导各子公司制定滚动的育种方案，主要包括：遗传改良目标、核心群的建立、选种选配、后备母牛选择、奶牛群遗传改良方案等。

（2）国内青年公牛后裔测定工作。2022年依托乐源牧业和奶源牧场，发放4头青年种公牛合计1 825支冻精用于后裔测定，分布于4个省份13家牧场。2023年计划对10头青年公牛进行后裔测定，所有牛的GTPI均大于2 800，预计君乐宝内部牧场发放5 000支，借助北方联盟力量在其他省份发放冻精3 000支，并及时收集与配母牛的配种、产犊记录及公牛女儿体尺体重、繁殖、健康和长寿性等性状数据。

（3）基因组检测进展。对牧场牛群抽样进行基因组检测，验证系谱记录的准确性，确定牛只的遗传水平。近两年来，在乐源牧业威县有限公司、乐源君邦牧业威县有限公司、乐源君享牧业威县有限公司等牧场已完成7 299头奶牛检测。检测内容包含牛只系谱校正、产量、繁殖、健康、产犊能力、乳品质等相关性状的育种值估计信息，检测指标总计90项，检测结果整体高于国内均值。依据基因组检测结果，综合评定牛只的遗传水平，加快遗传进展。

（4）DHI测定进展。近2年来，完成49 000头次DHI检测，形成一套完整的奶牛生产性能记录及管理体系，平均产奶量38.12千克，平均乳脂率4.0%，平均乳蛋白率3.4%。牧场利用DHI检测报告指导牧场饲养管理，减少牛只饲养成本损失，间接或直接减少牧场经济损失500万元。

（5）体型鉴定。近2年来，对头胎产犊母牛进行体型鉴定2 372头，评定牛群泌乳天数在30~180天，主要表现为尻角度评分较差，主要为新西兰牛，尻角度较平；肢蹄方面相对理想，部分牛后肢侧视存在缺陷；中央悬韧带弱，后乳房高度较差，同时后乳头位置并拢，中央悬韧带弱容易引起乳房下垂，后乳房高度较差，乳房容积达不到。

（七）河南花花牛实业总公司

1. 基本概况

河南花花牛实业总公司主要分为饲草种植、饲料生产、奶牛养殖、乳品加工与销售等板块，是农业产业化国家重点龙头企业和中国奶业20强（D20）企业之一。截至2022年12月底，存栏母牛2 390头，核心群存栏237头，拥有13座自有奶源基地，目前10个牧场已投产，存栏奶牛近3万头，奶源自给率100%，3座乳品加工基地，设计日加工能力达1 300吨。

2. 科研投入与技术研发

2022年科研经费总投入151.92万元，逐步加大奶牛育种经费的投入，聘请育种专业技术顾问，结合运用先进的科学技术指导奶牛育种，提高牛群生产性能，加快育种进程，扩大核心群规模。目前，胚胎移植75枚，怀孕42头，产生后代母牛20头，公牛22头，这些后代大部分通过基因检测，育种值较高，公牛进入种公牛站培养，TPI值较高的母牛作为母体进行优秀冻精配种，再进行超排、冲胚、移植，以达到扩繁的目的。

3. 育种工作及主要成效

（1）奶牛品种登记。2022年新增奶牛品种登记657头，采集牛只照片1 971张；2023年1—4月新增奶牛品种登记219头，采集牛只照片657张。

（2）性能测定。2022年共参加DHI测定12批次，采样牛只11 091头次，符合要求参测牛只11 089头次。根据奶牛生产性能测定报告，进一步加强奶牛精细化饲养管理；2022年共接收河南鼎元分发的青年公牛后裔测定冻精300剂，已完成配种233剂；2022年公司组织体型鉴定培训1次，在中国奶业协会备案鉴定员2名。对473头核心群和基因组参考群牛只进行体。

（3）核心群选育。完善制定核心群选择标准，核心群母牛305天产奶量达到12 600千克，同时，结合全基因组选择技术，制定核心群基因组选择指数标准，提高核心群选育水平。

（4）基因组检测。2022年参加基因组检测牛只767头，其中公犊牛16头，选出成绩较好公牛6头，奶牛的综合育种值稳定提升，2022年较之2018年提升了378%，净效益指数由-159提升到191，产奶育种值由-527提升到55。

二、育种联合体和产业联盟工作进展及成效

（一）中国奶牛后裔测定香山联盟

中国奶牛后裔测定香山联盟成立于2013年8月18日，简称"香山联盟"，是非营利性的区域奶牛后裔测定联盟，联合开展跨区域的奶牛后裔测定，为优势种公牛的培育提供更为广阔的数据来源。

2022年，香山联盟协同成员单位开展了五项工作：一是积极开展跨区域奶牛后裔测定，与合作奶牛场建立紧密合作联系，累计推广发放110头种公牛后裔测定冻精数92 495支，覆盖84个牧场测定并及时反馈种公牛后裔测定数据；二是组织联盟成员单位种公牛冻精生产技术交流会（线上），就暑期及冬季冻精生产管理要点、种公牛站管理等议题进行了技术交流，共商共议提高优质种公牛的冻精生产效率。同期，各联盟单位代表深入研讨奶牛自主种业发展、联合遗传评估等内容；三是奶牛体型鉴定工作扎实开展，全联盟6家单位累计体型鉴定服务覆盖北京、天津、内蒙古、宁夏、上海、江苏、新疆等26个省份，147个牧场，体型鉴定覆盖牛群超过48.6万头次，开展适龄头胎牛体型外貌鉴定43 459头次；四是联盟成员持续推进完成奶牛基因组参考群体构建任务，承担220头参考群体任务，占比全部任务的42.3%，近年来联盟新增参考群体覆盖区域扩展至北京、天津、宁夏、吉林、河北、黑龙江、河南、山东、上海、江苏等地，显著丰富了国家参考群体的环境代表性。联盟为国家奶牛基因组参考群体数据贡献率超过70%；五是北京、上海、新疆3家联盟单位入选"国家畜禽种业阵型企业—补短板阵型"名单。

（二）中国北方荷斯坦牛育种联盟

2022年，北方联盟组织冻精互换工作2次，成员5家单位互换后测优秀青年公牛56头，互换后测冻精33 150支。互换公牛全部进行了全基因组测定，GTPI值在平均值2 746，范围2 622～2 901，遗传品质优良。联盟5家单位年度发放后测冻精36 840支，收集配种记录12 028条、妊检记录7 610条、产犊记录6 270条、女儿牛记录3 986条。后测冻精分发和数据收集情况见表4-5。

表4-5 2022年北方联盟后测数据情况

省份	参加后测公牛数/头	冻精分发/支	配种记录/条	妊检记录/条	产犊记录/条	女儿数/条
河北	25	9 665	1 270	1 212	551	258
山西	12	7 900	3 582	1 067	890	600
山东	42	9 625	4 828	3 902	978	608
河南	0	3 450	1 517	1 016	3 465	2 217
内蒙古	16	6 200	831	413	386	303
合计	95	36 840	12 028	7 610	6 270	3 986

北方联盟有424头青年公牛获得全国基因组选择遗传评估结果，其中有9头基因组综合选择指数

（GCPI）位于全国前10位；有74头种公牛获得验证结果，其中有1头验证成绩（CPI）位于全国前10位。

（三）奶牛育种自主创新联盟

奶牛育种自主创新联盟成立于2016年，联合成员单位开展奶牛群体遗传改良、育种核心群选育、种牛遗传评估、大数据开发与应用等领域研究，构建并完善优秀种公牛自主培育体系，打造商业化模式纵向产业融合，建立实体化育种联合体。

2022年，该联盟1家理事单位入选国家畜禽种业阵型企业，1家理事单位、1家检测中心入选专业化平台，共同致力于奶牛育种新性状与遗传评估算法开发、自主基因芯片研发、基因组选择技术研发、配子与胚胎工程研发等奶牛繁育关键技术联合攻关。2022年，联盟自主培育荷斯坦种公牛GTPI成绩首次突破3 000，刷新历史；联盟成员单位首农畜牧邢台分公司实现全国第一个突破14吨的牧场，另有3家突破13吨，核心种质进一步提升；通过构建奶牛高效OPU-IVF胚胎自主生产技术体系，平均每头次活体采卵回收可用卵母细胞12.6枚，IVF囊胚率达36.3%，为奶牛核心育种群的高效扩繁提供了技术支撑；发布《荷斯坦种子母牛遴选企业标准》，支撑优质核心群培育工作实施；以企业为主体挖掘产业需求，首农畜牧与现代牧业共同组建蒙元种业合资公司，联合布局种业板块，拓展全产业链生态圈。

（四）中原奶牛育种自主创新联盟

为加强种公牛自主培育能力，提升奶牛场群体遗传水平，2017年河南省鼎元种牛育种有限公司联合中国农业科学院北京畜牧兽医研究所、河南省奶牛生产性能测定中心、中地乳业集团、河南省花花牛集团、河南瑞亚牧业等单位成立"中原奶牛育种自主创新联盟"，共同打造中原奶牛育种高地。

截至2022年12月底，该联盟共引进并移植美国荷斯坦牛种用胚胎1 500枚，自主生产移植胚胎538枚，组建190头高水平种子母牛群，种子母牛GTPI平均值超过2 600；培育进站采精公牛56头，采精公牛GTPI平均值达2 745，最高的GTPI超过3 000，培育部分种公牛达到国际一流水平。培育1头验证公牛在2022年全国乳用种公牛遗传评估中排名第二（CPI：3020），2头青年公牛基因组估计育种值排名前10（GCPI：2811、2807）。2022年，该联盟项目区内累计完成奶牛品种登记48.42万头，体型鉴定12.10万头，采集各类照片85.01万张，连续发布区域奶牛遗传评估结果5次，生产性能测定14.09万头。

（五）奥克斯-澳亚奶牛育种合作联盟

2022年，澳亚牧业与奥克斯联合开展育种基础工作，一是开展DHI测定工作，牧场泌乳牛全部参加DHI测定，累计参测泌乳牛8 118头，获得数据57 115条；二是对适龄牛只全部开展了体型线性鉴定，共鉴定牛只1 262头；三是利用核心群母牛培育后备公牛，共培育68头；四是共同完成农业农村部"奶牛参考群数据采集及基因组检测"项目，筛选出符合基因组参考群条件的母牛105头，进行了采样工作。

三、研发与管理平台建设工作进展及成效

（一）育种工程技术研发中心

1. 国家奶牛胚胎工程技术研究中心

国家奶牛胚胎工程技术研究中心（以下简称"中心"）是2005年经科技部批准，依托北京三元集团有限责任公司组建的国家级工程中心。"中心"于2008年12月通过科技部的验收，正式挂牌运行，是我国奶牛繁育技术领域唯一的国家级工程技术研究中心，主要研究方向以应用基础研究和重大技术攻关为主，重点开展胚胎工程技术研究与产业化应用、现代选育技术开发与遗传评估、优秀种牛自主培育体系的建立与应用、转基因克隆、性别控制、技术服务推广、种牛遗传物质推广等。开展奶牛选育新性状开发与应用，解决我国奶牛育种体系性状匮乏的短板，优化奶牛生产寿命性状的评估方法，提高该性状遗传评估的可靠性。

利用胚胎移植和性控等先进繁殖技术，提高良种扩繁效率。体内生产荷斯坦牛及西门塔尔牛胚胎，单次获得胚胎数9.4枚/头，平均获得胚胎数7.3枚/头，创历史新高。2022年中心遴选供体母牛305头用于胚胎生产，累计生产胚胎1 530枚并完成移植。同时与宁夏农垦乳业集团合作，遴选供体母牛50头用于种用胚胎生产，累计生产胚胎233枚并完成移植。本土培育种公牛美国评估再次刷新历史。公司参评荷斯坦种公牛GTPI成绩达3 000以上2头、2 900以上14头、2 800以上22头，为历年最高水平。

2. 山东省奶牛繁育工程技术研究中心

山东省奶牛繁育工程技术研究中心成立于2007年，现有人员102人，其中研究员5人，副研究员9人，中级职称5人，拥有国家奶牛体系岗位科学家2人，山东奶牛体系岗位专家1人，山东省泰山学者青年专家1人，山东省杰出青年科学基金获得者1人。承担国家重点研发计划、国家自然科学基金、山东省农业良种工程等项目200余项，授权发明专利50余项，获得软件著作权20余项，发布国家/行业/地方标准20余项，发表SCI论文100余篇。获得山东省科技进步奖一等奖2项，农业农村部神农中华农业科技奖一等奖1项。

中心成立以来，一直坚持在山东省范围内开展品种登记、DHI测定、体型鉴定等育种基础工作，累计获得了80多万条种公牛系谱数据和60多万头母牛的性能测定数据。在奶牛特色种质创建取得新突破，揭示了奶牛特色性状的分子遗传基础，创建了特色种质的生物育种技术体系培育出无特定遗传缺陷和致死基因、A2-β-酪蛋白基因、高繁殖力、高原低氧适应、无β-乳球蛋白过敏原的奶牛系列特色核心种质资源。累计培育后备公牛300头。建立覆盖全国15个省份132家规模化奶牛场的后裔测定网络。近期，中心培育的后备种公牛基因组综合选择指数（TPI）为3 118，为世界顶级水平。建设"奶牛优秀种质自主培育与高效扩繁示范基地"，打造集成奶牛优秀种质自主培育、奶牛体外胚胎生产及输出、智慧养牛与高科技核心技术科普展示、种养结合及农牧循环等多功能为一体

的示范平台。

3. 河北省牛产业技术研究院

河北省牛产业技术研究院由石家庄天泉良种奶牛有限公司作为依托单位，联合大专院校、科研院所及上下游企业组成。天泉公司作为国家级奶牛核心育种场，中国农业大学动物科学技术学院主要承担研究院奶牛育种方面的工作。

截至2022年末，成母牛存栏618头，核心育种群230头，其中包含37头优秀供体牛。供体核心群的综合性能指数（GTPI）≥2 500，净效益（NM$）≥500美元，主要用于生产种用胚胎，以期实现快速扩繁提升育种核心群品质的作用。核心群中GTPI≥2 700，NM$≥750美元的牛只则作为种子母牛，用于自主培育种公牛。截至目前，累计开展全基因组检测1 729头，按出生年度来看，群体GTPI由2019年的1970跃升至2022年的2 361，净利润值由2提高至413，产奶量和乳成分等生产性状均不断升高，改良进展十分显著，其中2022年育种核心群GTPI平均为2 520，平均净效益值为459美元。

2022年至今在河北省29个县（市、区）的72家牧场开展胚胎移植7 152头次，平均移植妊娠率为55.5%。用于胚胎生产的所有供体母牛均经过全基因组检测，均为当年全基因组排名前25%的育成牛，母牛综合性能指数GIPI（即GTPI）最高成绩达2 834，基因组305天预估产奶量均在12 700千克以上。供体母牛或供体牛母亲及外祖母的实际305天产奶量均达1万千克以上。供体冻精的选择来自当期世界排名前100名的种公牛，进行个体选配。冻精公牛的TPI都是在2 800以上，净效益值在750以上。品质与技术的保障使胚胎移植技术越来越受到牧场的欢迎，其在奶牛遗传改良中发挥的作用日益彰显。

（二）部级畜禽质量监督检验测试中心

1. 农业农村部牛冷冻精液监督检验测试中心（北京）

农业农村部牛冷冻精液质量监督检验测试中心（北京）是经农业农村部授权，且通过国家资质认定的具有第三方公正地位的法定专职机构。目前授权检测内容包括牛冷冻精液、牛性控冷冻精液、种猪常温精液、山羊冷冻精液、牛/羊胚胎、牛胚胎性别鉴定、牛遗传缺陷基因、牛亲子鉴定。2022年完成性控胚胎检测、遗传缺陷基因检测。根据农业农村部办公厅关于印发《2022—2023年全国种业监管执法年活动方案》的通知及《关于开展2022年全国种畜禽质量安全监督检验工作的函》的要求，对我国6个省/市种公牛冷冻精液、个体识别进行监督检测，监督检验结果上报全国畜牧总站。承担对全国17个省份23家公牛站生产许可证和质量认证的种公牛冷冻精液、胚胎质量共计3 105个样品进行检测；2022年承担或参与国家及行业标准的修订工作，承担农业行业标准《牛人工授精技术规程》修订工作并发布。参与国家强制标准《牛冷冻精液》修订工作并发布。

2. 农业农村部乳品质量监督检验测试中心（北京奶牛中心）

农业农村部乳品质量监督检验测试中心（北京）（以下简称质检中心）由北京奶牛中心筹建，于2004年通过了国家计量认证和农业农村部质检机构审查认可，并于2021年取得CNAS（中国合格评定国家认可委员会）实验室认可证书。

2022年质检中心完成了生乳中环丙沙星、甲基毒死蜱等20余项农兽药残留的CMA（检验检测机构资质认定标志）扩项工作，为满足农产品质量安全监管提供了技术支持。2022年质检中心承担了农业农村部生鲜乳全国质量安全监测任务，负责福建省、广西壮族自治区、新疆维吾尔自治区及新疆生产建设兵团的生鲜乳抽检工作，共完成570批次，其中生鲜乳例行监测550批次，《生乳》国标指标监测20批次。为北京及北京周边的乳品厂、牧场、贸易公司、科研院所完成21 476项生乳、乳制品、饮料、饲料等产品检测服务，出具检测报告1 072份，为守好北京的奶瓶子作出了贡献。同时，质检中心委托运行北京奶牛中心奶牛生产性能测定（DHI）实验室检测部，2022年共检测DHI奶样406 547头次，为参测牧场精准养殖提供数据支持。

第四章　奶牛种业发展展望

一、存在问题

奶牛种业发展的首要工作是持续的遗传改良和种质资源创新利用。目前，我国奶牛优质种源自给率过低，市场竞争力弱，进口荷斯坦牛冻精市场占有率超过70%。奶牛种业发展对国外依存度过高，缺乏科技创新能力，问题主要体现在以下5个方面。

（1）育种体系有待进一步完善。国内奶牛育种工作起步相对较晚，体系建设滞后，各环节机构各自开展工作，缺乏有效的业务联结机制，致使种牛自主选育体系机制不健全，运行不畅，政府政策性强、产业参与度低、公信力不足等问题仍然存在。

（2）育种基础性工作依然薄弱。母牛品种登记尚未形成完整体系；生产性能测定主要依赖政府补贴，牧场自行付费测定的模式尚未成熟，参测比例低，对于DHI测定的认识有待加深；体型外貌鉴定尚未开展全国性交叉鉴定；遗传评估系统与奶牛种业发达国家相比，表型、性状覆盖度不够，平衡育种理念意识欠缺。国家奶牛核心育种场建设与遴选工作自2018年才开始启动，核心群存栏不足1万头，规模小、占比低。

（3）关键技术和产品缺乏自主创新。奶牛基因组检测芯片、遗传评估软件等关键技术产品100%依赖国外；X/Y精子性控分离技术知识产权分别被美国ST公司和ABS公司垄断；胚胎生产过程中超数排卵所使用的促卵泡素以及胚胎培养液等试剂药品长期依赖进口，国内尚无稳定成熟的替代产品。

（4）良种高效扩繁产业化程度低。国内种公牛平均每年生产3.5万剂冻精，生产效率较国外10万剂相比，仍有倍数级量差。体内外胚胎生产和移植的效率与奶业强国存在很大的差距；成年母牛年总繁殖率约为70%，低于奶业发达国家75%的水平；高效扩繁技术的产业化程度低。

（5）种畜健康检测和记录不完整。国内对种牛健康性状选育重视不够，缺乏育种可用的大规模表型记录，选留的种畜潜在健康和疾病风险较大；种畜重要遗传缺陷疾病和传染性疾病没有统一的第三方检测监测平台，存在漏检风险；国家奶牛核心育种场和种公牛站的生物安全水平尚需进一步提高。

二、发展建议

（一）构建现代奶牛自主育种创新体系

建立现代奶牛自主育种体系。明确种公牛培育企业主体责任和意识，创新联合育种合作模式，提升核心种源自主创新能力，保障优质种源供给。建立健全种牛评价机制，定期进行全国种牛遗传评估，健全中国奶牛数据中心职能，加强对育种数据采集力度，建立广泛参与的育种数据分享机制，形成长效的良性循环。

（二）育种基础性工作进一步提质增量

制定奶牛品种登记技术规程，修订生产性能测定规范、体型鉴定规程，制定奶牛生产性能、繁殖等表型及基因型数据采集标准。研究推广表型性状测定智能装备，确立适合中国奶业发展的平衡育种方向。运用基因组选择技术建立并扩大育种核心群，实现早期选育，利用人工授精、胚胎移植等技术扩繁优秀遗传物质，提高种公牛选育强度。坚持组织好、落实好基因组时代种公牛后裔测定工作。

（三）加强育种关键技术自主创新

研究开发具有自主知识产权的遗传评估软件系统、具有自主知识产权的基因组检测芯片、建立种公牛个体鉴定和遗传缺陷认证技术。应用种牛基因信息库，建立种公牛个体鉴定和遗传缺陷的认证方法，为种公牛登记提供有效的质控手段，提高国产种公牛的公信度。

（四）推进良种扩繁技术研发及产业化应用

深入开展扩繁关键技术研究，对性控分离、活体采卵、体外受精等关键技术进行深入研究，配套研制具有自主知识产权的国产扩繁设备和试剂。推动良种扩繁技术商业化应用。

（五）加强生物安全防控体系建设保障种源健康

建立更加严格规范的生物安全体系，提高疫病净化能力，确保种牛质量。完善国家奶牛核心育种场和种公牛站环境控制和健康管理配套技术。对从境外引进的种牛及遗传物质，严格按照双边检疫和卫生要求开展疫病及相关遗传缺陷疾病的检测。加强种牛健康和疾病抗性等功能性状的选育，从源头提升种牛抗病能力、降低疾病发生风险。

三、未来展望

到2030年，现代奶牛自主育种体系有效运行，奶牛育种基础性工作全面有效开展，育种新技术实现自主突破和应用，扩繁效率得到全面提升，群体遗传改良技术体系达到国际先进水平，国家奶牛核心育种场和种公牛站生物安全水平显著提高。奶牛单产持续提高，种业核心竞争力显著提升。主要预期目标：

——年均奶牛品种登记15万头以上。

——年均奶牛生产性能测定150万头以上。

——年均奶牛体型鉴定3万头以上。

——奶牛基因组选择参考群达到5万头以上。

——年均自主培育后备公牛1 000头以上，选留优秀种公牛150头。

——奶牛群体平均年单产达到10 000千克以上，每世代产奶量遗传进展提高350千克、乳蛋白量提高10千克、乳脂量提高12千克。

——自主培育种公牛占比达到60%以上。

——奶牛冷冻精液国内市场占有率达到50%以上。

——取得种业创新成果2~3项。

肉牛篇

第一章　肉牛种业发展概况

一、肉牛供种能力

（一）种公牛冷冻精液及胚胎供种能力

2022年，国内种公牛站共生产肉牛冻精3 767.79万剂，其中西门塔尔牛冻精3 103.66万剂，占比达82.37%。全国销售肉牛冻精3 028.52万剂，其中西门塔尔牛冻精2 521.42万剂，占比达83.26%。2022年，国家肉牛核心育种场向社会供犊牛4 036头，主要用于全国各地改良本地公牛，其中有600头以上公牛进入种公牛站成为后备种公牛。2022年当年供应种用生产胚胎8.52万枚，其中奶牛当年生产胚胎6.48万枚，肉牛当年生产胚胎1.94万枚。牦牛当年生产胚胎0.1万枚。

（二）种母牛供种能力

自2014年开始启动国家肉牛核心育种场遴选工作以来，已先后开展6批国家肉牛核心育种场遴选，共有44家企业通过初审和现场专家评审，获得了国家肉牛核心育种场资格。

2020年，农业农村部组织开展了国家肉牛核心育种场核验工作。经研究决定，取消2家单位资格，42家肉牛核心育种场通过核验，有效期5年（表5-1）。2021年未开展国家肉牛核心育种场遴选工作。2022年，根据《农业农村部种业管理司关于开展国家畜禽核心育种场遴选和核验工作的通知》（农种创函〔2022〕1号）的有关要求，各地认真组织相关企业进行了申报工作。按照《全国畜禽遗传改良计划实施管理办法》规定，经部种业管理司同意，全国畜禽遗传改良计划领导小组办公室于9月1日至10月20日组织开展了现场审核工作，全国共有5家肉牛企业通过了评审，获得国家肉牛核心育种场资格，3家肉牛核心育种场检验不合格，被取消资格。2022年各省份核心育种场数量见图5-1。

表5-1 2022年44家国家肉牛核心育种场名单

序号	单位名称	省份
1	河北天和肉牛养殖有限公司	河北省
2	张北华田牧业科技有限公司	河北省
3	运城市国家级晋南牛遗传资源基因保护中心	山西省
4	内蒙古奥科斯牧业有限公司	内蒙古自治区
5	内蒙古科尔沁肉牛种业股份有限公司	内蒙古自治区
6	通辽市高林屯种畜场	内蒙古自治区
7	呼伦贝尔农垦谢尔塔拉农牧场有限公司	内蒙古自治区
8	延边畜牧开发集团有限公司	吉林省
9	延边东盛资源保种有限公司	吉林省
10	长春新牧科技有限公司	吉林省
11	吉林省德信生物工程有限公司	吉林省
12	龙江元盛食品有限公司雪牛分公司	黑龙江省
13	凤阳县大明农牧科技发展有限公司	安徽省
14	太湖县久鸿农业综合开发有限责任公司	安徽省
15	高安市裕丰农牧有限公司	江西省
16	鄄城鸿翔牧业有限公司	山东省
17	山东无棣华兴渤海黑牛种业股份有限公司	山东省
18	河南省鼎元种牛育种有限公司	河南省
19	泌阳县夏南牛科技开发有限公司	河南省
20	南阳市黄牛良种繁育场	河南省
21	平顶山市犇牛畜禽良种繁育有限公司	河南省
22	沙洋县汉江牛业发展有限公司	湖北省
23	荆门华中农业股份有限公司	湖北省
24	湖南天华实业有限公司	湖南省
25	广西水牛研究所水牛种畜场	广西壮族自治区
26	四川省龙日种畜场	四川省

序号	单位名称	省份
27	四川省阳平种牛场	四川省
28	云南省草地动物科学研究院	云南省
29	云南省种畜繁育推广中心	云南省
30	云南谷多农牧业有限公司	云南省
31	云南省种羊繁育推广中心	云南省
32	腾冲县巴福乐槟榔江水牛良种繁育有限公司	云南省
33	陕西省秦川肉牛良种繁育中心	陕西省
34	甘肃共裕高新农牧科技开发有限公司	甘肃省
35	甘肃农垦饮马牧业有限责任公司	甘肃省
36	青海省大通种牛场	青海省
37	新疆呼图壁种牛场有限公司畜牧三场	新疆维吾尔自治区
38	伊犁新褐种牛场	新疆维吾尔自治区
39	新疆汗庭牧元养殖科技有限责任公司	新疆维吾尔自治区
40	内蒙古色也勒钦畜牧业科技服务有限公司	内蒙古自治区
41	内蒙古中农兴安种牛科技有限公司纯种牛繁育分公司	内蒙古自治区
42	山东科龙畜牧产业有限公司	山东省
43	湖北省华西牛育种科技有限公司	湖北省
44	湖北庚源惠科技有限责任公司	湖北省

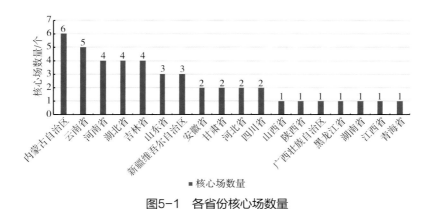

图5-1 各省份核心场数量

截至2022年，国家肉牛核心育种场登记品种包括西门塔尔牛、安格斯牛等25个，合计存栏1.80万余头。各省份肉牛核心群及各肉牛核心育种场牛只存栏情况见表5-2和图5-2。在所有品种中西门塔尔牛核心群存栏数量最大，以西门塔尔牛为例，各省份核心群数量见图5-3。

表5-2　各核心育种场牛只存栏情况

序号	单位名称	申报品种	犊牛/头	育成母牛/头	成年母牛/头		省份
1	青海省大通种牛场	大通牦牛	57	87	981	1 125	青海省
2	云南谷多农牧业有限公司	文山牛	74	124	861	1 059	云南省
3	龙江元盛食品有限公司雪牛分公司	和牛	223	160	619	1 002	黑龙江省
4	张北华田牧业科技有限公司	西门塔尔牛	86	319	549	954	河北省
5	云南省草地动物科学研究院	云岭牛	134	146	637	917	云南省
6	内蒙古奥科斯牧业有限公司	西门塔尔牛	31	187	497	715	内蒙古自治区
7	甘肃农垦饮马牧业有限责任公司	安格斯牛	41	79	525	645	甘肃省
8	广西水牛研究所水牛种畜场	尼里-拉菲水牛，摩拉水牛	91	35	449	575	广西壮族自治区
9	沙洋县汉江牛业发展有限公司	西门塔尔牛	113	121	315	549	湖北省
10	延边畜牧开发集团有限公司	延黄牛	95	95	293	483	吉林省
11	太湖县久鸿农业综合开发有限责任公司	大别山牛	39	62	378	479	安徽省
12	四川省龙日种畜场	麦洼牦牛	76	100	285	461	四川省
13	腾冲县巴福乐槟榔江水牛良种繁育有限公司	槟榔江水牛	90	55	273	418	云南省
14	湖南天华实业有限公司	安格斯牛	90	78	235	403	湖南省
15	内蒙古科尔沁肉牛种业股份有限公司	西门塔尔牛	68	55	280	403	内蒙古自治区
16	长春新牧科技有限公司	西门塔尔牛	48	55	275	378	吉林省
17	四川省阳平种牛场	西门塔尔牛	90	70	200	360	四川省
18	伊犁新褐种牛场	新疆褐牛	0	43	299	342	新疆维吾尔自治区
19	荆门华中农业股份有限公司	安格斯牛	68	42	220	330	湖北省
20	云南省种畜繁育推广中心	西门塔尔牛	65	61	201	327	云南省
21	呼伦贝尔农垦谢尔塔拉农牧场有限公司	三河牛	13	60	235	308	内蒙古自治区
22	新疆呼图壁种牛场有限公司畜牧三场	中国西门塔尔	34	25	228	287	新疆维吾尔自治区
23	南阳市黄牛良种繁育场	南阳牛	51	72	163	286	河南省
24	河北天和肉牛养殖有限公司	西门塔尔牛	30	56	192	278	河北省
25	河南省鼎元种牛育种有限公司	西门塔尔牛	33	134	100	267	河南省
26	运城市国家级晋南牛遗传资源基因保护中心	晋南牛	23	36	204	263	山西省
27	云南省种羊繁育推广中心	短角牛	0	63	195	258	云南省
28	泌阳县夏南牛科技开发有限公司	夏南牛	15	34	204	253	河南省

（续表）

序号	单位名称	申报品种	犊牛/头	育成母牛/头	成年母牛/头		省份
29	鄄城鸿翔牧业有限公司	鲁西牛	19	37	191	247	山东省
30	甘肃共裕高新农牧科技开发有限公司	西门塔尔牛	25	66	151	242	甘肃省
31	延边东盛资源保种有限公司	延边牛	13	48	169	230	吉林省
32	吉林省德信生物工程有限公司	西门塔尔牛	46	17	164	227	吉林省
33	山东无棣华兴渤海黑牛种业股份有限公司	渤海黑牛	21	38	160	219	山东省
34	凤阳县大明农牧科技发展有限公司	皖东牛	23	25	137	185	安徽省
35	通辽市高林屯种畜场	西门塔尔牛	2	22	144	168	内蒙古自治区
36	平顶山市犇牛畜禽良种繁育有限公司	郏县红牛	15	25	109	149	河南省
37	陕西省秦川肉牛良种繁育中心	秦川牛	0	0	147	147	陕西省
38	新疆汗庭牧元养殖科技有限责任公司	安格斯牛	14	26	101	141	新疆维吾尔自治区
39	高安市裕丰农牧有限公司	锦江牛	0	0	90	90	江西省
40	内蒙古色也勒钦畜牧业科技服务有限公司	华西牛	203	90	231	524	内蒙古自治区
41	内蒙古中农兴安种牛科技有限公司纯种牛繁育分公司	西门塔尔牛	30	67	168	265	内蒙古自治区
42	山东科龙畜牧产业有限公司	鲁西牛	81	63	216	360	山东省
43	湖北省华西牛育种科技有限公司	华西牛	119	102	218	439	湖北省
44	湖北庚源惠科技有限责任公司	夏洛来牛	28	62	156	246	湖北省
	合计		18 004	2 417	3 142	12 445	18 004

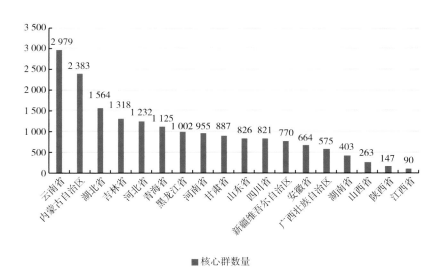

图5-2　各省份国家肉牛核心育种场核心群数量

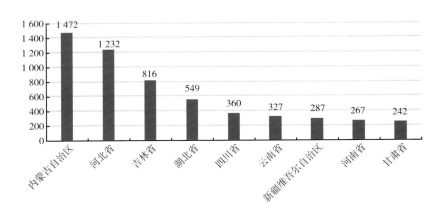

图5-3 各省份核心场西门塔尔牛核心群数量

（三）肉牛繁育技术水平

目前，我国肉牛的繁育体系主要是由种公牛站、核心育种场、商品牛繁育场组成的三级繁育体系，采用开放核心群繁育模式，种牛的评定由政府畜牧推广部门组织行业专家进行登记与鉴定，种牛的推广仍沿袭传统的指标管理，主要适用于区域性的群体改良。结合我国肉牛育种现状，陆续成立了华西牛、安格斯牛等育种协会，制定了选育方案、体型外貌鉴定方法、良种登记和档案管理制度，正逐步推进联合育种，对国内肉牛种业的发展和繁育体系的完善发挥了作用。目前，肉牛繁育技术体系主要包括以下6个方面。

（1）肉用种牛登记技术体系。按各品种标准和《肉牛品种登记办法（试行）》的要求统一编号和记录规则，对符合品种标准的牛只进行登记，由国家肉牛遗传评估中心登记在册或录入名称进行管理。目前由国家肉牛遗传评估中心开展全国肉用种牛的登记，登记品种包括：普通牛（地方品种、培育品种、引入品种）、水牛（地方品种、引入品种）、牦牛（地方品种、培育品种）等类型。至2022年12月，全国肉牛核心育种场和种公牛站共完成肉用种牛登记57 275头，较2021年新增7 577头。

（2）生产性能测定技术体系。2012年11月农业部发布了《全国肉牛遗传改良计划（2011—2025年）》，指导建立了肉牛生产性能测定技术体系，测定方法参照《肉用种公牛生产性能测定实施方案（试行）》（农办牧〔2010〕56号），核心育种场和种公牛站实施全群测定，按不同生长发育阶段测定并上报至国家肉牛遗传评估中心。至2022年12月，参加肉牛生产性能测定数据上报的肉牛场站共有91个，累计上报了5.7万头次的生产性能测定数据。

（3）后裔测定技术体系。自2015年开始，在全国畜牧总站的指导下，金博肉用牛后裔测定联合会成立，联合会紧密围绕肉用牛遗传改良的工作目标，充分整合各会员单位的优势资源，统筹安排后裔测定的具体工作。目前参测单位共有14家，截至2022年底，金博肉用牛后裔测定联合会已开展了7批后裔测定工作。累计参测公牛共有399头，交换冻精6.5万剂，使用冻精3.175 6万剂，产犊3 946

头（怀孕牛未统计）。

（4）遗传评估技术体系。2022年，经农业农村部授权，国家肉牛遗传评估中心在品种登记技术体系和生产性能测定技术体系的基础上，继续沿用2020年的肉牛遗传评估技术体系，中国肉牛选择指数公式如下所示：

$$CBI = 100 + 10 \times \frac{Score}{S_{score}} + 10 \times \frac{BWT}{S_{BWT}} + 40 \times \frac{WT_6}{S_{WT_6}} + 40 \times \frac{WT_{18}}{S_{WT_{18}}}$$

2022年中国肉用及乳肉兼用种公牛遗传评估概要使用的数据主要来源于我国肉牛遗传评估数据库中近6万头牛的生长发育记录，包括后裔测定的1 081头西门塔尔牛生长发育记录、与我国肉牛群体有亲缘关系的5 880头澳大利亚西门塔尔牛生长记录，提高了肉牛遗传评估准确性。在《2022中国肉用及乳肉兼用种公牛遗传评估概要》中，发布了34个种公牛站的31个品种，2 734头种公牛遗传评估结果，并公布了216头西门塔尔牛和华西牛种公牛后裔测定结果以及903头西门塔尔牛和华西牛种公牛的基因组评估结果。

（5）肉牛分子育种技术体系。在中国农业科学院北京畜牧兽医研究所初步建立的"肉牛全基因组选择分子育种技术体系"基础上，扩建了我国肉用牛基因组选择参考群，并完善了肉牛全基因组选择技术体系。2019年7月25日，全国畜牧总站邀请来自全国的动物遗传育种学、畜牧技术推广与种公牛培育等领域共11名专家组成专家组，对中国肉牛基因组选择指数的科学性、指导性和可推广性进行了论证，专家组对制定的中国肉牛基因组选择指数（China Genomic Beef Index，GCBI）表示肯定，建议快速推广并应用于全国肉用种公牛遗传评估中。截至2022年，西门塔尔牛参考群体规模为4 338头，测定生长发育、育肥、屠宰、胴体、肉质、繁殖共计6类87个重要经济性状，建立了770K的基因型数据库，为我国全面实施肉牛全基因组选择奠定了基础。2020年我国首次公布了肉牛的基因组遗传评估结果。根据国内肉牛育种数据的实际情况，选取产犊难易度、断奶重、育肥期日增重、胴体重、屠宰率共5个主要性状进行基因组评估，基因组估计育种值（GEBV）经标准化后，通过适当的加权，得到中国肉牛基因组选择指数（GCBI）。2021年继续使用该指数进行基因组遗传评估。公式如下：

$$GCBI = 100 + (-5) \times \frac{Gebv_{CE}}{1.3} + 35 \times \frac{Gebv_{WWT}}{17.7} + 20 \times \frac{Gebv_{DG\_F}}{0.11} + 25 \times \frac{Gebv_{CW}}{16.4} + 15 \times \frac{Gebv_{DP}}{0.13}$$

式中，$Gebv_{CE}$是产犊难易度基因组估计育种值，$Gebv_{WWT}$是断奶重基因组估计育种值，$Gebv_{DG\_F}$是育肥期日增重基因组估计育种值，$Gebv_{CW}$是胴体重基因组估计育种值，$Gebv_{DP}$是屠宰率基因组估计育种值。

（6）人工授精技术体系。人工授精技术可以提高种公牛的配种利用效率，在品种改良、疾病防控和提高经济效益等多方面发挥重要的作用。自1970开始，我国开始推广应用牛的人工授精技术，现在已经建立了完备的肉牛人工授精体系和配套设施设备，由各级畜牧推广（改良）站、人工授精站点、基层配种员组成。目前，我国年使用肉用牛冻精超过4 000万剂，肉牛人工授精普及率逐年提高。肉牛全基因组选择技术的建立与应用是我国肉牛育种体系的新增动力。目前，国家肉牛遗传评估中心已建立起全国最大的华西牛和西门塔尔牛基因组选择参考群体，规模达4 338余头，参考群数量还在持续增加。

二、肉牛产销情况

（一）种牛生产销售情况

当前，我国的肉牛遗传改良经过50多年的发展和积累，农业农村部先后两次公布了国家级畜禽品种资源保护名录，确立了20个国家级保种场和2个国家级保护区，种公牛站44个、国家核心育种场44家，覆盖肉牛品种48个（包括地方品种14个、培育品种9个、引入品种16个、水牛品种6个和牦牛品种3个）。

截至2022年年底，我国44家种公牛站在群种公牛3 102头，育种核心群共计存栏约1.74万头，为开展肉牛遗传改良奠定了良好的群体基础。同时，通过用引进的西门塔尔牛、夏洛来牛等品种与地方牛品种杂交选育，为今后新品种培育的发展打下基础。2012年农业部颁布的《全国肉牛遗传改良计划（2021—2035）实施方案》为近年来的肉牛育种指明了方向。据农业农村部行业统计数据，2022年末全国共有种牛场604家，年末存栏种牛165.9万头，能繁母牛存栏99.58万头。其中有种肉牛场260家，2022年末存栏28.51万头，能繁母牛存栏17.34万头。

（二）肉牛胚胎、冻精生产销售情况

2022年全国种公牛站存栏肉用采精种公牛共计2 278头，全国种公牛站共生产肉牛冻精3 767.79万剂，其中生产西门塔尔牛冻精3 103.66万剂，占比达82.37%。销售冻精3 028.52万剂，其中销售西门塔尔牛冻精2 521.42万剂，占比达83.26%。此外，据估计全国每年本交种公牛需求量约10万头，年产值超40亿元。2022年当年生产胚胎7.22万枚，其中奶牛当年生产胚胎4.88万枚，肉牛当年生产胚胎2.00万枚。

表5-3　2020—2022年全国种公牛站冻精生产及销售情况　　　　　　　　　　单位：万剂

来源	品种	2020年		2021年		2022年	
		产量	销量	产量	销量	产量	销量
引进品种	肉用西门塔尔	2 130.38	1 680.00	2 267.97	1 940.00	3 103.66	2 521.42
	兼用西门塔尔	895.65	665.20	1 262.85	1 042.00	795.31	670.21
	夏洛来	132.95	81.44	97.28	78.70	78.87	83.20
	利木赞	116.84	65.10	110.37	78.69	112.62	99.78
	安格斯	84.86	56.55	73.83	82.17	64.51	45.99
	和牛	29.75	11.66	35.58	4.33	59.69	42.29

（续表）

来源	品种	2020年		2021年		2022年	
		产量	销量	产量	销量	产量	销量
引进品种	皮埃蒙特	15.60	11.37	11.70	5.24	12.80	2.82
	短角牛	9.77	1.91	9.42	3.00	7.76	1.40
	德国黄牛	6.87	4.11	6.70	5.83	4.00	3.66
	金黄阿奎登/比利时蓝	12.20	2.34	20.00	6.52	25.00	5.19
	海福特牛	—	—	5.68	1.89	12.97	2.50
地方品种	水牛	48.00	24.94	36.36	28.49	28.30	17.12
	锦江牛	5.53	6.58	6.03	5.55	5.82	3.73
	秦川牛	0.00	0.00	0.10	0.00	0.41	0.21
	牦牛	1.10	0.50	2.13	0.00	3.45	0.00
	郏县红牛	2.23	1.35	5.69	4.92	0.95	0.28
	徐州牛/湘西牛	1.00	0.00	0.00	0.00	—	—
	南阳牛	1.50	0.20	2.50	1.80	3.00	1.00
	鲁西牛	—	—	0.00	0.00	0.00	0.00
	皖东牛/皖南牛/大别山牛	—	—	0.00	0.00	3.30	0.00
	晋南牛	—	—	0.00	0.00	0.00	0.00
	延黄牛	25.00	18.00	25.00	18.00	17.00	15.00
	关岭牛	—	—	6.40	2.60	2.60	1.60
	巫陵牛	—	—	6.00	2.20	2.80	1.90
	柴达木牛	0.82	0.00	0.00	0.00	0.00	0.00
培育品种	辽育白牛	12.20	17.40	8.60	14.70	11.00	8.20
	延边牛	14.00	10.00	18.00	14.00	12.50	10.00
	褐牛	23.90	54.49	22.67	17.78	36.15	37.47
	三河牛	6.20	6.80	5.90	2.80	6.30	4.60
	蜀宣花牛	5.00	5.00	5.00	4.80	1.20	0.00
	夏南牛	1.57	1.01	4.63	2.44	6.22	2.13
	云岭牛	0.32	0.29	12.50	8.00	15.50	12.30
	草原红牛	—	—	1.83	0.00	0.00	0.00
	华西牛	—	—	—	—	142.90	116.70
合计		3 583.24	2 726.00	4 058.20	3 368.00	4 561.11	3 698.40

三、品种推广情况

（一）引入品种

2022年，12个引入品种共推广冷冻精液3 478.46万剂，占全年冻精销量的81.81%。其中肉用西门塔尔牛和兼用西门塔尔牛是主要的推广品种，2022年的冻精推广数量分别为2 521.42万剂和670.21万剂。2022年，西门塔尔牛、安格斯牛、利木赞牛等主要的引入品种存栏量接近60万头，年推广胚胎1.9万余枚，生产优良种牛1万余头。

（二）培育品种

2022年，10个培育品种共推广冻精209.6万剂，其中云岭牛辽育白牛、新疆褐牛、延黄牛、华西牛为主要推广品种，2021年存栏量接近16万余头，年推广冻精177.37万余剂。

（三）地方品种

2022年，16个地方品种共推广冻精25.84万剂，其中水牛品种推广冻精17.12万剂，本地黄牛推广冻精8.72万剂。其中秦川牛、南阳牛、鲁西牛、晋南牛、锦江牛等我国主要的黄牛品种存栏量超48万头，年推广冻精4.94万剂。

第二章　肉牛种业创新攻关

一、育种联合攻关

（一）召开华西牛新品种发布会

2022年8月9日，第二届畜禽种业科技创新峰会—"华西牛"新品种新闻发布会在云南省昆明市举办，同时在北京设置了分会场。中国农业科学院、中国工程院、农业农村部种业管理司、培育单位的主管领导，华西牛育种单位及肉牛育种专家学者，《人民日报》、新华社、CCTV-2、CCTV-17、中央广播电台、《光明日报》、光明网、《经济日报》《中国日报》《科技日报》和《中国青年报》等媒体参加发布会。发布会上播放了华西牛宣传片，对华西牛新品种选育情况、华西牛新品种选育关键核心技术等进行讲解，并就华西牛育种今后的发展、预期目标等答记者问。会上，签订了华西牛新品种推广战略合作协议、华西牛基因组选择技术平台成果转化协议。目前，已建立25万余条育种信息的肉牛选育数据库和41家核心场户家组成的"公司+合作社+牧户"的育种群体。

（二）开展华西牛持续选育和生产性能测定

续开展"华西牛"核心育种群及其后代资料登记和生产性能测定工作。新增华西牛育种场16家，新认定华西牛育种群1 400余头。对内蒙古群体4世代母牛繁育的犊牛，利用全基因组选择技术进行筛选，同时对湖北等地"华西牛"群体开展第4世代选择截至2022年12月底，"华西牛"总存栏数2.3万余头，纳入核心场户41家，联合育种企业60余家，拥有核心群母牛3 600余头、采精种公牛93头（含后备公牛）。其中，乌拉盖作为"华西牛"培育的主要育种基地，整体存栏规模1.1万余头，核心群22个，扩繁群4个，核心群群体规模达到2 300头，占全国总量的60%以上。组织各育种单位开展华西牛生产性能测定工作，并及时上报华西牛数字育种平台和国家肉牛遗传评估中心。2022年共完成超8 000头次生产性能测定工作，新认证华西牛种公牛166头，在《2022年中国肉用及兼用种公牛遗传评估概要》上并发布110头种公牛的遗传评估结果。

（三）开展平凉红牛持续选育和生产性能测定

2022年，平凉红牛围绕品质育种基因组选择技术体系搭建，扩大育种群体规模，构建由核心群、育种群、繁育群组成的三级繁育体系，开展平凉红牛高品质新品种选育开展工作。巩固提升平凉红牛育种场15个，组建平凉红牛育种群2 401头，其中核心群460头，开展育种群性能测定2 401头，培育种公牛30头、生产冻精6 100支，按照要求规范建档立卡2 010头，两病净化检测9 210头次以上；共完成平凉红牛育肥牛表型测定、屠宰和样品采集110头、样本2 300份，测定与收集38头牛的品质育种32个指标相关表型、共3 072条；完成育种群基因组芯片检测1 881头，基因组重测序检测100头；组织平凉红牛育种技术理论培训和现场实训两次，共培训技术人员128人次。

（四）组织开展联合后裔测定工作。

2022年通过对联合会成员单位上报的后测种公牛进行初选和专家论证研讨，制定了联合后测种公牛筛选技术方案，利用中国肉牛基因组选择指数（GCBI）对种公牛进行筛选，组织13家种业企业在洛阳洛瑞种公牛站进行了2022年度参测种公牛的冻精交换，共交换了146头参测种公牛的21 900剂冻精。

（五）肉牛育种专用芯片的研制

研发适合中国肉牛群体的全基因组选择育种芯片。通过重测序、转录组、外显子组、表观组等多层面组学的优化设计，包含肉牛七类129个重要经济性状特异性功能位点13 581个；组织特异性基因表达位点3 800个；染色质调控区变异位点9 985个。与商业化高密度770K芯片相比，基因型一致性达到98%以上，基因型相关系数在96%以上。在华西牛群体上，对屠宰性状、肉质性状、体尺性状、中国肉牛基因组选择指数（GCBI）使用的五个性状进行了GEBV的全面评估，育种值估计可靠性不低于50%，加快了华西牛基因组选择进程。目前，该研发芯片已在我国20多个肉牛品种中进行测试推广。

二、遗传改良计划

（一）开展的主要工作

（1）组织开展国家肉牛核心育种场遴选工作。根据《农业农村部种业管理司关于开展国家畜禽核心育种场遴选和核验工作的通知》《全国畜禽遗传改良计划实施管理办法》的有关规定要求，全国畜禽遗传改良计划领导小组办公室于2022年9月1日至10月20日组织开展完成了全国肉牛核心育种场现场审核工作。

（2）联合育种组织开展生产性能测定工作。截至2022年，91个场站累计5.7万头牛参与生产性能测定，共收集生长发育记录97万余条、体型外貌评分记录1万余条、超声波测定记录2万余条、采精记录2.7万余条和配种产犊记录8.1万余条。其中云南和内蒙古的生产性能测定数据条数超10万余条。每年参加生产性能测定的牛只数超过8 000头，通过性能测定和个体选择，每年可选出优秀种公牛200头以上，为我国肉牛育种工作奠定了基础。

（3）组织开展种公牛遗传评估工作。2022年发布了2 734头种公牛遗传评估结果，并公布了216头后裔测定西门塔尔牛和华西牛种公牛结果以及903头西门塔尔牛和华西牛种公牛的基因组评估结果。评估工作的数据主要来源于我国肉牛遗传评估数据库中近6万头牛的生长发育记录，包括后裔测定的1 081头西门塔尔牛生长记录、与我国肉牛群体有亲缘关系的5 880头澳大利亚西门塔尔牛生长记录，使肉牛遗传评估准确性大幅度提高。发布的结果中同时保留了日增重性状估计育种值，可作为肉牛或乳肉兼用牛养殖场（户）科学合理开展选种选配的重要选择依据，也可作为相关科研或育种单位选育或评价种公牛的主要技术参考。

（4）组织开展肉用牛后裔测定工作。截至2022年，金博肉用牛后裔测定联合会已开展了7个批次的后裔测定工作，累计参测种公牛共有399头，累计交换冻精6.5万剂，累计使用冻精31 756剂，累计记录产犊数据3 946条。

（二）取得的主要成效

（1）种公牛及核心育种群培育体系。2021年《全国肉牛遗传改良计划（2011—2025年）实施方案》得到了进一步推进，种公牛站、核心育种场建设更加规范。当前共有种公牛站44家，种群生产性能测定工作显著提升。随着全国肉牛遗传改良计划的不断推进，参测牛群规模也逐年增加。2010—2022年12月，累计47家公牛站共培育种公牛7 761头，截至2022年底在群种公牛3 083头。2014年开始启动国家肉牛核心育种场遴选工作，截至2022年遴选国家肉牛核心育种场共44家，核心育种场核心群共计存栏约1.74万头。

（2）生产性能测定技术体系。2022年，全国种公牛站共登记普通牛有49个品种，包括地方品种14个、培育品种9个和引入品种17个，水牛、牦牛品种共9个。所有上报品种共测定出生、断奶、6月龄、12月龄、18月龄、24月龄6个阶段生长性能数据，每个阶段包括测定体重、体高、体斜长、十字部高、胸围、腹围等生长性能信息，并在18～24月龄间测定背膘厚和眼肌面积性状及对种公牛进行体型外貌评分，当前累计测定数据97余万条，为我国肉牛育种工作进一步奠定基础。目前生产性能测定仍是我国肉牛种群选育的主要基础性工作，随着分子育种技术逐步应用至肉牛种群选育过程当中，且与传统表观性状结合得更加紧密，使得肉牛种群选育水平更高。

（3）后裔测定技术体系。2022年通过对联合会成员单位上报的后测种公牛进行初选和专家论证研讨，制定了联合后测种公牛筛选技术方案，利用中国肉牛基因组选择指数（GCBI）对种公牛进行筛选，组织13家种业企业在洛阳洛瑞种公牛站进行了2022年度参测种公牛的冻精交换，共交换了146头参测种公牛的21 900支冻精。

（4）遗传评估技术体系。2022年，国家肉牛遗传评估中心进一步完善，共收集57 275头肉牛的97万余条数据。同时，2022年将核心育种场数据应用于种公牛遗传评估，使选择准确度得到了进一步提高。在此基础上，全国畜牧总站发布了《2022中国肉用及乳肉兼用种公牛遗传评估概要》。

截至2022年，全国已经完成遗传评估的种公牛数量达7 673头。2012—2022年完成种公牛遗传评估的种公牛数量见图5-4。遗传评估牛数高于200头的省份见图5-5。以西门塔尔牛为例，如图5-6，可以看出我国肉用种公牛在实施遗传改良计划后所取得的遗传进展。

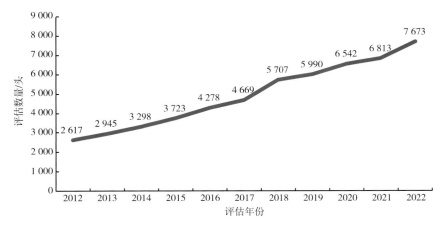

图5-4　2012—2022年种公牛评估数量

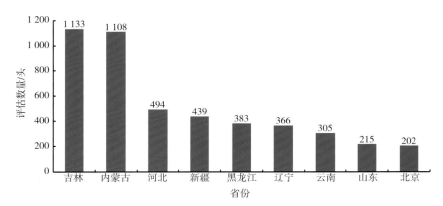

图5-5　遗传评估牛数高于200头的省份

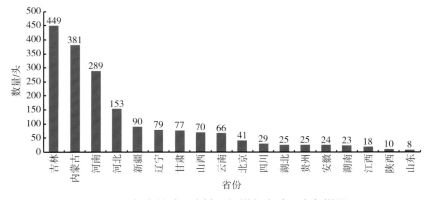

图5-6　各省份种公牛站西门塔尔牛种公牛存栏量

三、科研进展

（一）基础科研进展

1. 延黄牛肉质性状的遗传机制解析

以延黄牛24个肉质性状（眼肌面积、嫩度、肌内脂肪含量、蛋白质含量、肌肉氨基酸与脂肪酸组成）为目标，开展全基因组关联分析（GWAS），结果发现70个SNP位点分别与18个性状显著相关，共注释到了98个候选基因。这些结果为肉牛肉质复杂经济性状遗传机制相关研究提供了参考，为肉牛分子育种工作提供了遗传标记储备。

2. 利用重测序数据构建肉牛纯种血统库

以肉牛品种血统分析为目标，以延边牛、草原红牛、西门塔尔牛等11个北方常见的地方品种、培育品种和引进品种为研究对象，获得125头个体样本的全基因组重测序数据，对所得SNP位点进行筛选后，通过不同的筛选标准分别构建了4个（158438、29922、12514、5428）个SNP位点集，形成4个不同的血统库。通过血统分析验证表明，12514位点集可作为初步的肉牛血统分析参考库。这一结果可以从基因层面真正解析品种的基因比例，对现有品种进行纯度分析，用于肉牛品种鉴定，更合理地指导育种、新品种培育及特优品种的品牌保护工作。

3. 肉牛碳氮减排技术研究

以西门塔尔杂交牛为研究对象，对照组饲喂基础日粮，试验组饲喂5%发酵中草药添加剂等量替代日粮，通过饲养试验、消化代谢试验、呼吸测热试验进行综合分析。试验结果表明，饲喂发酵中草药饲料添加剂可提高氮利用率，降低碳排放，这一结果表明饲料添加剂可作为肉牛碳氮减排体系的关键技术。

以高饲料利用率群体选育为目标，完成了24头肉牛饲料利用率的系统测评；采集试验样本，分析了目标功能基因与饲料利用率的相关性，熟化了高饲料利用率群体选育技术；通过植物源性甲烷抑制剂的效果对比，获得了1种可作为甲烷减排抑制剂的发酵中草药饲料添加剂，形成了肉牛碳氮减排技术1套，进一步完善了大型动物呼吸代谢测定装置，为高饲料利用率肉牛选择奠定了基础。

4. 基于眼肌面积和基因效应的精准选种技术研究与应用

以体重、体尺指标测定为基础，以超声波检测眼肌面积、肌内脂肪含量为核心，测评了533头域内优势肉牛种群；组建基因选择参考群体231头；通过基因芯片、全基因组重测序结合生产性状进行GWAS分析，获得与肉质性状显著相关的候选基因98个，有价值的SNP位点70个，鉴定牛脂代谢相关基因2个。利用Sanger测序方法结合表型数据的连锁分析，获得肉质性状相关基因12个、有价值的SNP标记22个，建立了后备种牛早期、精准选择技术体系。

利用11个肉牛品种共125个样本的重测序所得SNP位点，筛选并构建了含12514位点集的参考样品库，可初步用于肉牛血统分析，为后期肉牛品种鉴定及地方肉牛品种特征识别标签的开发奠定了基础。

（二）育种方法进展

针对我国肉牛业整体生产效率低、牛源紧张、育种群规模小、育种技术体系落后等制约我国肉牛业持续发展的瓶颈问题，一是开展基于多组学技术的经济性状功能变异挖掘，构建了肉牛高质量组织基因表达图谱；二是升级肉牛数据收集和传输系统，新增育种数据库记录5万余条，测定肉牛生产性能3 700余头，牦牛2 280余头；扩繁良种肉牛635头，生产肉牛胚胎693枚；三是开展8个杂交组合实验，皮安、利安杂交后代的油脂降低效果非常明显，安秦、西秦、云杂牛平均日增重提高13.3%，屠宰率提高9.2%；四是建立牦牛经济杂交利用繁殖模式三种，12月龄F1、F2代体重均显著高于同龄牦牛；五是开展秦川牛肉用新品系选育，平均日增重提高6.1%，屠宰率提高8.5%；六是确立牦牛一年一产高效繁殖模式1套，生产效率增加了30%～40%。筛选并鉴定基因12个相关；七是测定825头华西牛770KSNP芯片数据，最终定位到了11个基因，通过差异表达基因分析和加权基因共表达网络分析，确定了13个与脂肪沉积有关的交集基因；八是通过三个不同时期的瘤胃组织差异基因分析寻找到影响瘤胃生长发育的基因，进一步通过GWAS信号确定瘤胃发育相关基因可影响胴体重、净肉重、大理石花纹性状，为牛瘤胃发育的分子机制研究提供了依据。

四、肉牛育种行业协会

（一）国家肉牛牦牛产业技术体系遗传育种与繁殖功能研究室

2022年遗传育种与繁殖功能研究室重点围绕我国肉牛牦牛种质资源挖掘、利用、保护与母牛群体高效利用技术开展研究与示范开展大量工作，获省部级科技奖励3项。编写发布各类标准28个。获取专利授权78项，软件著作权3项。出版专著10部，发表各类文章127篇。年培训合格人工授精技术人员300名以上，培训技术骨干30余名。中央媒体报道20次，省级以下355次。

（二）中国畜牧协会牛业分会

2022年，中国畜牧协会牛业分会，推进三项团体标准制定工作，已完成《活牛经纪人职业技能要求》团体标准内容的编写，进入公示环节，组织编写《2022年中国肉牛行情走势分析》报告和《中国牛源价格下跌对育肥牛生产成本产生的影响》报告；筹备相关专业会议，于8月6日在河北省大厂县举办了首届全国雪花牛肉选买大会及乌审黑牛雪花牛肉品鉴会，联合中国肉类协会共同出品线上公益推广系列栏目《好牛好肉品牌培优行动之"遇见牛人"》，通过本栏目向社会各界科学推介我国好牛、好肉、好品牌的典型代表。

第三章　肉牛种业企业发展

一、总体概况

　　肉牛产业是畜牧业的重要产业，对保障畜产品供给、缓解粮食供求矛盾、丰富居民膳食结构和乡村振兴发展具有非常重要的作用。肉牛产业发展形势稳中向好，多年来消费需求和消费量稳定增长。肉牛种业是肉牛产业发展的基础和关键。在《全国肉牛遗传改良计划（2011—2025）》的统筹推动下，肉牛良种化水平快速提高，肉牛种业也取得了较大进展。

　　繁育体系进一步完善，以核心育种场、种公牛站、技术推广站、人工授精站为主体的繁育体系得到进一步完善。制定了国家肉牛核心育种场遴选标准，采用企业自愿、省级畜牧兽医行政主管部门审核推荐方式，自2014年开始启动国家肉用核心育种场遴选工作以来，已开展5批国家肉牛核心育种场遴选，共有42家企业通过初审和现场专家评审。2020年、2021年均无新增核心场。2022年，根据《农业农村部种业管理司关于开展国家畜禽核心育种场遴选和核验工作的通知》（农种创函〔2022〕1号）的有关要求，各地认真组织相关企业进行了申报工作。按照《全国畜禽遗传改良计划实施管理办法》规定，全国畜禽遗传改良计划领导小组办公室于9月1日至10月20日组织开展了现场审核工作。

二、种公牛站

（一）种公牛站存栏种公牛情况

截至2022年，全国共有40个种公牛站生产销售肉牛冷冻精液。共存栏肉用种公牛（含乳肉兼用牛）3 102头，其中采精公牛2 278头（表5-4）。各省份种公牛站存栏量如图5-7所示，内蒙古存栏量最多，其次是吉林。各省份西门塔尔牛种公牛存栏量如图5-8所示，西门塔尔牛存栏总数为1 857头，其中吉林存栏量最多，其次是内蒙古。

表5-4　各种公牛站种公牛存栏情况

单位名称	采精公牛数量/头	后备公牛数量/头	单位名称	采精公牛数量/头	后备公牛数量/头
北京首农畜牧发展有限公司奶牛中心	54	3	甘肃佳源畜牧生物科技有限责任公司	77	6
天津天食牛种业有限公司	2	0	西安市奶牛育种中心种公牛站	16	0
龙江和牛生物科技有限公司	50	63	河南省鼎元种牛育种有限公司	138	43
长春新牧科技有限公司	69	37	许昌市夏昌种畜禽有限公司	46	0
双辽市润佳农牧业有限公司	62	0	洛阳市洛瑞牧业有限公司	42	29
四平市兴牛牧业服务有限公司	65	15	南阳昌盛牛业有限公司	67	11
延边东兴种牛科技有限公司	89	14	山东省种公牛站有限责任公司	13	0
大连金弘基种畜有限公司	48	31	山东奥克斯畜牧牧业有限公司	1	0
辽宁省牧经种牛繁育中心有限公司	56	18	山西省畜牧遗传育种中心	69	5
吉林德信生物工程有限公司	147	78	安徽苏家湖良种肉牛科技发展有限公司	53	14
海拉尔农牧场管理局家畜繁育指导站	60	260	武汉兴牧生物科技有限公司	38	15
内蒙古赛科星繁育生物技术（集团）股份有限公司	31	11	湖南光大牧业科技有限公司	51	0
内蒙古中农兴安种牛科技有限公司	157	53	成都汇丰动物育种有限公司	45	0
通辽京缘种牛繁育有限责任公司	88	9	贵州惠众畜牧科技发展有限公司	60	21
内蒙古赤峰博源种牛繁育有限公司	84	0	云南省种畜繁育推广中心	26	19
秦皇岛农瑞秦牛畜牧有限公司	87	1	大理白族自治州家畜繁育指导站	44	0
亚达艾格威（唐山）畜牧有限公司	20	0	广西壮族自治区畜禽品种改良站	46	15
河北品元生物科技有限公司	59	20	当雄县牦牛冻精站	45	12
新疆鼎新种业科技有限公司	55	0	江西省天添畜禽育种有限公司	23	0
新疆天山畜牧生物育种有限公司	64	2	海南海垦和牛生物科技有限公司	31	19
			合计	2 278	824

注：数据来自全国畜牧总站。

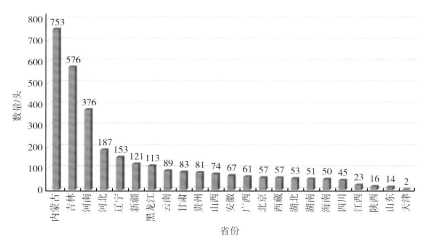

图5-7　各省份种公牛存栏量

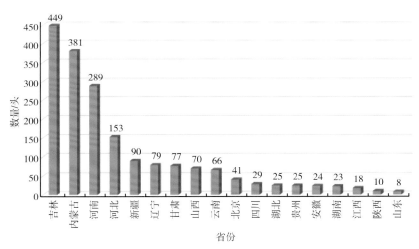

图5-8　各省份西门塔尔牛种公牛存栏量

（二）种公牛站良种推广情况

2022年，国内种公牛站共生产肉用冻精3 767.79万剂，其中生产西门塔尔牛冻精3 103.66万剂，占比达82.37%。销售冻精3 028.52万剂，其中销售肉用西门塔尔牛冻精2 521.42万剂，占比达83.26%。国家肉牛核心育种场2022年度向社会供种公牛10 091头，其中公犊牛4 036头，主要用于区域改良本交公牛，600头以上公牛进入种公牛站成为后备种公牛。

截至2022年，全国已经完成遗传评估的种公牛数量达7 673头。2012—2022年完成种公牛遗传评估的种公牛数量见图5-9。

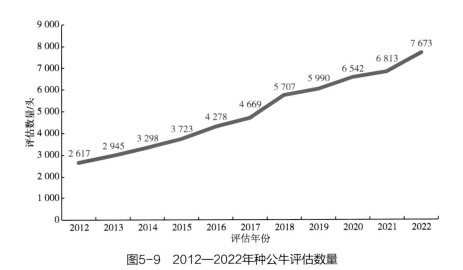

图5-9　2012—2022年种公牛评估数量

（三）种公牛站总体经营情况

基于40余家种公牛站基本经营情况的统计数据，2022年虽仍受全球范围内的疫情影响，但总体营收情况相较于2021年有明显的上升，2022年40余家种公牛站的平均盈利额为434.66万元，而2021年的平均盈利额为125.78万元。2021年和2022年各家种公牛站的平均科研投入相较于同受疫情影响的2020年仍保持稳步增长，2020年各种公牛站的平均科研投入为136.63万元，2021年和2022年的平均科研投入分别为192.61万元和165.94万元。持续增长的科研投入充分说明我国各种公牛站对我国肉牛新品种培育的热情和信心的不断增长，对我国种业振兴具有非常积极的促进作用。

三、核心育种场

国家级育种企业规模状况

截至2022年，共有44家肉牛育种场通过遴选成为国家肉牛核心育种场。依据各核心场申报材料，选取24家数据较完整的育种企业规模状况如表5-5所示。

表5-5　24家主要肉牛核心育种场规模状况

序号	企业名称	建场时间/年	总投资/万元	占地面积/亩	建筑面积/平方米	员工数/人	年总产值/万元
1	张北华田牧业科技有限公司	2004	5 000	360	11 022	28	1 200
2	河北天和肉牛养殖有限公司	2009	1 556	30	16 849	15	526.29
3	长春新牧科技有限公司核心育种场	2001	405	85 000	3 369	60	465
4	沙洋县汉江牛业发展有限公司	2013	4 600	630	33 900	26	1 600

（续表）

序号	企业名称	建场时间/年	总投资/万元	占地面积/亩	建筑面积/平方米	员工数/人	年总产值/万元
5	内蒙古奥克斯牧业有限公司	2015	3 000	30 000	8 000	10	800
6	山东无棣华兴渤海黑牛种业股份有限公司	2010	9 500	203	15 000	40	650
7	运城市国家级晋南牛遗传资源基因保护中心	1976	325	71	6 000	18	
8	龙江元盛食品有限公司雪牛分公司	2012	42 000	909	94 515	70	9 000
9	甘肃农垦饮马牧业有限责任公司	2014	15 000	1 200	264 853	47	3 800
10	湖南天华实业有限公司安格斯纯种繁育场	2004	4 600	820	13 500	32	640.6
11	荆门华中农业开发有限公司	2011	6 000	1 300	5 000	35	2 000
12	内蒙古科尔沁肉牛种业股份有限公司	2014	16 900	1 550	34 813	31	600
13	新疆呼图壁种牛场有限公司	1964	6 972	512	152 500	70	3 637
14	新疆汗庭牧元养殖科技有限责任公司	2016	1 000	650	270 000	93	8 600
15	云南草地动物科学研究院	1984	2 450	5 800	16 000	55	1 850
16	云南省种畜繁育推广中心	1996	39 000	3 259	50 108	123	1 755
17	腾冲市巴福乐槟榔江水牛良种繁育有限公司	2006	7 100	200	15 000	39	2 400
18	云南谷多农牧业有限公司	2011	14 000	10 000	20 100	15	6 871
19	云南省种羊繁育推广中心	1942	6 273	24 000	51 541	100	983
20	泌阳县夏南牛科技开发有限公司	2008	5 600	210	45 000	36	3 200
21	平顶山市犇牛畜禽良种繁育有限公司	2006	2 211	30	4 000	15	50
22	吉林省德信生物工程有限公司	2012	9 000	450	23 000	65	2 800
23	青海省大通种牛场	1952	752	840 000		486	
24	杨凌秦宝牛业有限公司	2010	18 600	1 200	80 000		

四、肉牛保种场和保护区情况概况

根据《中华人民共和国畜牧法》《国务院办公厅关于加强农业种质资源保护与利用的意见》《畜禽遗传资源保种场保护区和基因库管理办法》《国家级畜禽遗传资源保护名录》等有关规定，经对原有国家级畜禽遗传资源基因库、保护区、保种场审核确认，对新申请单位审核评估，现确定国家肉牛保种场20个（表5-6）、保护区2个（表5-7）。2022年，根据《中华人民共和国畜牧法》《国务院办公厅关于加强农业种质资源保护与利用的意见》《畜禽遗传资源保种场保护区和基因库管理办法》《国家级畜禽遗传资源保护名录》等有关规定，对新申请的国家畜禽遗传资源保护单位进行审核评估，现确定第二批国家畜禽遗传资源保种场10个，其中国家肉牛保种场2个（表5-8）。

表5-6　国家畜禽遗传资源保种场名单（第一批）

序号	编号	名称	建设单位
1	C1410201	国家晋南牛保种场	运城市国家级晋南牛遗传资源基因保护中心
2	C1510201	国家蒙古牛保种场	阿拉善左旗绿森种牛场
3	C2110201	国家复州牛保种场	瓦房店市种牛场
4	C2210201	国家延边牛保种场	延边东盛黄牛资源保种有限公司
5	C3210401	国家海子水牛保种场	射阳县种牛场
6	C3210402	国家海子水牛保种场	东台市种畜场
7	C3310401	国家温州水牛保种场	平阳县挺志温州水牛乳业有限公司
8	C3710201	国家渤海黑牛保种场	山东无棣华兴渤海黑牛种业股份有限公司
9	C3710202	国家鲁西牛保种场	鄄城鸿翔牧业有限公司
10	C3710203	国家鲁西牛保种场	山东科龙畜牧产业有限公司
11	C4110201	国家南阳牛保种场	南阳市黄牛良种繁育场
12	C4110202	国家郏县红牛保种场	平顶山市犇牛畜禽良种繁育有限公司
13	C4310201	国家巫陵牛（湘西牛）保种场	湖南德农牧业集团有限公司
14	C4410201	国家雷琼牛保种场	湛江市麻章区畜牧技术推广站
15	C5110501	国家九龙牦牛保种场	四川省甘孜州九龙牦牛良种繁育场
16	C5310601	国家独龙牛保种场	贡山县独龙牛种牛场
17	C5310401	国家槟榔江水牛保种场	腾冲市巴福乐槟榔江水牛良种繁育有限公司
18	C6110201	国家秦川牛保种场	陕西省农牧良种场
19	C6210501	国家甘南牦牛保种场	玛曲县阿孜畜牧科技示范园区
20	C6310501	国家青海高原牦牛保种场	青海省大通种牛场

表5-7　国家畜禽遗传资源保种区名单

序号	编号	名称	建设单位
1	B5410501	帕里牦牛国家保护区	亚东帕里牦牛原种场
2	B6210501	天祝白牦牛国家保护区	甘肃省天祝白牦牛育种实验场

表5-8　国家畜禽遗传资源保种场名单（第二批）

序号	编号	名称	建设单位
1	C2210202	国家延边牛保种场	珲春市吉兴牧业有限公司
2	C3310201	国家温岭高峰牛保种场	温岭市农业农村发展有限公司

第四章 肉牛种业发展展望

2022年我国牛肉产量718.3万吨，国家肉牛牦牛产业技术体系研究表明：未来一段时期内国内牛肉市场呈刚性需求，2030年我国牛肉消费量将达到1 200万吨以上，如果没有明显的技术进步，我国生产的牛肉远远不能满足需求增长。我国肉牛育种总体起步较晚，育种组织架构、技术体系虽基本建立，仍需进一步完善，自主培育的种牛生产性能与国外存在较大差距。从生产水平看，发达国家肉牛平均胴体重在300千克以上，我国中原和华北等养殖水平高的地区能达到240千克，但全国平均不超过160千克，总体上还处于初级阶段。总体来看，我国肉牛种业还存在以下问题。

（一）种牛自主培育能力不足

1. 技术体系不完善，科技创新和驱动不足

我国肉牛育种技术体系虽然具备了必备的性能测定、数据库等元素，但育种数据库小，种牛选择准确度不高，导致一些先进的现代生物技术在提高群体生产性能方面未能有效利用。同时后裔测定的规模较小，不足以支撑整个种业。我国全基因组选择育种所用的生物芯片主要从国外进口，自主开发能力需要提升。

2. 种业基础薄弱，供种能力不能满足要求

品种登记、生产性能测定总体规模小，肉牛品种繁多，单品种育种群数量少，选择强度低。目前每年更新需要600头，但国内主导品种每年生产约120头，核心种群供种65%依赖进口。几个主要

品种的供种核心群不足万头，难以培育高遗传性能公牛。

3. 优良资源开发不力，优秀种质扩繁不能满足需求

我国在加强品种选育、新品种培育的同时，经济杂交利用逐渐受到重视，但品种培育存在盲目性，缺乏科学的杂交优势利用规划，盲目杂交，不断更换父本品种，导致种群遗传背景混乱，本土特色品种种群数量急剧下降，地方产业发展模式与肉牛生产发达国家在纯种选育、品种杂交生产方面存在一定差距。

（二）地方牛遗传资源开发利用不够

1. 对地方牛资源保护利用的重要性认识不足

近年来，一些地区在"高产"品种的吸引下，过分强调和注重"高产"品种的引进和发展。国外良种肉牛专业化生产起步较早，水平较高，并且各国一般都有自己的主打品种。如法国的利木赞、夏洛来，瑞士的西门塔尔，日本的和牛，丹麦的红牛等。国外优良品种往往是通过几十年甚至上百年的严格育种工作而形成的，每个品种都有其突出的特点和最适宜的生存环境。在我国肉牛专业化生产的前期，适当引进良种，吸收国外先进科技成果来发展中国的畜牧业是可取的。

2. 专门化肉牛品种匮乏

我国地方黄牛品种资源丰富，但至今尚没有当家的肉牛品种。肉牛个体产量不高，优质高档牛肉产量更低，致使全国每年都要拿出大量外汇进口大批高档牛肉。中国黄牛虽然有如秦川牛、鲁西牛、南阳牛、晋南牛等诸多品种，抗逆、耐粗饲且肉质好，但普遍存在体型小、生长速度慢、出肉率低、脂肪沉积不理想等缺陷，用这样的品种来生产高档牛肉有很大难度。夏南牛、延黄牛和辽育白牛作为我国培育的肉牛品种先后于2007年、2008年和2010年得到了国家畜禽品种审定委员会认定，近年来，这三个培育品种的群体数量逐年减少，虽然2021年具有"三高二广"特性的华西牛通过了国家畜禽遗传资源委员会审定，但华西牛的核心育种群的数量仍然不能满足国内需求，难以满足肉牛生产对品种数量和质量的要求。

二、发展建议

（一）加快推进肉牛遗传改良计划

继续实施全国肉牛遗传改良计划，进一步健全肉牛良种繁育体系，完善肉牛品种登记技术规程、肉牛良种登记技术规程，扩大肉牛高质量育种核心群规模，增强种公牛自主培育能力，提高肉牛核心种源自给率。完善相关核心场的管理办法和监管机制，进一步明确各省（区）及主要产区的遗传改良计划及实施方案，从而形成全国一盘棋的系统选育和科学改良，使国家层面的改良计划落地生根。

（二）深入实施肉牛育种联合攻关

继续实施"华西牛"新品种培育联合攻关，对有条件的分散种群开展联合育种；对地方品种开

展品种间的联合育种，培育特色肉牛产业。对于条件较为成熟的安格斯牛联合选育、具有民族特色的五大地方黄牛及相关培育品种可优先启动。

（三）推进肉牛遗传评估技术升级换代

加强性能测定，进一步扩大国家肉牛育种数据库，完善数据收集传输系统。开展多品种基因组选择平台建设，建立西门塔尔牛、安格斯牛、云岭牛、新疆褐牛、和牛及秦川牛等地方品种的混合参考群体，研究多品种基因组评估技术，自主开发评估系统，应用该平台对我国大部分肉牛品种的核心群实施较高准确度的基因组育种值评估。

（四）制定品种资源保护技术和重点品种选育提高方案

完善地方品种的保护方案及相结合的选育提高方案。根据市场需求研究培育品种和正在培育品种的育种规划，制定选择指数，加快遗传进展。发掘地方品种的优良基因，探索其特性遗传机制，为保护优良地方品种提供保护方法和目标。

（五）加强育种基础设施建设

建立品种性能测定站和肉牛种质资源库，完善育种场的性能测定设施，加快性能测定的信息化进程，大幅提高育种数据质量。建立围绕我国肉牛主要品种及品种间杂交性能的测定中心，组织开展肉牛性能测定站的建设，优先布局东北肉牛生产性能测定站，探索运营机制，在获得成功经验的基础上，开展中部、北方、南方、西部测定站的建设，全面客观评价品种的性能和遗传水平，科学指导全国肉牛生产。

羊　篇

第一章 羊种业发展概况

我国是世界羊产品生产和消费大国，羊存栏量、出栏量及羊肉产量稳居世界第一位。2022年，我国羊出栏33 624万只，创历史新高，比上年增加579万只，增长1.7%；存栏32 627万只，比上年增加658万只，增长2.1%；羊肉产量达525万吨，比上年增加11万吨，增长2.1%；羊只平均胴体重由2021年的15.55千克提高到2022年的15.61千克，增长0.38%；羊只出栏率103.1%，连续7年超过100%。2022年，我国羊种业稳步发展，整体生产水平不断提高，优质新品种培育成效显著，良种繁育体系逐步完善，基因组选择参考群规模持续扩大，全面推动了羊产业高质量健康发展。

一、发展概况

（一）羊育种场建设情况

2022年，全国共有种羊场1 064个，同比下降12.3%。种绵羊场673个，同比下降14.9%，其中种肉绵羊场588个，同比下降13.1%，种细毛羊场85个，同比下降25.4%；种山羊场391个，同比下降7.3%，其中种肉山羊场276个，同比下降3.5%，种绒山羊场115个，同比下降15.4%（表6-1）。2022年，全国种羊存栏量大幅上升，种羊存栏395.1万只，同比上升23.3%，其中种绵羊年末存栏341.4万只，同比上升35.7%，种山羊年末存栏53.6万只，同比下降22.1%，表明种羊生产规模化程度持续提升。在全国各省份中，种羊场数量最多的5个省份与2021年一致，分别为内蒙古（256个，占比24.1%）、甘肃（115个，占比10.8%）、新疆（111个，占比10.4%）、陕西（85个，占比8.0%）、四川（54个，占比5.1%）。全国种羊场数量少于90个的有广西（9个，占比0.9%）、湖南（9个，占比

0.9%）、黑龙江（8个，占比0.8%）、贵州（7个，占比0.7%）、宁夏（6个，占比0.6%）、福建（3个，占比0.3%）、上海（3个，占比0.3%）、天津（2个，占比0.2%）和广东（2个，占比0.2%）。总体上来看，种羊场数量呈下降趋势，种羊存栏量大幅提升（主要是种绵羊存栏量持续增长），种羊生产格局稳定，种羊场区域布局切合我国羊业生产实际。

表6-1 2021—2022年全国种羊场分布情况

序号	地区	种羊场						同比/%
		2022年			2021年			
		种绵羊场/个	种山羊场/个	合计/个	种绵羊场/个	种山羊场/个	合计/个	
1	内蒙古	211	45	256	311	48	359	-28.7
2	甘肃	110	5	115	117	1	118	-2.5
3	新疆	108	3	111	104	2	106	4.7
4	陕西	19	66	85	29	68	97	-12.4
5	四川	5	49	54	8	45	53	1.9
6	安徽	11	31	42	11	24	35	20
7	山西	27	13	40	30	14	44	-9.1
8	浙江	40	0	40	28	0	28	42.9
9	云南	11	24	35	9	28	37	-5.4
10	山东	16	16	32	13	14	27	18.5
11	辽宁	8	24	32	7	28	35	-8.6
12	重庆	0	26	26	0	32	32	-18.8
13	青海	23	2	25	18	1	19	31.6
14	河南	16	7	23	15	5	20	15
15	海南	0	17	17	0	30	30	-43.3
16	湖北	5	12	17	2	12	14	21.4
17	河北	13	2	15	14	7	21	-28.6
18	江西	7	8	15	3	11	14	7.1
19	西藏	9	5	14	31	4	35	-60
20	江苏	8	3	11	8	1	9	22.2
21	吉林	9	1	10	11	1	12	-16.7
22	广西	0	9	9	0	14	14	-35.7
23	湖南	9	0	9	12	0	12	-25

（续表）

序号	地区	种羊场						同比/%
		2022年			2021年			
		种绵羊场/个	种山羊场/个	合计/个	种绵羊场/个	种山羊场/个	合计/个	
24	黑龙江	8	8	0	6	6	0	33.3
25	贵 州	7	1	6	9	3	6	-22.2
26	宁 夏	6	5	1	8	7	1	-25
27	福 建	3	0	3	8	0	8	-62.5
28	上 海	3	1	2	3	1	2	0
29	天 津	2	2	0	3	3	0	-33.3
30	广 东	2	0	2	3	0	3	-33.3
31	北 京	0	0	0	2	2	0	-100
	合计	1 064	673	391	1 213	791	422	-12.3

（二）羊养殖标准化示范场建设情况

2022年，农业农村部组织开展2022年畜禽养殖标准化示范创建活动，经养殖场自愿申请、省级遴选推荐、部级专家评审，遴选出18家羊养殖标准化示范场，并对2019年正式公布、2022年底到期的13家示范场进行了现场复验，均复验通过（表6-2）。截至2022年末，共有羊养殖标准化示范场77家，这些示范场对提升羊产业标准化水平、发挥示范效应、加快构建现代羊养殖体系起到了积极的推动作用。

表6-2　2022年农业农村部羊养殖标准化示范场名单

序号	省份	类别	单位名称	备注
1	山西	肉羊	山西桦桂农业科技有限公司	2022年申请通过
2	内蒙古	奶绵羊	内蒙古乐科生物技术有限公司	2022年申请通过
3	内蒙古	奶绵羊	内蒙古草原宏宝食品股份有限公司奶羊种羊场	2022年申请通过
4	浙江	肉羊	浙江华欣牧业有限公司	2022年申请通过
5	浙江	肉羊	浙江华丽牧业有限公司	2022年申请通过
6	江西	肉羊	乐平市三王牧业有限公司	2022年申请通过
7	江西	肉羊	九江市大业牧业有限公司	2022年申请通过
8	山东	肉羊	单县青山羊产业研究院有限公司（单养千秋保种育种核心养殖场）	2022年申请通过
9	湖北	肉羊	湖北都宏生态农业发展有限公司（麻城市顺河镇垸店村黑山羊养殖场）	2022年申请通过
10	四川	肉羊	四川蜀多多农业科技有限公司（川中黑山羊繁育场）	2022年申请通过

（续表）

序号	省份	类别	单位名称	备注
11	四川	肉羊	四川新宏景农业科技开发有限公司（大竹县木鱼池黑山羊养殖场）	2022年申请通过
12	贵州	肉羊	习水县富兴牧业有限公司（黔北麻羊保种场）	2022年申请通过
13	西藏	肉羊	贡觉县藏东生物科技开发有限公司（贡觉县阿旺绵羊养殖示范基地）	2022年申请通过
14	陕西	肉羊	陕西新中盛农牧发展有限公司	2022年申请通过
15	甘肃	肉羊	东乡县伊东羊业科技开发有限公司	2022年申请通过
16	新疆	肉羊	巴楚安欣牧业有限责任公司	2022年申请通过
17	新疆	肉羊	新疆麦腾牧业科技发展有限公司	2022年申请通过
18	新疆	肉羊	阿克苏地区浙阿肉用种羊有限责任公司	2022年申请通过
19	河北	肉羊	河北津垦奥牧业有限公司	2022年复验合格
20	内蒙古	肉羊	内蒙古金草原生态科技集团有限公司	2022年复验合格
21	辽宁	肉羊	彰武县昊丰养羊专业合作社	2022年复验合格
22	江西	肉羊	江西省遂川双发牧业发展有限公司	2022年复验合格
23	山东	肉羊	山东中农伟业农业开发有限公司	2022年复验合格
24	山东	肉羊	潍坊普兰特汉种羊有限公司	2022年复验合格
25	河南	肉羊	河南悦美禾农牧发展有限公司	2022年复验合格
26	湖北	肉羊	郧县安阳湖生态园有限公司	2022年复验合格
27	广西	肉羊	广西武鸣绿世界生态农业投资有限公司	2022年复验合格
28	陕西	奶山羊	陕西乾首奶山羊育种有限责任公司	2022年复验合格
29	甘肃	肉羊	武威普康养殖有限公司	2022年复验合格
30	新疆	肉羊	巴里坤健坤牧业有限公司	2022年复验合格
31	新疆	肉羊	新疆振兴园牧业有限责任公司	2022年复验合格

（三）羊繁育体系建设

截至2022年末，我国共建有国家肉羊种业科技创新联盟1个，遴选国家肉羊核心育种场7家，羊标准化示范场77家，种羊场1 064家。存栏种羊395.1万只、生产胚胎1.2万枚、精液5.02万份，种羊生产能力较往年大幅提升，基本形成了与羊产业区域布局相适应的以核心育种场、繁育场和生产场为主体，以质量监督检验测试中心和性能测定中心为支撑的良种繁育体系。

二、羊供种能力

（一）种羊产销情况

2022年，全国种羊存栏量和出场数量均持续上升，种羊存栏395.1万只，同比上升23.3%，出场种羊156.6万只，同比上升6.97%。种绵羊存栏341.4万只，同比上升35.65%，出场种绵羊131.47万只，同比上升8.19%；种山羊存栏53.6万只，同比下降22.05%，出场25.12万只，同比上升1.01%（表6-3）。种羊出场数量排名前5的省份分别是新疆（315 651只，占比20.16%）、甘肃（262 818只，占比16.78%）、内蒙古（164 332只，占比10.49%）、安徽（115 263只，占比7.36%）、浙江（101 642只，占比6.49%）。种绵羊出场数量排名前3的省份与种羊出场数量排名前3的省份一致，分别为新疆、甘肃和内蒙古，排名第4和第5的省份依次为浙江和江苏。种山羊出场数量排名前5的省份（安徽、四川、湖北、河南和重庆）与种羊出场数量的排名（新疆、甘肃、内蒙古、安徽和浙江）差异较大。四川、安徽、浙江、江西、黑龙江、新疆、宁夏、湖北、甘肃和江苏等10个省份种羊出场数量均大幅增加，出场数量与往年相比增幅均超过20%。总体上，我国种羊存栏和出场数量同比上升分别超过23%和6%，自主供种能力持续提升。

表6-3　2021—2022年全国种羊场种羊出场数量情况

序号	地区	种羊出场数量						增幅/%
		2022年			2021年			
		绵羊/只	山羊/只	合计/只	绵羊/只	山羊/只	合计/只	
1	新疆	312 660	2 991	315 651	208 355	283	208 638	51.29
2	甘肃	259 056	3 762	262 818	214 750	700	215 450	21.99
3	内蒙古	149 775	14 557	164 332	256 027	18 752	274 779	-40.19
4	安徽	74 863	40 400	115 263	42 802	24 716	67 518	70.71
5	浙江	101 642	0	101 642	62 532	0	62 532	62.54
6	江苏	81 245	968	82 213	67 630	161	67 791	21.27
7	四川	50 775	29 575	80 350	1 660	35 900	37 560	113.92
8	河南	45 008	23 738	68 746	45 977	14 968	60 945	12.80
9	山东	47 864	6 189	54 053	90 094	6 727	96 821	-44.17
10	湖北	12 479	31 237	43 716	4 513	30 662	35 175	24.28
11	江西	30 060	7 769	37 829	14 756	9 060	23 816	58.84
12	山西	27 038	4 992	32 030	36 299	6 271	42 570	-24.76
13	河北	29 943	223	30 166	33 753	2 186	35 939	-16.06

（续表）

序号	地区	种羊出场数量						增幅/%
		2022年			2021年			
		绵羊/只	山羊/只	合计/只	绵羊/只	山羊/只	合计/只	
14	青海	23 767	83	23 850	24 988	120	25 108	−5.01
15	天津	18 771	0	18 771	45 035	0	45 035	−58.32
16	陕西	5 647	11 642	17 289	16 500	19 743	36 243	−52.30
17	宁夏	16 666	0	16 666	11 627	100	11 727	42.12
18	重庆	0	16 217	16 217	0	17 172	17 172	−5.56
19	云南	2 370	11 813	14 183	1 522	14 213	15 735	−9.86
20	吉林	13 273	0	13 273	21 363	372	21 735	−38.93
21	贵州	215	10 785	11 000	832	11 027	11 859	−7.24
22	辽宁	4 109	6 601	10 710	7 063	3 573	10 636	0.70
23	海南	0	10 110	10 110	0	10 464	10 464	−3.38
24	湖南	0	9 362	9 362	0	9 533	9 533	−1.79
25	广西	0	5 716	5 716	0	7 239	7 239	−21.04
26	黑龙江	4 657	0	4 657	2 947	0	2 947	58.03
27	西藏	2 820	502	3 322	2 548	855	3 403	−2.38
28	广东	0	1 645	1 645	0	3 359	3 359	−51.03
29	上海	0	201	201	1 487	159	1 646	−87.79
30	福建	0	163	163	0	403	403	−59.55
31	北京	0	0	0	90	0	90	−100.00
	合计	1 314 703	251 241	1 565 944	1 215 150	248 718	1 463 868	6.97

（二）胚胎、冻精产销情况

2022年，全国种羊场全年共生产胚胎31.2万枚，同比下降29.4%，其中绵羊胚胎24.1万枚，同比上升28.1%；山羊胚胎7.1万枚，同比下降72.1%。绵羊胚胎生产量快速上升，山羊胚胎生产量下降明显。生产胚胎最多的省份是新疆（15.7万枚），占全国的50.5%，其次为河南（2.3万枚，占比7.5%）、内蒙古（2.2万枚，占比7.0%）、四川（2.1枚，占比6.7%）、青海（1.8万枚，占比5.8%）、安徽（1.3万枚，占比4.2%），以上省份胚胎生产量均在万枚以上，合计占全国的81.7%（表6-4）。

2022年，全国种羊场全年共生产精液50 199剂，同比上升9.1%，精液生产集中在内蒙古（49 960剂），占全国的99.5%。

表6-4　2022年全国种羊场种羊胚胎及精液生产情况

序号	地区	生产胚胎数/枚			生产精液/剂
		合计/枚	山羊胚胎/枚	绵羊胚胎/枚	
1	新疆	157 496	0	157 496	0
2	河南	23 410	23 410	0	0
3	内蒙古	21 864	0	21 864	49 960
4	四川	20 951	20 804	147	0
5	青海	18 010	0	18 010	0
6	安徽	13 050	1 900	11 150	0
7	江西	9 570	4 950	4 620	0
8	河北	6 850	0	6 850	0
9	山西	6 158	300	5 858	0
10	贵州	4 836	4 836	0	0
11	甘肃	4 736	0	4 736	0
12	湖南	4 331	4 331	0	0
13	陕西	4 162	424	3 738	0
14	西藏	3 223	905	2 318	239
15	广西	3 083	3 083	0	0
16	湖北	2 981	2 981	0	0
17	辽宁	2 951	0	2 951	0
18	海南	2 213	2 213	0	0
19	云南	1 100	482	618	0
20	山东	670	0	670	0
21	重庆	251	251	0	0
22	黑龙江	100	0	100	0
23	北京	0	0	0	0
24	天津	0	0	0	0
25	吉林	0	0	0	0
26	上海	0	0	0	0
27	江苏	0	0	0	0
28	浙江	0	0	0	0
29	福建	0	0	0	0
30	广东	0	0	0	0
31	宁夏	0	0	0	0
	合计	311 996	70 870	241 126	50 199

（三）种羊引进情况

2022年，我国种羊引进数量和贸易金额呈明显的下降态势，但种羊单价呈现出较大的增长。2022年，我国共引进种羊2 284只，同比下降60.99%，总金额25 380 541元，同比下降50.74%，种羊单价11 112元/只，同比增长26.29%。其中，引进种绵羊130只，总金额2 685 306元（20 656.2元/只）；种山羊2 154只，总金额22 695 235元（10 536元/只）。引种国为澳大利亚和新西兰。从澳大利亚引进种羊1 742只，其中种绵羊130只，总金额2 685 306元（20 656.2元/只）；种山羊1 612只，总金额15 839 536元（9 826元/只）。从新西兰引进种山羊542只，总金额6 855 699元（12 648.89元/只）。这些种羊主要引进至河南和北京，其中来自澳大利亚的130只种绵羊和1 612只种山羊引进至河南，来自新西兰的542只种山羊引进至北京。

（四）自有种羊培育情况

我国自有种羊的培育能力持续提升，种羊存栏与出场数量稳步增长。2022年，全国种羊场种羊存栏395.1万只，同比上升23.3%，出场种羊156.6万只，同比上升6.97%。种绵羊存栏341.4万只，同比上升35.65%，出场种绵羊131.47万只，同比上升8.19%；种山羊存栏53.6万只，同比下降22.05%，出场25.12万只，同比上升1.01%。从国家羊核心育种场的数据来看，登记的品种共有21个，比2021年少4个，其中绵羊品种14个，山羊品种7个，核心群数量9.97万只，同比下降33.8%。

三、品种推广情况

（一）地方品种推广情况

由于地方品种适应性强、群体规模大，是当前我国羊生产的主体。同时，部分地方品种因其在繁殖、肉质等方面的突出性能，被作为肉羊杂交生产或新品种培育的母本。地方品种在全国范围的整体推广格局基本稳定。在绵羊方面，蒙古系绵羊是地方品种中群体规模最大、分布最广的绵羊群体，蒙古羊、乌珠穆沁羊、苏尼特羊、呼伦贝尔羊等主要在内蒙古等地推广，小尾寒羊主要在山东、河北、河南等地推广。随着规模化舍饲的比重不断增加，湖羊作为高繁殖力地方绵羊品种持续在全国范围内大规模推广，其市场占有率进一步提升，据不完全统计，全国湖羊存栏量已突破1 000万只。哈萨克羊、阿勒泰羊、和田羊等哈萨克系绵羊主要在新疆等地推广；藏系绵羊主要在西藏、甘肃、青海、四川等藏区进行推广。在山羊方面，由于山羊比绵羊对生态环境的适应性更强，其分布和推广范围更广。我国北方主要以产绒为主，南方以产肉为主。在南方主要有陕南白山羊、马头山羊、宜昌白山羊、成都麻羊、南江黄羊、建昌黑山羊、板角山羊、贵州白山羊、福清山羊、隆林山羊、雷州山羊、长江三角洲白山羊等品种，主要产肉、优质板皮和笔料毛。在北方主要有内蒙古绒山羊、辽宁绒山羊、济宁青山羊、黄淮山羊、太行山羊、关中奶山羊和崂山奶山羊等品种，生产羊绒、羔皮、板皮、羊奶及肉等产品。

（二）培育品种推广情况

2022年，培育出杜蒙羊和皖临白山羊2个国家审定新品种。杜蒙羊是一个适合荒漠半荒漠化草原放牧，兼具舍饲与半舍饲等多种养殖方式的肉羊品种，该品种核心群位于内蒙古自治区乌兰察布市四子王旗，近年来已累计向周边旗县、其他盟市及宁夏、新疆等地推广300余万只，产生了显著的经济效益。皖临白山羊具有生长速度快、产肉性能优良、繁殖率高、遗传性能稳定、抗逆性强、耐粗饲的特点，适合我国南方农区气候条件和饲养管理水平，适宜舍饲规模化养殖。该品种主要在安徽省及周边地区推广利用，缓解了该区域肉用山羊产业发展的瓶颈，提升了山羊养殖效益，市场化和产业化前景广阔。

（三）引进品种推广情况

引进品种主要用于商业杂交终端父本和新品种培育。在绵羊方面，在农区和农牧交错区，以澳洲白羊、杜泊羊、萨福克羊、白萨福克羊、特克塞尔羊、无角陶赛特羊、南非肉用美利奴羊、德国肉用美利奴羊、东佛里生羊等为父本，以适应性强、繁殖力高的地方品种为母本，开展二元二级或者三元三级杂交生产或培育肉用、肉毛兼用、乳用新品种。在细毛羊主产区，以德国肉用美利奴羊和南非肉用美利奴羊等为父本，以中国美利奴羊和甘肃高山细毛羊等为母本，开展肉用细毛羊新品种培育。在山羊方面，不少地方以地方山羊品种为母本，以引进的波尔山羊、努比山羊、萨能奶山羊等为父本，开展杂交生产或者新品种培育。

第二章　资源普查与保护情况

一、第三次全国羊遗传资源普查

　　为深入贯彻党的十九届五中全会及中央经济工作会议、中央农村工作会议精神，落实中央一号文件关于打好种业翻身仗部署，自2021年起，农业农村部在全国范围内组织开展第三次全国畜禽遗传资源普查，到目前已经取得显著进展。一是高质量完成面上普查收尾工作，到2022年，畜禽遗传资源面上普查顺利完成，覆盖行政村62.5万个，有效普查数据390万条，重新发现了临沧长毛山羊等第二次普查未发现的品种。二是全面推进畜禽性能测定。我国现有绵羊和山羊品种185个，其绒、毛、皮等性能突出。本次普查羊遗传资源系统调查测定指标近200个，测定表格19张。目前畜禽性能测定完成85%，测定品种1 445个。累计采集数据635万条，关键指标中，畜禽基础信息系统填报率达99.7%，外貌特征调查完成80.4%，体尺体重完成83.3%，屠宰测定完成74.5%，影像拍摄完成51.5%。三是资源精准鉴定稳步推进，采样工作已基本完成，共采集676个畜禽品种（类群）的样品，完成计划总量的95%，为后续开展大规模全基因组高通量深度测序分析和畜禽品种分子身份证精准鉴定奠定了坚实基础。四是启动濒危品种抢救性保护，发现一批特色新资源。

二、新遗传资源鉴定

　　畜禽遗传资源是国家战略资源，也是种业创新的物质基础。绵山羊新遗传资源的发掘鉴定是我国羊遗传资源普查工作的重要组成部分，2022年鉴定了2个羊遗传资源——合川白山羊、皮山红羊，丰富了我国绵山羊遗传资源库。合川白山羊作为重庆特有的地方遗传资源，属肉皮兼用型山羊品种，具有适应性强、繁殖性能高、早熟、出栏率高、肉质和板皮质量好、遗传性能稳定等优点，2021年合川白山羊被全国名特优新农产品收录。皮山红羊是继多浪羊之后新发现的又一新疆地方多胎肉羊优良种质资源，属肉脂兼用粗毛羊，体质结实，抗旱、抗寒、抗病能力强、耐粗饲、繁殖率高，亦舍亦牧。具有多胎多羔，体型高大、肉脂厚、屠宰率高等突出特性。

三、羊遗传资源保护与利用

在羊遗传资源保护方面，"应收尽收，应保尽保"是第三次全国羊遗传资源普查工作中濒危品种抢救性保护行动的重要原则。各地开展边普查边收集边保护，避免出现刚普查过就有品种消失的情况。全国普查办组织专家初步评估确定了24个畜禽濒危品种，已紧急启动抢救性保护行动，制定《濒危畜禽品种抢救性保护方案（2022—2026年）》，编制"一品一策"保护方案，采取活体保护、遗传材料采集等措施加强了对威信白山羊等30余个畜禽地方品种的保护。

在羊遗传资源利用方面，农业农村部在各省推荐基础上遴选发布了2022年十大畜禽优异种质资源，旨在提升全民资源保护意识，引导科研单位、种业企业深入发掘资源潜力，将资源优势转化为创新优势和产业优势。这些畜禽资源均为我国养殖历史悠久、具有典型体貌特征和品质特性的地方品种，其中绵山羊资源包括湖羊、辽宁绒山羊、乌珠穆沁羊3个羊遗传资源。湖羊为我国优异的地方绵羊品种，其中心产区为太湖流域的浙江省湖州市的吴兴、南浔，嘉兴市桐乡、海宁和江苏省吴中等区县。湖羊鼻骨隆起，无角，耳大下垂，短脂尾。2～3日龄羔羊生产的小湖羊皮具有皮板轻柔、毛色洁白、波浪花形、光润美观等特点，享有"软宝石"之称，为我国特有白色羔皮用品种，也是世界著名多羔绵羊品种，母羊平均产羔率277.4%，是目前国内推广规模最大、范围最广的地方绵羊品种。辽宁绒山羊主产于辽宁省东部山区及辽东半岛地区，是在当地特殊自然条件下，多年民间选育形成的绒肉兼用型地方品种。1955年在辽宁盖县首次发现，2022年末存栏量达320万只。为世界上产绒量最高的白绒山羊品种，被毛全白，肤色粉红，绒纤维长、体型壮大，被誉为"中华国宝"，已被推广到内蒙古、陕西、新疆等17个省（自治区、直辖市），成功培育出陕北白绒山羊、柴达木绒山羊等品种，为全国绒山羊品种改良和培育作出了卓越贡献。乌珠穆沁羊以生产优质羔羊肉而著称，属肉脂兼用粗毛型绵羊地方品种，主产于内蒙古锡林郭勒盟境内，目前存栏350多万只，其体格大，后躯丰满，体躯被毛为纯白色，头部毛以白色、黑褐色为主，具有耐寒抗旱、生长发育快、抓膘能力强、肉质优良等特点，产肉多，胴体丰满，色泽鲜红，肉层紧凑，肌间脂肪分布均匀，必需氨基酸含量高，鲜嫩多汁，无膻味，羊肉畅销大江南北。

此外，在遗传资源利用方面，我国科研工作者分别利用安徽白山羊、萨能奶山羊、波尔山羊和杜泊羊、蒙古羊等国内外优秀绵山羊品种资源，培育出皖临白山羊和杜蒙羊2个肉用羊新品种，为羊种业科技自立自强和种源自主可控，羊产业高质量发展具有重大现实价值和战略意义。

第三章　羊种业创新攻关

（一）湖羊、澳洲白羊与杜泊羊基因组选择参考群规模持续扩大

2022年，肉羊育种联合攻关组持续开展性能测定与基因分型，湖羊基因组选择参考群规模增加156只，累计群体规模达2 377只；澳洲白羊与杜泊羊混合基因组参考群规模增加1 012只，累计群体规模达3 225只。湖羊参考群测定性状包括生长性状、饲料效率、机体组成、胴体性状、肉质性状和繁殖性能等299个重要经济指标，个体基因组测序平均深度为7.2X，累计获得了62.71万条表型数据和41.76Tb的基因组数据；澳洲白羊与杜泊羊参考群测定性状包括生长、繁殖和胴体等性状。

（二）优化湖羊基因组育种芯片和基因组性能指数

针对湖羊基因组选择参考群，在原有工作的基础上，进一步优化了基因组育种芯片位点（LZU-45K）和湖羊基因组性能指数（Genomic Hu Sheep Index，GHSI），在原有芯片中加入了大量的基因组调控区功能变异位点，主选性状基因组遗传评估的准确性提高了0.03～0.05。为了提高基因组选择的综合效率，在原有湖羊基因组性能指数的基础上，增加产肉性状和繁殖性状，并采用边际效益结合经验判断，完善了湖羊基因组性能指数，构建了较为完善的湖羊基因组育种技术体系，为下一步在基因组水平进行湖羊联合育种提供了技术支撑。目前，已在5家规模化湖羊场核心育种进行推广应用，累计检测4 257只种羊，效果显著。

（三）以湖羊为主要育种素材的新品种培育进展良好

攻关组以湖羊为母本、澳洲白羊为父本进行杂交创新，运用常规育种与生物育种相结合的育种技术，培育繁殖力高、生长快、尾脂沉积少、适于规模化舍饲的肉用绵羊新品种——奥白肉羊。历经12年，目前已整体推进至横交固定3世代，核心群规模达6 231只，其中基础母羊6 184只，公羊47只。核心群公母羔初生重3.74千克±0.41千克和3.56千克±0.38千克，6月龄重52.46千克±7.62千克和44.76千克±6.43千克，周岁重68.97千克±7.14千克和61.29千克±5.46千克，经产母羊产羔率204.16%，$FecB$（多胎主效基因）优势等位基因频率61.53%。

二、遗传改良计划

（一）系统分析以湖羊选育为主的国家羊核心育种场场间遗传关联

场间遗传关联是开展跨场联合遗传评估的重要前提。通过对全国7家以湖羊选育为主的国家羊核心育种场的1 806只湖羊种羊进行全基因组重测序，从全基因组水平系统分析了上述7家国家羊核心育种场的场间遗传关联率，发现这7家场存在一定的场间遗传关联，遗传关联率（CR）最高达0.338 3，最低仅为0.082 7，表明各个场间的遗传关联程度差异较大，尚不具备开展全国范围的联合遗传评估，但遗传关联程度较高的场可开展区域性联合遗传评估。

（二）核心群种羊性能测定比例进一步提高

2022年，全国38家国家羊核心育种场登记品种21个，其中绵羊品种14个，山羊品种7个。在绵羊中，地方品种5个，分别为湖羊、呼伦贝尔羊、滩羊、小尾寒羊、苏尼特羊；培育品种5个，分别为中国美利奴羊、巴美肉羊、高山美利奴羊、乾华肉用美利奴羊、昭乌达肉羊；引进品种4个，分别为澳洲白羊、杜泊羊、萨福克羊、德国肉用美利奴羊。在山羊中，地方品种4个，分别为川中黑山羊、辽宁绒山羊、黄淮山羊、龙陵黄山羊；培育品种2个，分别为云上黑山羊、南江黄羊；引进品种1个，为萨能奶山羊。2022年，国家肉羊核心育种场登记的核心群羊只共10.09万只，比2021年的28.16万只减少了64.17%，其中绵羊8.22万只，山羊1.87万只。地方品种、培育品种和引进品种核心群数量最多的品种分别是湖羊（1.93万只）、高山美利奴羊（1.20万只）、杜泊羊（1.10万只）（图6-1）。

2022年，国家羊核心育种场核心群种羊性能测定比例持续提升，测定方式仍以场内测定为主。截至2022年底，全国38家国家羊核心育种场累计有10.04万只种羊参与生产性能测定，比2021年增加了20 519只，增长26.7%；2022年共收集71.9万条表型记录，比2021年增加了19.1万条，增长36.2%。其中，生长发育记录41.31万条，繁殖记录7.74万条，胴体性状记录4.65万条，肉质性状记录687条，绒毛性状记录7 116条，乳用性状4 732条。在所有品种中湖羊性能测定的数据量最大，达到了22.2万条；引进品种杜泊羊和萨能奶山羊的性能测定数据量最大，分别为4.63万条和3.80万条。性能测定的主要指标包括初生重、断奶重和6月龄、周岁、成年体重和体尺等生长发育性状，屠宰率、背膘厚和眼肌面积等产肉性状，肉色、大理石花纹、pH、滴水损失、熟肉率、剪切力等肉质性状，产羔数、产活羔数和断奶成活率等繁殖性状，剪毛（绒）量、纤维直径等绒毛性状，日均产奶量、乳干物质率、乳蛋白率、乳脂率、乳糖率、体细胞数等乳用性状。

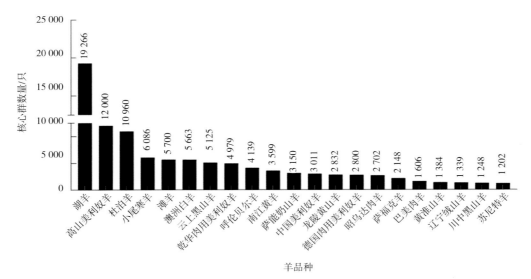

图6-1　2022年国家羊核心育种场各品种核心群数量

（三）杜蒙羊和皖临白山羊2个羊新品种通过国家审定

2022年，杜蒙羊和皖临白山羊2个羊新品种通过国家审定（表6-5）。截至2022年12月，我国绵羊和山羊品种共有183个，其中绵羊101个，山羊82个。在绵羊中，地方品种54个，培育品种34个，引进品种13个；在山羊中，地方品种62个，培育品种14个，引进品种6个。

表6-5　2022年审定通过的羊新品种

序号	类别	名称	培育单位	参与培育单位
1	绵羊	杜蒙羊	内蒙古赛诺种羊科技有限公司 内蒙古农业大学 内蒙古自治区农牧业科学院 内蒙古大学	内蒙古自治区农牧业技术推广中心 乌兰察布市畜牧工作站 四子王旗畜牧业技术服务中心
2	山羊	皖临白山羊	合肥博大牧业科技开发有限责任公司 安徽农业大学 安徽恒丰牧业有限公司 中国农业科学院北京畜牧兽医研究所 阜阳师范大学 安徽省牛羊产业协会 临泉县中原牧业发展中心	安徽省畜禽遗传资源保护中心临泉县农业农村局 临泉县欣达生态羊业有限公司 临泉县天缘牧业有限公司 临泉县羊之源山羊养殖有限公司 临泉县瓦店镇黄大村山羊养殖专业合作社 临泉县宋集镇鑫源养殖厂 铜陵成贵牧业科技有限公司 六安市裕皖生物科技有限公司 合肥合丰牧业有限公司 定远县现代农业技术合作推广中心 肥东县动物疫病预防控制中心

三、科研进展

（一）羊种业科技重大进展

1. "云上黑山羊新品种培育及产业化示范"项目获2022年度云南省科学技术奖特等奖

该成果由云南省畜牧兽医科学院牵头，石林生龙生态农业有限公司、云南省种羊繁育推广中心、云南立新羊业有限公司等14家单位共同完成。云上黑山羊新品种以努比山羊为父本、以云岭黑山羊为母本，经22年5个世代系统选育，培育而成。云上黑山羊是中国第一个培育的肉用黑山羊新品种、第三个肉用山羊新品种。云上黑山羊具有被毛全黑、生长发育快、常年发情、繁殖力高、产肉性能好、适应性强和耐粗饲等优良特性。周岁公羊体重达53.17千克、母羊41.47千克，成年公羊体重达75.79千克、母羊56.49千克；母羊可两年三产，初产母羊的产羔率为181.73%、经产母羊为226.06%，羔羊断奶成活率90%以上；公羊日增重达257.78克、料重比5.87：1，母羊日增重188.56克、料重比7.27：1；6月龄以上公母羊的屠宰率均在53%以上。目前云上黑山羊育种群规模达2.3万余只、商品群260余万只，已在云南省13个州（市）80余个县以及广西、贵州、福建、湖南、重庆、四川、海南和甘肃等地推广应用。

2. "羊繁殖调控技术与信息智能产业化集成应用"项目获2022年度内蒙古自治区科学技术奖一等奖

该成果由内蒙古大学牵头，内蒙古赛诺种羊科技有限公司、内蒙古乐科生物技术有限公司、志远升科（北京）科技有限公司共同完成。围绕"良种扩繁、技术集成应用及管理"的产业核心，开展技术创新与成果转化，为解决种羊利用效率低的难题，建成以高频超排冲胚技术为主，精液冷冻技术为辅的综合繁育技术体系。开发的孕酮海绵栓+FSH+PMSG+PG的超数排卵方案结合腹腔镜输精技术与子宫角冲胚技术，将母羊的超排冲胚操作提高到3～5次/年，年获可用胚胎达20.24枚/只（可实现年产羔羊13只）。利用精液冷冻技术，生产优质种公羊精液60余万剂，推广示范8 000余剂，平均受胎率为59.3%，保存优质种质资源的同时大大提高种用价值。开发了孕酮海绵栓+PMSG+PG的同期发情方案，将母羊同期发情率稳定提高至95%以上。通过调整同期发情方案中PMSG（具有促排卵功能）的剂量，联合定时人工授精技术，将本地蒙古羊的繁殖率提高到150%以上，即双羔率从10%提高到50%以上。为解决规模化羊场管理效率低的问题，研发了"优质肉羊选育及扩繁信息管理系统"软件及移动端APP程序，功能覆盖种羊档案、繁殖管理、饲养管理、疫病防控四个方面，累计已在14个省33个羊场推广应用。同时，还研发了一系列种羊生产性能（体重、体尺等）数据自动测定设备，可自动采集、传输及存储个体体重、体高、体长、胸围等数据，提高了羊场的信息化智能化管理水平。该项目通过综合繁育技术体系的建立和完善，并与信息智能化技术相结合，从根本上解决了良种快速扩繁问题，奠定了肉羊标准化生产技术基础，建立了一整套规模化羊场管理解决方案，实现了成果转化与产业化生产，创造了可观的经济效益，带动了农牧民增收致富，推动了肉羊产业的高产高效发展。

3. "戈壁短尾羊新品种培育"项目获2022年度内蒙古自治区科学技术奖一等奖

该成果由内蒙古蒙源肉羊种业（集团）有限公司完成。戈壁短尾羊是我国首个以企业为主体采用本品种选育方式形成的绵羊新品种，具有传承蒙古文化的重要意义，属粗毛短脂尾肉用绵羊品种，是以蒙古戈壁羊尾型变异类群为育种素材，采用开放式核心群育种方法，经过4个世代以上的持续选育，育成适应内蒙古戈壁地区荒漠化草原生态环境的粗毛短尾型肉用绵羊新品种。戈壁短尾羊属粗毛短脂尾品种，尾型分为小椭圆形和小长方形两种类型，戈壁短尾羊的尾椎数在5～8个，平均为6.56个，整个尾椎长度在12～21厘米，平均为16.4厘米，6月龄羔羊屠宰率≥47%，净肉率≥38%；24月龄公羊屠宰率≥51%，净肉率≥42%；24月龄公羊尾重≤1.6千克，24月龄母羊尾重≤1.4千克。母羊发情周期为15～17天，发情持续期为24～48小时，妊娠期平均为150天。经产母羊产羔率110%。成果推广采用"商品羊生产与戈壁短尾羊新品种推广应用相结合"的运营模式，逐渐向包头市、乌兰察布市、巴彦淖尔市及周边地区进行推广应用。2009—2017年，累计推广34.12万只，2018—2021年累计推广44.17万只，表现出良好的适应性和生产性能。通过多年的运营，打造百万亩原生态肉羊养殖基地，合作户发展到3 000个，实现肉羊四季出栏，年供种能力达到1万只以上、商品羊供应100万只以上。自2012年以来，育种工作组在包头市达茂旗、九原区、昆都仑区，乌兰察布四子王旗，赤峰市克什克腾旗，巴彦淖尔市乌拉特中旗累计推广种羊78.29万只，养殖效益按照每出栏一只羊平均1 200元计算，累计收益9.39亿元。

4. "绵羊分子育种技术与种质创新"项目获2022年度新疆维吾尔自治区科学技术奖一等奖

该成果由新疆畜牧科学院生物技术研究所完成，针对新疆绵羊种质资源利用率低、育种技术落后现状，围绕绵羊育种技术和种质资源创新，历时16年研究创建了新疆绵羊基因组大数据库和基因挖掘技术平台，建立了首个新疆绵羊全基因组SNP和重测序数据库，为遗传资源评估和分子育种提供了数据资源；联合研发了具有我国自主知识产权的绵羊高密度SNP芯片，改变了对国外产品的依赖；发现和鉴定了一批重要性状相关的新基因和分子标记，包括与绵羊尾椎数、胸椎数、脂肪沉积、肌肉生长、体格大小等相关的基因和分子标记；研发了绵羊高效基因编辑技术体系，获得8种基因的原代基因编辑羊109只，平均编辑效率达到40.8%，率先在绵羊上实现多基因同时编辑，双基因编辑效率38.9%，三基因编辑效率12.1%，首次获得了一次编辑4个基因的基因编辑羊，突破了多基因聚合育种技术瓶颈；创制了性状突出的绵羊新种质，对控制绵羊尾椎数的*TBXT*基因进行编辑获得世界首个基因编辑短尾绵羊；首次实现基因编辑改变绵羊毛色和毛色图案，为毛色育种和研究毛色遗传机制提供了新材料，建立了共计455只个体的国内最大基因编辑羊育种资源群；利用分子育种技术开展绵羊遗传改良和新品种培育，建立了双肌型育种核心群，改良哈萨克羊40余万只，为绵羊遗传改良和新品种培育提供了技术支撑和新种质资源。

5. "新疆农区多胎羊高效养殖技术体系集成及产业化应用"项目获2022年度新疆维吾尔自治区科学技术奖一等奖

该成果由新疆畜牧科学院畜牧研究所牵头，和田地区畜牧技术推广站、喀什地区畜牧工作站、新疆津垦奥群农牧科技有限公司等7家单位共同完成。针对多胎羊养殖中存在的优质种源供给不足、设施设备不配套、养殖关键技术滞后、产业扶贫成效不显著等问题，历时5年多时间，围绕集约化规模高效生产技术体系、产业提质增效模式、科研创新与生产服务保障三大任务开展研究和大规模推广应用，取得了重大创新成果。主要研究建立了农区多胎羊集约化规模养殖高效生产技术体系，通过该技术推广应用，规模养殖条件下年产羔率达到260.87%，断奶羔羊成活率达到95.51%，45～60日龄羔羊断奶体重达到17.02千克，整齐度达到95.71%，生产母羊死淘率由12%降至8%，年供种能力达到25万余只；构建起农户多胎羊适度规模庭院养殖提质增效新模式，农户年产羔率达到200.79%以上，断奶羔羊成活率达到85.97%以上，联农带农成效显著；搭建了农区多胎羊产业科研创新与生产服务保障新平台，通过多部门联动共同推进，建立了科研创新与成果转化、全产业链闭合式生产服务、实用实效技能型人才培训三大平台，确保创新成果持续供给、产业服务能力持续提升和实用实效人才持续输出，为助力农区多胎羊产业高质量发展提供了坚实保障。

6. 在绵羊基因组学研究及基因编辑短尾细毛羊育种方面取得突破

中国农业大学与新疆畜牧科学院的研究团队构建了包含39个西藏绵羊、8个野生盘羊和328个杂交后代的大型杂交群体。通过组装高质量染色体水平的盘羊、西藏绵羊及其杂交F_1代全基因组，研究发现从野山羊到家羊发生了三次染色体融合事件，揭示非同源近端着丝粒染色体上同源DNA元件之间的序列特异性识别可能是其染色体融合的分子基础，探索了野生和家养绵羊的染色体进化机制。通过进一步构建野生帕米尔盘羊与西藏绵羊杂交群体以及哈萨克羊与特克塞尔羊杂交群体，利用盘羊与西藏绵羊杂交后代的新表型特征和高深度重测序数据，基于全基因组关联分析，发现了一批与重要表型性状（体重、体高、体斜长、胸围、臀围、管围、臀宽、臀高和尾长）相关的突变和重要功能基因：体重（*PCDH10*、*HMGN1*、*TEK*、*FLRT2*、*IQCH*、*AUTS2*和*CASTOR2*）、体高（*MSRA*、*IQCH*和*UBASH3B*）、体斜长（*TEK*、*LINGO2*、*BMRP1B*、*PDLIM5*和*IQCH*）、胸围（*PCDH10*和*HMGN1*）、管围（*LGALSL*、*IQCH*和*TFB2M*）、臀高（*MRS2*）、臀宽（*ACTR3B*和*DPP6*）和尾长（*TBXT*），为绵羊种质创新提供了新的候选基因。尤其是发现的影响绵羊尾长和尾椎数的*TBXT*基因突变，进一步基于*CRISPR-Cas9*基因敲除技术，对细毛羊进行TBXT基因编辑，在国际上首次获得了基因编辑短尾细毛羊，经过扩繁组建了基因编辑短尾细毛羊育种资源群，为培育短尾细毛羊创制了珍贵的种质资源。该研究对我们了解物种进化过程中基因组/染色体的形成，充分利用野生近缘种创制家畜新种质具有重要意义；研究发现的野生与家养绵羊杂交后代的新特征表型性状，为家畜育种提供了新的思路；创制的基因编辑短尾细毛羊种质资源和发现的新基因、新突变用于育种实践，为进一步加快绵羊遗传改良和新品种培育，打好种业翻身仗，推进种业振兴提供了新的种质资源和科技支撑。该研究成果于2022年8月10日在国际知名学术期刊《Genome research》上在线发表。

7. 全基因组研究揭示了藏山羊适应青藏高原的新机制

西北农林科技大学及中国农业科学院、国际家畜研究所畜禽牧草遗传资源联合室等多家单位合作，通过对全球不同海拔分布的661个家山羊、野生山羊和古代山羊基因组及104个转录组数据进行分析，并利用PacBio HiFi数据组装出染色体水平的藏山羊参考基因组。在定位到关键的受选择基因*PAPSS2*后，使用CRISPR/Cas9方法在细胞中进一步验证了*PAPSS2*基因的功能。研究团队利用目前最大规模的山羊基因组数据，发现*PAPSS2*基因不仅是山羊高海拔适应的最显著基因，也是基因渐渗分析中的最显著基因。分析发现，西藏山羊与青藏高原地区的野生山羊存在基因交流，西藏山羊*PAPSS2*基因的单倍型来源于捻角山羊（*C. falconeri*）的遗传渗入，且该渗入片段仅在高海拔山羊中出现，这一特殊的基因渐渗事件从而促进了西藏山羊快速地适应了青藏高原的严酷生态环境。该研究在基因组水平对西藏山羊的遗传资源进行了系统评估，揭示了山羊高原适应的潜在遗传机制，进一步支持了野生近缘种间的基因渗入在家畜环境适应中的重要作用，对家畜遗传资源的挖掘、保护利用和遗传改良均具有重要意义。该研究成果于2022年11月16日在国际知名学术期刊《Molecular Biology and Evolution》上在线发表。

8. 羊抗乳房炎生物育种取得重要突破

中国农业大学等单位研究团队采用CRISPR/Cas9基因编辑系统介导的定点插入技术，将融合受体*TLR2-4*基因靶向整合到*SETD5*基因座上，并通过体细胞核移植技术，获得了*TLR2-4*基因工程山羊。分离培养血液来源巨噬细胞，进行体外金黄色葡萄球菌攻毒，发现免疫细胞异体自噬和细菌清除能力显著增加，进一步通过一系列转录组、信号通路分析等实验证实，*TLR2-4*主要通过MyD88和TRIF依赖的TAK1/TBK1-JNK/ERK，TBK1-TFEB-OPTN和cAMP-PKA-NF-κB-ATGs三条主要信号通路增强巨噬细胞异体自噬水平，实现金黄色葡萄球菌免疫防御。其中，cAMP-PKA-NF-κB-ATGs是新发现的自噬相关信号通路，而另外两条是内源TLR2和TLR4激活的信号通路。另外文中新发现JNK和ERK1/2抑制ATG5和ATG12表达，从而降低自噬水平。一方面为抗乳房炎山羊新品种培育提供了育种新素材，另一方面也为研究病原菌异体自噬提供了动物模型和理论借鉴。该研究成果发表于国际权威期刊《eLife》，并授权3件国家发明专利。

（二）国审品种

2022年，我国育成2个羊新品种，绵羊和山羊各1个，分别为杜蒙羊和皖临白山羊。

1. 杜蒙羊

该品种是以杜泊羊为父本、蒙古羊为母本，经杂交创新、横交固定、选育提高三个阶段培育形成的一个适合荒漠半荒漠化草原放牧，兼具舍饲与半舍饲等多种养殖方式的肉用绵羊新品种。该品种体格中等，肉用体型明显，生长发育快，胴体肉质好，耐粗饲、觅食能力强，适合羔羊肉生产，已成为我国北方牧区、农牧交错区肉羊产业发展的主导品种。杜蒙羊6月龄公、母羊平均体重分别为52.46千克和41.02千克；周岁公、母羊平均体重分别为82.18千克和60.44千克；成年公、母羊平均体重分别达91.86千克和64.39千克。6月龄公、母羊屠宰率分别为50.15%和48.43%，初产母羊产羔率140%，经产母羊为157%。该品种核心群位于内蒙古自治区乌兰察布市四子王旗，近年来已累计向周边旗县、其他盟市及宁夏、新疆等地推广新品种300余万只，产生了显著的经济效益。

2. 皖临白山羊

该品种是以安徽白山羊、萨能山羊和波尔山羊为育种素材，采用复杂育成杂交技术培育而成，其中安徽白山羊、萨能山羊和波尔山羊的血缘分别为62.5%、12.5%和25.0%。该品种具有生长速度快、产肉性能优良、繁殖率高、遗传性能稳定、抗逆性强、耐粗饲的特点，适合我国南方农区气候条件和饲养管理条件，适宜舍饲规模化养殖。皖临白山羊周岁公、母羊平均体重分别为52.53千克和40.74千克，成年公、母羊平均体重分别为66.16千克和50.32千克，羊6月龄羊、母羊的屠宰率分别为54.48%和53.51%。母羊常年发情，平均1.77胎/年，平均胎产羔率为255.3%。安徽省是我国长三角等南方发达地区的羊肉主要供给地区之一，该品种在安徽省及周边地区推广利用，缓解了该区域肉用山羊产业发展的瓶颈，极大提升了肉用山羊养殖效益，市场化和产业化前景广阔。

第四章 种羊企业发展

一、国家羊核心育种场（阵型企业）概况

（一）企业基本情况

1. 国家羊核心育种场

按照《全国羊遗传改良计划（2021—2035）》的总体规划，到2035年遴选国家羊核心育种场100家，形成基础母羊20万只的育种核心群。截至2022年12月，全国羊遗传改良计划工作领带小组共遴选出国家羊核心育种场47家，涉及地方品种、培育品种和引进品种26个，其中绵羊品种15个，山羊品种11个（表6-6）。分布全国19个省、自治区和直辖市，其中内蒙古8家，甘肃5家，浙江4家，河南、宁夏、陕西、四川各3家，安徽、河北、辽宁、山东、新疆、云南各2家，黑龙江、湖南、吉林、江苏、山西、天津各1家，基本形成了与羊产业和种业格局相切合的国家羊核心育种场布局。

表6-6　2016—2022年遴选的国家肉羊核心育种场和主选品种

序号	单位名称	品种	所在省份	入选年份
1	天津奥群牧业有限公司	澳洲白羊、杜泊羊	天津市	2016
2	内蒙古赛诺种羊科技有限公司	杜泊羊、萨福克羊	内蒙古	2016
3	朝阳市朝牧种畜场	杜泊羊	辽宁	2016
4	浙江赛诺生态农业有限公司	湖羊	浙江	2016

序号	单位名称	品种	所在省份	入选年份
5	嘉祥县种羊场	小尾寒羊	山东	2016
6	临清润林牧业有限公司	湖羊	山东	2016
7	江苏乾宝牧业有限公司	湖羊	江苏	2018
8	河南三阳畜牧股份有限公司	小尾寒羊	河南	2018
9	河南中鹤牧业有限公司	杜泊羊	河南	2018
10	金昌中天羊业有限公司	湖羊	甘肃	2018
11	宁夏中牧亿林畜产股份有限公司	杜泊羊	宁夏	2018
12	内蒙古草原金峰畜牧有限公司	昭乌达肉羊	内蒙古	2019
13	内蒙古富川养殖科技股份有限公司	巴美肉羊	内蒙古	2019
14	呼伦贝尔农垦科技发展有限责任公司	呼伦贝尔羊	内蒙古	2019
15	苏尼特右旗苏尼特羊良种场	苏尼特羊	内蒙古	2019
16	黑龙江农垦大山羊业有限公司	德国肉用美利奴羊	黑龙江	2019
17	杭州庞大农业开发有限公司	湖羊	浙江	2019
18	长兴永盛牧业有限公司	湖羊	浙江	2019
19	合肥博大牧业科技开发有限责任公司	黄淮山羊	安徽	2019
20	四川南江黄羊原种场	南江黄羊	四川	2019
21	成都蜀新黑山羊产业发展有限责任公司	川中黑山羊	四川	2019
22	云南立新羊业有限公司	云上黑山羊	云南	2019
23	龙陵县黄山羊核心种羊有限责任公司	龙陵黄山羊	云南	2019
24	陕西黑萨牧业有限公司	萨福克羊	陕西	2019
25	甘肃中盛华美羊产业发展有限公司	湖羊	甘肃	2019
26	武威普康养殖有限公司	湖羊	甘肃	2019
27	红寺堡区天源良种羊繁育养殖有限公司	滩羊	宁夏	2019
28	拜城县种羊场	中国美利奴羊	新疆	2019
29	辽宁省辽宁绒山羊原种场有限公司	辽宁绒山羊	辽宁	2021
30	敖汉旗良种繁育推广中心	杜泊羊	内蒙古	2021
31	千阳县种羊场	萨能奶山羊	陕西	2021
32	陕西和氏高寒川牧业有限公司东风奶山羊场	萨能奶山羊	陕西	2021
33	甘肃省绵羊繁育技术推广站	高山美利奴羊	甘肃	2021
34	新疆巩乃斯种羊场有限公司	中国美利奴羊	新疆	2021
35	民勤县农业发展有限公司	湖羊	甘肃	2021
36	衡水志豪畜牧科技有限公司	小尾寒羊	河北	2021
37	安徽安欣（涡阳）牧业发展有限公司	湖羊	安徽	2021

（续表）

序号	单位名称	品种	所在省份	入选年份
38	乾安志华种羊繁育有限公司	乾华肉用美利奴羊	吉林	2021
39	鄂尔多斯市立新实业有限公司	内蒙古绒山羊	内蒙古	2022
40	内蒙古杜美牧业生物科技有限公司	湖羊	内蒙古	2022
41	河北唯尊养殖有限公司	湖羊	河北	2022
42	山西十四只绵羊种业有限公司	东佛里生羊	山西	2022
43	湖州怡辉生态农业有限公司	湖羊	浙江	2022
44	宁陵县豫东牧业开发有限公司	波尔山羊	河南	2022
45	浏阳市浏安农业科技综合开发有限公司	湘东黑山羊	湖南	2022
46	四川天地羊生物工程有限责任公司	简州大耳羊	四川	2022
47	宁夏朔牧盐池滩羊繁育有限公司	滩羊	宁夏	2022

2. 国家种业阵型企业

在促进种业发展中，企业是重要的主体。2022年8月，农业农村部办公厅印发《关于扶持国家种业阵型企业发展的通知》，公布了270家农作物、畜禽、水产种业企业及专业化平台企业（机构）阵型名单，其中9家羊种业企业被遴选为"补短板"阵型企业（表6-7）。

表6-7　国家种业阵型企业（羊）情况

序号	企业名称	主营品种	企业类型	育种研发人员/人	基础母羊存栏/只	种公羊存栏/只	国家羊核心育种场
1	天津奥群牧业有限公司	澳洲白羊、杜泊羊、湖羊	民营企业	23	13 291	1 049	是
2	内蒙古赛诺种羊科技有限公司	杜泊、萨福克、特克塞尔	民营企业	27	3 120	71	是
3	江苏乾宝牧业有限公司	湖羊	民营企业	18	34 895	603	是
4	安徽安欣（涡阳）牧业发展有限公司	湖羊	民营企业	6	45 346	1 485	是
5	临清润林牧业有限公司	湖羊、鲁西黑头羊、大尾寒羊	民营企业	17	18 592	399	是
6	河南三阳畜牧股份有限公司	小尾寒羊	民营企业	7	7 534	123	是
7	宁陵县豫东牧业开发有限公司	波尔山羊	民营企业	6	4 581	329	否
8	甘肃中盛农牧集团有限公司	湖羊	民营企业	26	36 733	1 710	是
9	红寺堡区天源良种羊繁育养殖有限公司	滩羊	民营企业	22	5 333	381	是

（二）品种研发状况

新品种培育与本品种持续选育，为产业提供高质量种源是国家羊核心育种场和种业阵型企业的首要任务。在新品种培育方面，内蒙古赛诺种羊科技有限公司、内蒙古草原金峰畜牧有限公司、内蒙古富川养殖科技股份有限公司、乾安志华种羊繁育有限公司、甘肃省绵羊繁育技术推广站、四川南江黄羊原种场、临清润林牧业有限公司等企业牵头或参与培育了杜蒙羊、乾华肉用美利奴羊、鲁西黑头羊、高山美利奴羊等新品种；在本品种选育方面，天津奥群牧业有限公司、千阳县种羊场等以杜泊羊、澳洲白羊、萨福克羊、萨能奶山羊等引进品种本土化选育为主，临清润林牧业有限公司、安徽安欣（涡阳）牧业发展有限公司等企业以湖羊选育为主，河南三阳畜牧股份有限公司、衡水志豪畜牧科技有限公司等企业以小尾寒羊选育为主，红寺堡区天源良种羊繁育养殖有限公司以滩羊选育为主。总体上来看，初步形成了以企业为主体，高校和科研院所为技术支撑的品种研发体系。

二、其他种羊企业

截至2022年底，全国共有种羊场1 064个，其中种绵羊场673个，种山羊场391个。全国种羊存栏395.1万只，其中种绵羊年末存栏为341.4万只，种山羊年末存栏为53.6万只，种羊企业规模化程度持续提升。内蒙古、甘肃、新疆等种羊场数量排名前3的省份共有482个种羊场，占全国的45.3%。这3个省份的种羊累计存栏194.7万只，占全国的49.3%，累计出场74.28万只，占全国的56.5%。总体上看，种羊企业的分布和种羊生产较为集中，种绵羊场主要集中在内蒙古、甘肃、新疆等西北地区，而种山羊场则主要集中在陕西、四川、内蒙古、安徽、重庆、云南、辽宁等省（自治区、直辖市）。

三、种羊企业发展趋势

（一）羊种业企业饲养的品种类型丰富，供种能够保证产业基本需求

我国羊种业企业饲养的羊品种类型丰富，其用途基本涵盖了与人民生活息息相关的肉、毛绒、皮、乳等产品，羊种业企业的区域性布局与产业格局相符，全国绵羊存栏量的86%分布在环境比较严酷的北方、边疆少数民族地区，山羊分布较广，主要分布在河南、内蒙古和四川等省份，供种能够保证基本生产需求。

（二）民族种业占据主导地位，种源自主可控

与猪、禽、奶牛等畜种不同，我国羊生产以地方品种为主，选育水平和生产性能正逐步提高。肉羊、地毯毛羊、羔裘皮羊、绒山羊的生产以地方品种为主，细毛羊、半细毛羊生产以培育品种为主，引进品种主要作为杂交和新品种培育的父本，其中澳洲白羊、杜泊羊、萨福克羊等主要用于肉用杂交和新品种培育的父本，澳洲美利奴羊等主要用于毛用杂交和新品种培育的父本，东弗里生羊

等主要用于乳用杂交和新品种培育的父本，其本土化程度大幅提升。规模较大的羊种业企业中育繁推一体化企业占据主导地位，以国内资本为主，其中少数种业企业由国有资本控股，种源自主可控。

（三）羊种业企业联合育种逐步推进

羊种业科技优势单位和羊种业头部企业共同成立了以种业企业和科研单位为主体的国家肉羊种业科技创新联盟，建立了以湖羊育种场为主体的全国湖羊联合育种组，制定了湖羊联合育种方案、性能测定方案和性能指数，区域联合育种格局正在形成，逐步推进湖羊联合育种。

（四）企业自主研发能力不断提升

近年来，羊种业企业的平均研发投入比和研发人员占比逐年提高，信息化、智能化系统和设备在性能测定、数据采集与分析等方面的应用比例加大，如天津奥群牧业有限公司自主研发了绵羊胴体性状活体精准测定、绵羊饲料效率智能化测定和绵羊体重体尺高通量测定等表型组高通量精准测定技术和设备，江苏乾宝牧业有限公司采用电子耳标+手持扫描端+APP+PC端相结合对种羊饲养实施全套数字化管理，安欣牧业打造了数字化羊场综合管理平台，企业自主研发能力正在不断提升。

第五章　羊种业发展展望

一、存在问题

（一）品种

国外养羊业发达国家十分重视对已有品种的持续选育和培育新品种。以澳大利亚、新西兰、英国、德国、法国和南非为典型代表，培育出生长发育快、早熟、肉质好、适于本国的专门化肉用父本品种，如萨福克羊、夏洛来羊、杜泊羊、澳洲白羊等；肉毛品质俱佳的南非肉用美利奴羊、德国肉用美利奴羊等；专门提供优质羊毛的超细型美利奴羊；繁殖力高的布鲁拉美利奴羊。近年来，对萨福克羊、夏洛来羊、特克赛尔羊、无角陶赛特羊、杜泊羊、罗姆尼羊、柯泊华斯羊、澳洲美利奴羊等已有品种开展基因组遗传评估，进展显著。

我国已经培育出了一批肉羊品种并在生产中发挥了重要作用，但品种创新与产业发展的需求仍有较大差距，专门化肉用杂交父本种源仍有一定对外依从度，适于规模化、工厂化舍饲生产的专门化肉用母本品种尚为空白。现有地方品种、培育品种和引入品种具有抗逆性强、耐粗饲、繁殖力高、生长速度快、肉质好等一项或多项突出性状，是打造肉羊"中国芯"的种源基础。目前，除对少数品种开展持续选育并取得显著成效外，普遍对地方品种、培育品种选育重视不够，群体一致性差，对引进品种的本土化选育不足，退化现象较为普遍。

（二）育种技术

在育种技术方面，自20世纪90年代，羊业发达国家陆续集成人工智能、红外感应、影像捕获、物联网等技术，研发出智能化装备与性能测定技术，尤其是对活体难以测定的胴体、肉品质等性状，采用X射线断层成像、机器视觉图像等技术开展胴体组分检测，对肉色、肌内脂肪含量、纹理等信息进行分级，实现了绵羊表型组高通量精准测定。在此基础上，从常规育种转向分子标记辅助选择和基因组选择育种。自2010年起，澳大利亚、新西兰、法国、英国等养羊业发达国家先后组建了"千级"乃至"万级"规模的羊基因组选择参考群体，并用基因组育种值（GEBV）进行选种，取得显著遗传进展。同时，澳大利亚、新西兰等陆续研发出5K、12K、50K、600K等不同密度的绵羊育种芯片并应用。由于表型组高通量精准测定和基因组育种技术及产品的广泛应用，育种效率显著提高。

近年来，我国羊育种关键技术研发和应用虽取得了长足进步，但由于缺乏长期连续的支持和企业自主创新能力不强等原因，关键技术的研发和应用明显不足。与国外羊以及国内猪、禽、奶牛相比，羊的基因组选择技术的研发和商业化推广应用均相对滞后，仍处于起步阶段，初步建立几个千级规模具有精准表型的参考群体；性能测定技术手段也相对落后，高通量智能化性能测定设备的自主研发能力不足，严重影响测定效率和准确性，测定数据质量不高；高效繁殖技术尚未全面推广利用，优秀公母羊的遗传潜能难以充分发挥，导致育种周期较长，遗传进展缓慢。

（三）育种机制

在育种体系方面，养羊业发达的国家育种由协会主导，以企业和家庭牧场为主体，建立商业化育种体系，并开展联合育种。我国专业化的育种公司仍处于起步阶段，企业研发投入动力不足，以企业为主体、育繁推一体化的商业化育种体系尚未建立。科技人员成果评价、绩效考核和激励与成果分享机制不完善，与企业利益联结不紧密，产学研深度融合的羊种业联合体和利益共同体还未形成。受疫病、数据的可靠性、利益分配机制等制约，联合育种工作推进较为缓慢。由于独立分散的制种模式，种羊价格无法反映种羊育种价值，重繁轻育现象较为普遍。没有稳定的经费投入和政策扶持机制，育种工作的连续性无法切实保证，核心育种群常因市场波动而流失。

二、发展建议

（一）创新育种体系和机制

构建以"育繁推"一体化羊育种龙头企业为主体、教学科研单位为支撑、产学研深度融合的羊种业创新体系和利益共同体，形成以市场需求为导向的商业化育种模式和育种成果分享机制。建立稳定的经费投入和政策扶持机制，保证育种工作的连续性和稳定性。逐步建立政府与企业和社会资本共同投入的多元化投融资机制，不断激发企业自主创新和育种的驱动力。

（二）加强育种基础设施和公共平台建设

完善育种场的性能测定设施，实现性能测定装备的升级换代，提升性能测定的智能化水平，大幅提高育种数据采集能力和数据质量。支持各类主体建设羊生产性能测定第三方机构，形成以场内测定与测定站（中心）测定结合的性能测定体系。建设羊遗传资源分子特征库和特色性状表型库，构建羊重要经济性状基因挖掘技术平台。建立以国家羊遗传评估中心为依托，指导场内遗传评估，开展主导品种的跨场遗传评估。

（三）研究和突破关键技术

创新羊胚胎、配子、干细胞、基因等保存方法，建立多种保存方式相互配套的遗传资源保存技术体系。研发高通量、智能化、自动化的表型组精准测定技术与装备，建立高通量表型组精准测定技术体系。解析繁殖、饲料效率、生长、抗病、抗逆、产品品质等重要经济性状的遗传机理，挖掘有利用价值的关键基因和遗传变异。分类别建立主导品种的大规模基因组选择参考群体，研发基因组选择技术，设计专门、高效、低成本的羊育种芯片，开发配套遗传评估技术。创新应用现代繁殖新技术，高效扩繁优异种质，提高制种效率。

（四）开展品种创新与持续选育

肉羊，以繁殖力和饲料利用效率为重点，选育适于舍饲的专门化母本品种；以生长速度、饲料转化效率、产肉量和肉质为重点，选育专门化肉用杂交父本品种。持续开展已有品种的本品种选育，对市场占有率高的湖羊等品种开展联合选育。毛（绒）用羊，在细毛羊和半细毛羊选育上，重点提高羊毛产量、羊毛综合品质和群体整齐度，兼顾肉用性能和繁殖性能，持续开展联合育种。在绒山羊选育上，重点提升羊绒品质和羊绒产量，改善群体整齐度。在地毯毛羊和裘皮羊等其他用途羊选育上，深入挖掘优良特性，加强本品种选育。乳用羊，重点提高产奶量、乳品质和泌乳持久力，乳用绵羊兼顾肉用性能和繁殖性能，开展DHI测定，推进联合育种。保护品种，在加强保种的同时逐步提高其特色性状的遗传水平和整体生产水平。

（五）构建肉羊杂交生产体系

杂交能够充分利用杂种优势，聚合不同品种的优良性能，目前澳大利亚、新西兰等国家，商品羊生产普遍采取多元杂交模式。肉羊生产可采取二元或三元杂交生产形式，提高商品羊的产肉、肉质等水平。采取高产终端父本与优质母本羊杂交产生高产优质后代商品羊，澳大利亚和新西兰等国构建了完善的肉羊杂交生产系统，利用高产特克塞尔羊、杜泊羊、澳洲白羊等终端父本与纯种母本或二元杂交羊为母本生产高产优质商品羊，后代羊表现出早期生长快、肉质优良，这也是生产高档羔羊肉的重要基础。我国主要利用杂交开展新品种培育，商品羊杂交生产体系尚不健全、完善和系统，需要构建高效系统的杂交生产体系，提高我国商品羊的生产水平和质量。

（六）加强布鲁氏菌病等重要疫病的防控，提升生物安全水平

建立种羊场布鲁氏菌病等重要疫病综合防控和生物安全技术体系与规程，制定布鲁氏菌病等重要疫病综合防控和生物安全技术标准，研发布鲁氏菌病等重要疫病监测设备。加大力度支持布鲁氏菌病等重要疫病净化场和示范场建设，加强对育种场的布鲁氏菌病等重要疫病的防控管理，提升育种场生物安全水平，确保种源生物安全。

三、未来展望

育种决定未来，种业振兴企业是主体，机制是保障，技术是支撑，品种是核心。下一步应构建以企业为主体的商业化育种体系，突破制约羊种业的关键共性技术瓶颈，打造国际一流水平的育种技术平台，培育具有自主知识产权的突破性新品种和特色新品系，孵化、培育和壮大一批具有核心创新能力的一流企业，提升我国羊种业领域创新能力与核心竞争力，为实现羊种业和产业高质量发展提供强有力支撑。

肉鸭篇

第一章　肉鸭种业发展概况

鸭肉是优质动物蛋白产品，也是我国第三大肉类食品。我国是全球肉鸭生产第一大国，但是，此前很长一段时间，我国白羽肉鸭自主育种能力、种鸭生产性能与国外差距较大，白羽肉鸭市场几乎被引进品种垄断，种业"芯片"牢牢被国外公司把控。2018年以后，这种局面得到了有效扭转，随着中畜草原白羽肉鸭、中新白羽肉鸭、强英鸭、京典北京鸭等品种的相继问世，自主培育白羽肉鸭品种逐渐掌握了话语权。而温氏白羽番鸭1号和中畜长白半番鸭的成功培育，使肉鸭品种市场更加丰富，可以满足不同企业的生产需要，以及消费者对产品多元化的特殊需求。

一、发展概况

近年来，我国肉鸭产业稳步发展，肉鸭饲养总量已经超过40亿只。中国畜牧业协会统计结果显示：2022年白羽肉鸭出栏33.20亿只，产鸭肉759.45万吨，同比减少5.17%；番鸭、半番鸭出栏2.13亿只，产鸭肉52.09万吨，同比减少7.95%；麻鸭出栏4.69亿只，产鸭肉61.56万吨，同比减少10.66%；淘汰蛋鸭出栏1.05亿只，产鸭肉11.09万吨，同比减少27.32%。白羽肉鸭、番鸭、半番鸭、麻鸭出栏量总计40.02亿只，白羽肉鸭、番鸭、半番鸭、麻鸭、淘汰蛋鸭产鸭肉量总计884.20万吨，同比减少6.10%。

我国肉鸭遗传资源丰富，在38个地方鸭遗传资源中有肉蛋兼用型品种20个，肉用型品种2个。在多年生产中，企业根据市场需求引进了多个高产肉鸭配套系，例如樱桃谷鸭、南特鸭、枫叶鸭、奥白星鸭；企业与科研院所合作成功培育并通过国家审定的肉鸭配套系有11个（表7-1），其中白羽肉鸭配套系9个，番鸭、半番鸭配套系2个；此外，麻羽肉鸭新品种培育也取得了重要进展，其中"武禽10号"肉鸭配套系通过国家审定，"天府农华麻鸭"等麻鸭品种已经开展了相关品种审定工作。

表7-1　通过国家审定的肉鸭配套系

配套系名称	培育单位	通过国家审定时间
三水白鸭	广东省佛山市联科畜禽良种繁育场 华南农业大学	2003年
仙湖肉鸭	佛山科学技术学院	2003年
南口1号北京鸭	北京金星鸭业有限公司	2005年
Z型北京鸭	中国农业科学院北京畜牧兽医研究所	2006年
中畜草原白羽肉鸭	中国农业科学院北京畜牧兽医研究所 内蒙古塞飞亚农业科技发展股份有限公司	2018年
中新白羽肉鸭	中国农业科学院北京畜牧兽医研究所 新希望六和股份有限公司	2019年
强英鸭	安徽农业大学 安徽强英鸭业集团	2020年
温氏白羽番鸭1号	温氏食品集团股份有限公司 华南农业大学 广东温氏南方家禽育种有限公司	2020年
京典北京鸭	北京南口鸭育种科技有限公司 中国农业大学 北京金星鸭业有限公司	2021年
武禽10肉鸭	武汉市农业科学院 华中农业大学	2022年
中畜长白半番鸭	中国农业科学院北京畜牧兽医研究所 吉林正方农业股份有限公司	2022年

二、肉种鸭供种能力

据中国畜牧业协会统计，2022年我国在产祖代白羽肉鸭存栏量约为51.21万套，比2021年减少7.19%（图7-1），其中国外引进品种约3.10万套，占总量的6.05%，国内自有品种（樱桃谷鸭、北京鸭、草原鸭、中新鸭、强英鸭等）约48.11万套，占祖代总量的93.95%（图7-2），国内品种市场占有率明显提高。2022年在产父母代白羽肉鸭存栏量约为1 595.61万套，比2021年增加17.36%（图7-3），父母代产能充足。

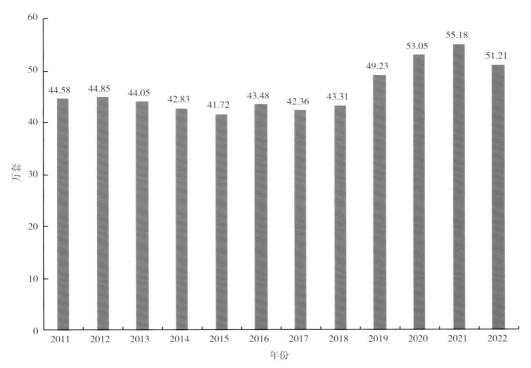

图7-1　2011—2022年祖代白羽肉鸭存栏量

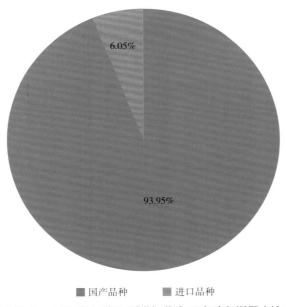

图7-2　2022年国产和引进祖代白羽肉鸭存栏量占比

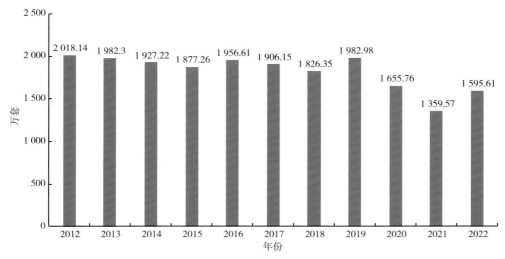

图7-3　2012—2022年在产父母代白羽肉鸭平均存栏量

三、肉种鸭产销情况

2022年上半年肉鸭产业受市场需求低迷影响，父母代雏鸭销售不畅，产能利用率不高，下半年市场明显好转，产能利用率提高，2022年全国父母代白羽肉鸭苗总销量约为2 302.17万套，同比增加25.23%（图7-4）；平均销售价格为16.06元/套，比2021年下降了0.58元/套，同比降幅3.5%，生产父母代鸭苗实现盈利4.99元/套。受新冠疫情影响，2022年商品代鸭苗销售量为34.95亿只，同比减少5.16%（图7-5），生产商品代鸭苗实现盈利0.63元/只。

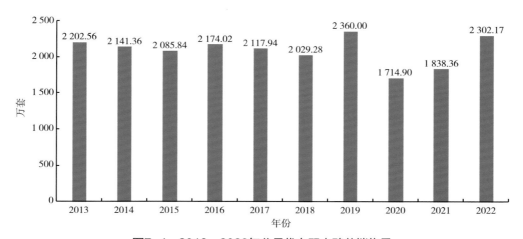

图7-4　2013—2022年父母代白羽肉鸭苗销售量

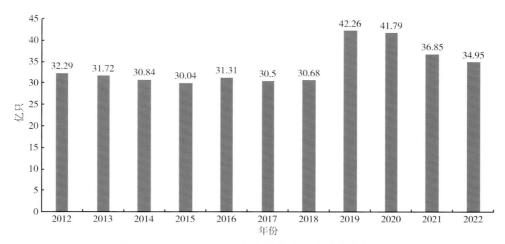

图7-5　2012—2022年商品代白羽肉鸭苗销售量

四、品种推广情况

内蒙古塞飞亚农业发展股份有限公司以肉鸭绿色养殖技术为依托，自2018年开始大量推广中畜草原白羽肉鸭，2022年受新冠疫情的影响，共生产草原鸭祖代鸭苗22万只，向市场推广祖代鸭苗4.5万只，生产父母代种鸭400万只，向市场推广父母代种鸭326.6万只，生产与推广草原鸭商品代6亿只，公司年新增经济效益2.21亿元，辐射带动当地经济总体增长。

国家水禽产业技术体系在河北省沧州地区开展肉鸭绿色发展技术模式研究示范工作，2022年推广免填饲"Z型北京鸭"近5 000万只，用技术支撑推进当地烤鸭坯产业的发展，目前已带动献县烤鸭全产业链从业人员1万余人，每年为献县及周边创造收入1亿元以上，带动地方经济发展成效凸显。

安徽强英集团现拥有核心育种场（原种场）1个，良种扩繁场（祖代种鸭场）1个，孵化中心1个。通过种源引擎，强英鸭已辐射至山东、内蒙古、河南、广西、江苏、河北、福建、辽宁等省区。作为大众烤鸭专用品种，2021年京典北京鸭父母代种鸭中试推广量就达到10万只，随着品种选育工作的持续推进，京典北京鸭的生产性能将更加稳步，其市场推广量有望进一步增加。

在地方品种推广方面，湖南临武舜华鸭业发展有限责任公司实施"公司+合作社+农场"的标准化种养模式，已建成临武鸭祖代鸭场1个、养殖试验场1个、鸭苗孵化场4个、大型养殖农场236个，带动临武鸭养殖农户5 000多户，公司年加工临武鸭达到1 200万只。

第二章　肉鸭种质资源保护与利用

一、遗传资源普查

农业种质资源是国家战略性资源，事关种业振兴全局。2021年农业农村部印发了全国农业种质资源普查工作方案，要求利用3年时间全面完成农作物、畜禽和水产资源普查，摸清资源的种类、数量、分布和性状等家底，抢救性收集保护一批珍稀、濒危、特有资源，实现应收尽收、应保尽保，这对于实现种业科技自立自强、种源自主可控、打好种业翻身仗、推进种业振兴意义重大。

二、遗传资源保护体系

经过多年探索和实践，我国已形成较为完善的畜禽遗传资源保护体系，建成了国家级和省级畜禽遗传资源保种场、保护区、基因库，保护能力位居世界前列，分别在江苏泰州和福建石狮建立了国家水禽品种资源基因库，有效保护了水禽品种的地方特色和遗传多样性。2021年年底，由中国农业科学院北京畜牧兽医研究所承建的国家畜禽种质资源库正式立项，项目总建筑面积1.4万平方米，保存品种可突破2 500个，超低温保存精液、胚胎、细胞等遗传材料可以超过3 300万份，力争建成全球保存畜禽种质资源总量最多、品种最全、体系最完整、智能化水平最高的国家畜禽种质资源库，打造畜禽种质资源战略保存的"全球库"，成为世界领先的畜禽种质资源创新中心，实现我国畜禽种质资源长期战略保存的核心功能，为我国现代种业自主创新和畜牧业高质量发展提供强有力的支撑。

在地方保种层面，2018年，"广东省畜禽地方品种保护与开发利用提升工程"项目获得广东省农业农村厅批准立项，依托华南农业大学建设畜禽种质资源库，总投资5 000万元。目前，资源库保存广东省内外45个畜禽品种的遗传物质近10万份，实现了对《广东省畜禽遗传资源保护名录》（2017年）中20个畜禽地方品种全覆盖、多方法保存，水禽品种包括中山麻鸭、马冈鹅。未来5年内，资源库计划保存华南地区以及国内代表性地方畜禽遗传物质20万份以上。通过开放共享，广东省畜禽种质资源库可以为广东省科研单位、种业企业提供遗传物质保存与恢复、保种和育种技术、遗传材料、表型与基因型数据等全方位服务。资源库的建设加强了广东省畜禽种质资源保存常态化的技术和业务交流，广东省保种与育种技术也将进一步提升。在此基础上，广东省已获批建设"国家区域性畜禽基因库"，该基因库建设完成之后，将在全国畜禽种业振兴中发挥更大的基础性支撑作用。

三、种质资源开发利用

为推动肉鸭种质资源开发利用，国家水禽产业技术体系开展了大量工作：一是致力于构建全球鸭泛基因组，进一步完善鸭基因组序列和挖掘优异种质资源；二是在北京鸭中鉴定到正向调控皮脂沉积能力的优异功能基因及突变位点，并验证多不饱和脂肪酸相关基因的启动子区域，为培育高附加值的功能性北京鸭新品种奠定了坚实的基础；三是开展肉鸭产肉性能和产蛋性能的转录组学研究，探讨黑番鸭、北京鸭的生长、高产蛋与低产蛋性能的基因调控差异，解析黑番鸭、北京鸭产蛋、生长、饲料利用率等重要性状的分子构成，鉴定具有重要应用价值的新基因；四是从群体遗传结构、近交系数增量和生产性能等方面对不同世代鸭群体开展遗传监测，确定重要遗传资源保种和利用的模式；五是检测了地方鸭品种广西小麻鸭、靖西大麻鸭和融水香鸭体尺体重相关数据，评价不同鸭品种生长性能特点；六是根据玉林乌骨鸭的特点，记录相关数据，制定选育方案，目前玉林乌骨鸭皮肤、肌肉、骨头和大部分内脏都有明显的黑色素沉积。

第三章 肉鸭种业创新攻关

一、肉鸭育种联合攻关

2019年，农业农村部发布《国家畜禽良种联合攻关计划（2019—2022年）》，总体思路是：以农业供给侧结构性改革为主线，以提升畜禽核心种源自给率、培育自主品种为目标，以市场为导向、品种为载体、企业为主体、科研为支撑，加强畜禽种业理论创新、技术创新、品种创新和制度创新，创建资源共享、多元投入、获益分享、人才交流的联合攻关机制，构建适合我国国情农情、产学研深度融合的畜禽种业自主创新体系，推进我国由种业大国向种业强国的历史性转变。

虽然计划中的重点任务并不包括肉鸭育种，但是肉鸭育种院企合作联合攻关早已开展，并且取得明显的成效，中畜草原白羽肉鸭和中新白羽肉鸭的成功培育和大范围推广正源于此。在中国农业科学院北京畜牧兽医研究所与新希望六和股份有限公司对中新白羽肉鸭育种联合攻关过程中，研发团队实现了肉鸭育种技术的一系列自主创新，无论是抗病育种、提升繁殖性能，还是提高生产效率高附加值产品产出率等经济价值，拥有自主知识产权和创新能力的中新白羽肉鸭，已经具备针对中国市场需求和国人消费特点定制研发、持续迭代的能力。

北京鸭种质创制及品种选育联合攻关项目是由北京南口鸭育种科技有限公司牵头，中国农业大学、中国农业科学院北京畜牧兽医研究所、北京金星鸭业有限公司、北京首农未来生物科技有限公司、中关村国科现代农业产业科技创新研究院共同参与，项目目标是通过建立北京鸭基因组选择育种平台，培育新配套系1～2个，使肉鸭生产性能达到国内领先水平，推广优质北京鸭配套系父母代种鸭50万只，带动北京及周边优质肉鸭生产1亿只以上。

温氏食品集团股份有限公司通过与华南农业大学、广东恒健基金等合作组建广东畜禽种业集团，希望借助平台优势做大做强肉种鸭产业。为打造"产学研用一体化"样板工程，探索"产学研用联合体"机制，2022年河南旭瑞食品有限公司、四川农业大学、河南牧业经济学院等6家育种联合体单位成功申报了河南省农业良种联合攻关项目——肉鸭配套系种质创制及品种选育，目标是培育出具有国际竞争力的黄河土鸭新品种，这一项目落地实施，使得肉鸭育种在"产教研用"校企深度融合上又向前迈出了坚实的一步，也将加快河南优质肉鸭新品种培育步伐。

二、肉鸭遗传改良计划

为推动水禽种业创新，加快培育自主品牌，提升国际竞争力和影响力，实现部分水禽品种并行、领跑，农业农村部出台了《全国水禽遗传改良计划（2021—2035）》，主攻方向是提高水禽育种效率与品种生产效率。其中，瘦肉型肉鸭以满足市场对分割鸭肉产品的需求为主要目标，重点选择体重、饲料转化率、胸肉率、腿肉率、皮脂率性状；烤炙型肉鸭以满足我国不同区域对烤鸭品质的需求为主要目标，重点选育体重、皮脂率、胸肌率和肉品质性状；优质型肉鸭以满足我国不同区域市场需求为主要目标，选择以连城白鸭、临武鸭、吉安红毛鸭、三穗鸭、麻旺鸭等为遗传基础，开展专门化品系选育，建立高效繁育体系。在水禽遗传改良计划的推动下，瘦肉型肉鸭的主要生产性能指标饲料转化率、烤炙型肉鸭的皮脂率、优质型肉鸭的综合生产效率都得到了有效提高，遗传进展明显。

三、新审定品种

武禽10肉鸭配套系是武汉市农业科学院畜牧兽医研究所家禽团队以我国地方良种连城白鸭为基础，引入丽佳鸭、奥白星等遗传资源，创新应用羽色、皮脂率、繁殖率等性状的先进选育技术，历经14年攻关培育而成，是国内首个利用地方优良资源培育的中小体型优质肉鸭新品种。该鸭具有乌嘴青脚白羽等显著外貌特征，肉品质优良，是肉鸭深加工主选品种，也是适合我国南方"稻—鸭—虾"综合种养模式的品种。

为了解决制约我国鸭肥肝产业发展的半番鸭品种长期依赖进口问题，中国农业科学院北京畜牧兽医研究所研究团队与吉林正方农牧股份有限公司历经10年攻关，通过创建应用后裔测定、超声波测定、基因组选择等育种新技术，育成了中畜长白半番鸭配套系，并通过国家审定，这是国内自主培育的第一个肥肝用半番鸭品种，打破了国外品种的垄断。中畜长白半番鸭的肥肝重量达到670克/只，料肝比为16.3∶1，种鸭66周龄产蛋235个，主要生产性能指标国际领先，年出栏量超过2 000万只，在国内肥肝鸭市场的占比迅速提高到40%左右。

第四章 肉鸭种业企业扶优

一、企业发展的扶持政策

中央全面深化改革委员会第二十次会议审议种业振兴行动方案时强调，要强化企业创新主体地位，加强知识产权保护，优化营商环境，引导资源、技术、人才、资本等要素向重点优势企业集聚。党的二十大也提出企业是科技创新主体，这使得企业在国家创新体系中的地位、角色、使命、任务都发生了很大变化。企业不仅是技术创新主体，需要解决技术问题，同时也是产品创新主体，发达国家畜禽种业创新都是采取以企业为主体的商业化育种模式，其成功模式值得我们借鉴。

实现种业科技自立自强、种源自主可控，必须把扶优企业作为打好种业翻身仗的关键一招，摆上种业振兴行动的突出位置，从而打造一批具有核心研发能力、产业带动能力、国际竞争能力的航母型领军企业、"隐形冠军"企业和专业化平台企业，加快形成优势种业企业集群。为此，国家和地方畜牧主管部门都相继出台了一系列扶持种业企业发展的配套政策，尤其是要把阵型企业作为扶优的重点对象，这些积极政策将有效推动肉鸭种业企业创新发展。

二、种业基地现代化水平

经过多年的积累、完善和提高，目前国内肉鸭种业基地的软硬件条件都有了显著的改善，技术水平和手段不断提高，支撑着肉鸭育种事业不断取得突破。为更好开展中畜草原白羽肉鸭选育和扩繁工作，内蒙古塞飞亚农业科技发展股份有限公司专门投资建立了现代化肉鸭育种基地——赤峰振兴鸭业科技育种有限公司，育种场占地130亩，建有育雏室、育成舍、产蛋舍、孵化室、饲料转化效率测定舍、种鸭个体产蛋性能测定舍等研究设施。中畜草原鸭配套系经过持续不断的科学选育，祖代、父母代种鸭和商品肉鸭各项性能指标及抗病能力达到或超过了研发预期目标，提升了国内肉鸭育种企业的核心能力，解决了从国外引种的瓶颈问题，降低了肉鸭企业的生产成本，推动了企业发展和肉鸭行业升级。

北京南口鸭育种科技有限公司是目前国内最大的北京鸭良种繁育基地，公司从2017年开始与中国农业大学合作，采用最新的基因组选择技术开展育种工作，目前拥有北京烤鸭专用品系5个，北京鸭资源群7个，年推广烤鸭专用种鸭约50万只。温氏食品集团股份有限公司建立有完善的畜禽育种技术体系和丰富的品种素材库，公司很早就开展番鸭纯系选育工作，目前针对白羽番鸭和黑羽番鸭培育出若干个纯系，温氏白羽番鸭1号于2020年通过国家新品种审定。武汉市农业科学院畜牧兽医研究所建有湖北省水禽良种繁育工程技术中心、水禽育种实验基地，2022年自主研发的武禽10肉鸭通过国家新品种审定。

三、核心育种场（基地、站）遴选

在2021年国家畜禽核心育种场、良种扩繁推广基地遴选中，北京南口鸭育种科技有限公司、赤峰振兴鸭业科技育种有限公司、黄山强英鸭业有限公司、利津和顺北京鸭养殖有限公司被遴选为国家水禽核心育种场，利津六和种鸭有限公司、内蒙古桂柳牧业有限公司、黄山强英鸭业有限公司、河北乐寿鸭业有限责任公司种鸭繁育分公司、江苏桂柳牧业集团有限公司被遴选为国家水禽良种扩繁推广基地。2022年山东省畜牧兽医局组织开展了第一批省畜禽核心育种场、良种扩繁推广基地遴选工作，利津中新鸭养殖有限公司入选山东省肉鸭核心育种场，与此同时，广东温氏南方家禽育种有限公司仁马种鸭场于2022年入选广东省水禽核心育种场。

四、国家肉鸭种业阵型

为深入实施种业企业扶优行动，支持重点优势企业做大做强做优，农业农村部组织开展了国家种业阵型企业遴选工作，以加快构建"破难题、补短板、强优势"企业阵型。2022年7月21日，农业农村部办公厅公布了国家畜禽种业阵型企业名单，其中北京南口鸭育种科技有限公司、内蒙古塞飞亚农业科技发展股份有限公司、安徽强英鸭业集团有限公司、山东新希望六和集团有限公司、山东和康源生物育种股份有限公司、湖南临武舜华鸭业发展有限责任公司、广西桂林市桂柳家禽有限责任公司入选强优势阵型企业，这些企业的努力方向是聚焦优势种源，加快现代育种新技术应用，巩固强化育种创新优势，完善商业化育种体系。

五、头部企业进一步强化竞争优势

目前国家正在扶持打造一批领军种业企业，重点支持一批有科研创新能力、有市场竞争优势的种业企业加快兼并重组，扩大企业规模和综合实力，支持特色企业做优做精，支持种苗繁育企业发展，提升种苗推广应用覆盖率。此外，还支持企业加强国际合作交流，在境外设立研发中心，申请境外知识产权保护，开拓国际市场。

北京南口鸭育种科技有限公司专门从事北京鸭育种、种鸭生产销售，拥有国内最大的北京鸭良种繁育基地，拥有北京烤鸭专用品系5个，北京鸭资源群7个，公司依托北京首农集团的资源和资金优势，从2017年与中国农业大学开展合作，开始采用最新的基因组选择技术，将公鸭、母鸭的基因组重测序，构建了第一个北京鸭基因组选择技术体系，参考群体规模达到14 000只以上，并全面开展全基因组选择育种，显著加快了繁殖性状、肉品质等性状的育种进展。此外，首农集团联合中信农业等，于2017年全资收购英国樱桃谷农场，加快我国白羽肉鸭在全球种业的布局，支撑我国肉鸭种业完全实现自主可控并迈向高质量发展。

第五章　肉鸭种业发展展望

一、存在问题

经过十多年的不懈努力，我国肉鸭育种工作已取得了明显成效，尤其是良种繁育体系的建立和杂交利用体系的推广，为现代肉鸭产业发展奠定了坚实的基础。但是，我们在肉鸭育种人才、设施设备、方法和技术等软硬件条件方面与发达国家还存在一定差距，需要引起相关部门重视以及肉鸭育种工作者长期不懈努力，巩固现有研究成果，总结经验和不足，不断创新提高，促进我国肉鸭育种再上新台阶。

（一）肉鸭品种结构不均衡

我国地方鸭遗传资源丰富，但是利用程度低，科学而合理的种质资源保护与开发利用体系有待建立。与肉鸭产业快速发展不相适应的是，我国商品化生产的肉鸭品种相对单一，以白羽肉鸭为主，专门化品种培育相对滞后，无法完全满足不同地区、不同饮食习惯消费者的特殊偏好，以及日趋多元化的消费市场需求。在我国肉鸭养殖结构中，白羽肉鸭占比达到80%以上，而种质资源丰富、产品特性突出的地方麻鸭市场占比并不高。地方麻鸭品种肉品质好，是制作咸水鸭、酱鸭等食品的传统原料，但是由于选育水平较低，繁育体系不健全，在樱桃谷鸭等高产品种的冲击下，麻鸭市场大幅萎缩，麻鸭品种很难进行商业化养殖和推广，很多处于保种状态。

（二）培育品种市场占有率不高

在樱桃谷鸭、奥白星鸭、枫叶鸭、南特鸭相继进入我国后，引进白羽肉鸭品种迅速占领了瘦肉型肉鸭市场，成为制作咸水鸭、卤鸭、酱鸭的主要原材料，并形成垄断格局。在中畜草原白羽肉鸭、中新白羽肉鸭、强英鸭等品种培育成功并大量推广之后，打破了引进品种主导市场的格局，但是，自主培育品种性能需要进一步实现突破。

（三）企业核心竞争力不强

我国家禽遗传资源主要掌握在科研机构，此前从事家禽育种的主要是高校及科研院所科技人员，通过科研立项和资金支持的形式开展工作，结果并不理想，很多是项目通过验收、品种通过审定后没有后续的选育和提高，导致品种生产性能严重退化，不能适应市场需求，商业价值无从体现，资源浪费相当严重。欧美等发达国家家禽育种走的是以企业为主的商业化育种道路，我国肉鸭商业化育种起步晚，资金和人才资源有限，育种设施落后，导致企业的育种效率低，育种素材创新能力不足，育种新技术应用程度低，企业缺乏核心竞争力，以企业为主体的肉鸭育种机制还有待加强。

（四）前沿育种技术创新不足

近年来，肉鸭育种技术取得了长足发展，快速推动了肉鸭遗传进展。过去我国肉鸭育种使用的是建立在数量遗传学基础上的常规育种技术，根据不同品系肉鸭的特性、培育目标等，采用表型选择、家系选择和综合指数选择等培育肉鸭新品种，需要观察的性状指标达到80个左右，要通过品系间杂交等解决繁殖效率与抗逆、抗病、产肉效率之间的矛盾。目前我国肉鸭育种以常规育种技术为主、生物育种技术为辅，但是很多育种企业受技术力量限制，育种工作仍以经验为主，育种手段主观判断多、定量测定少，导致遗传进展缓慢，育种效率较低。目前我国生物育种技术储备不足，短期内很难在肉鸭生物育种方面取得突破性进展。

（五）育种专业技术人才缺乏

家禽育种对技术要求高，技术人员不仅要有丰富的工作经验，而且还要有对于先进技术和前沿方向的把握能力。目前国内从事家禽育种的专业团队以蛋鸡和肉鸡为主要方向，长期从事肉鸭育种的除了中国农业科学院北京畜牧兽医研究所水禽育种团队外，其他高校和科研院所的肉鸭育种团队技术人才相对缺乏、技术储备不足，与商业化育种对于人才的要求仍有一定差距，在种业振兴的时代背景下，高校和科研院所要与内蒙古塞飞亚农业科技发展股份有限公司、新希望六和股份有限公司、北京南口鸭育种科技有限公司等肉种鸭企业深度合作，采取产学研相结合方式联合培养肉鸭育种专业人才，以满足企业发展需求。

（六）品种持续选育力度不够

由于育种工作是一项耗资巨大的工程，此前由高校和科研院所开展的育种工作，由于经费投入限制，不得不降低选育进度，而且很多项目没有持续性，达到项目要求后就不再开展后续研究，导致品种退化严重，不能满足商业化生产需要。如果行业管理部门能够对现有资源进行适当整合，科学合理地进行经费支持，对于加快育种进程将会起到决定性作用。肉鸭育种企业除了要有育种设施和技术人才的保障外，还要做好长期的资金投入准备，这样才能做到培育品种的持续不断选育。

二、发展建议

（一）加强资源保护，探索资源利用新途径

我国历来重视畜禽遗传资源保护工作，《中华人民共和国畜牧法》对畜禽遗传资源保护机制作出明确规定：国家建立畜禽遗传资源保护制度，开展资源调查、保护、鉴定、登记、监测和利用等工作。肉鸭遗传资源是产业可持续发展的基础，提高肉鸭种业水平是肉鸭产业升级的关键因素。要坚持保护优先、高效利用的原则，加大肉鸭遗传资源保护力度，通过组建遗传资源保护与利用战略联盟，创新资源保护和利用协作机制，集聚高校、科研机构、企业的技术力量加强肉鸭遗传资源保护、利用的基础研究，提高科技创新能力，通过政府推动、企业为主体、产学研相结合的方式加强资源共享和可持续利用，将资源优势转化为产业优势、产品优势、市场优势，从而实现保护与利用的有机结合。

（二）制定中长期育种规划

2022年中央一号文件提出：要大力推进种源等农业关键核心技术攻关，全面实施种业振兴行动方案，启动农业生物育种重大项目。推动肉鸭种业高质量发展是一项重要任务，行业主管部门要有明确的育种规划和目标，企业根据市场需求和自身的优势找准方向和定位。利用我国丰富的遗传素材，在充分引进优秀品种、消化吸收国际先进育种技术的基础上，找到与国际接轨的切入点，创制或改进一批优质、高效、特色肉鸭配套系或品系，培育具有国际竞争力的优质高效肉鸭新品种（配套系），更好地保护我国丰富的遗传资源，促进肉鸭种业可持续发展。建议相关部门将肉鸭育种项目列入国家重大专项、国家重点研发计划、生物育种专项计划等，进行项目资金的持续资助，培育和壮大肉鸭育种科技队伍，增强育种企业的综合实力，推动我国肉鸭育种重大科学问题和核心技术攻关，使政府的科技投入与肉鸭行业对社会发展的贡献相匹配。

（三）加强育种技术基础研究

世界种业发展经历了原始驯化选育、常规育种、分子育种的演进过程。近年来，基因编辑、新一代测序等新型生物技术与图像识别等信息技术融合发展，推动育种技术进入"生物技术+信息技术+人工智能"的"4.0时代"。当前国外顶尖肉鸭育种公司已经采用基因型选择、基因组选择等技术提高鸭的饲料转化效率，培育生长快、肉质好的肉鸭。在行业转型升级与高质量发展背景下，企业与消费者对肉鸭品种提出了更高的要求。

国家"十四五"规划纲要明确提出：要推动生物技术和信息技术融合创新，加快发展生物育种等产业，做大做强生物经济。根据国外经验，我国肉鸭育种技术要坚持自主创新与引进相结合，研发适合我国特色的新型肉鸭分子育种技术，并结合传统的杂种优势技术、疾病净化技术、环境控制技术、个体生产性能测定技术等，进一步深入研究和开发集成基因组选择与基因编辑技术、抗病与品质育种技术等新技术，实现肉鸭育种核心技术和支撑技术的全面升级，在此基础上培育引领行业

发展方向的高生产性能、高生产效率的肉鸭品种，促进肉鸭行业高质量发展。

（四）以消费为导向创新品种

我国居民素有消费鸭肉的传统，目前鸭肉已经成为第二大禽肉产品，消费市场潜力大。不同地区的消费者对鸭肉产品形式和风味有独特要求，随着经济社会发展和人们生活水平提高，消费者更加重视品牌效应，而且对产品口感的要求高居前列，品质消费已成为肉鸭产品市场开发的新动力。如今年轻一代开始引领新的消费习惯和方式，对肉鸭产品的多元化开发提出了更高要求。在肉鸭种业发展进程中，要高度重视对地方品种的保护，确保遗传资源丰富性和独特性，在此基础上培育符合不同区域消费习惯的特色品种，为传统风味美食提供优质食材。要紧盯肉鸭消费市场需求，根据市场变化培育具有鲜明特色的专门化品种，要深入探索风味物质等优质性状的选育方法，满足餐饮、家庭消费和食品加工企业等不同场景对肉鸭产品的需求。

（五）以行业变化作为方向指引

经过多年发展，我国肉鸭养殖模式实现了由地面平养、网上平养向笼养方向转变，虽然网上平养占比仍然很高，但是在山东、安徽等肉鸭主产省，已经有规模化企业在推广应用笼养模式，在养殖用地紧张和养殖用工短缺的背景下，肉鸭笼养有望成为主流模式。因此，育种工作者要根据肉鸭养殖模式变化，及时调整育种设施设备和选育指标，培育适合不同养殖方式的专门化品种，实现肉鸭品种与养殖模式最佳匹配，更好地发挥肉鸭生产性能。此外，肉鸭产品形式多样，半成品、熟食品、休闲食品、即食食品的加工工艺不尽相同，对肉鸭品种有不同的要求，这也是育种工作需要考虑的方向。

（六）打造完善的育种组织体系

欧美发达国家的经验表明，完善的育种组织体系是成功育种的重要保障，但是育种组织体系涉及政府管理部门、行业协会、技术推广机构、育种企业、科研单位等，是一个复杂的系统工程，需要全国统一规划，通过多种渠道共同努力、大规模协作才能完成。为实现我国肉鸭种业可持续发展，要结合中国特色建立具有权威性的专门化育种组织，制定统一开展育种工作所需的各项规章、协调各个组织之间的关系、收集和发布育种数据和信息、监督各项育种工作的规范开展，通过标准化育种全面提高育种效率。要围绕产学研用深度结合创新育种组织方式，加强科企融合，联合建立现代化育种平台，激发内生动力，形成多方协同创新机制。要加速育种技术应用，实现新品种的高效扩繁、市场化推广、产业化开发，打造具有国际竞争力的肉鸭品种和品牌。

（七）强化持续选育的理念

衡量一个优良肉鸭品种的重要标准是生产性能持续稳定发挥，这要建立在对品种持续选育的基础上，培育品种要经受住市场考验，育种公司持续投入和不断选育提高是重要保障。培育品种通过国家审定是育种工作的起点，不是终点，只是取得了进入市场推广应用的通行证，还需要通过市场的反复检验，总结工作中的不足，根据市场反馈不断选种，持续加强饲料转化效率、繁殖性能、抗病力等指标的选育，强化持续选育理念，持续提升品种竞争力，扩大市场占有率，在激烈的市场竞争中争取主动，才能赢得立足之地。当然，这需要科研院所与企业紧密结合，充分发挥各自的优势，从而实现互利互惠，发展共赢。

三、未来展望

我国肉鸭种业发展需要立足现实，着眼长远，在宏观上进行引导，从源头上进行规划，找到一条适合中国国情的发展道路。要推进种业科技自立自强，对技术、人才、资源、资本等创新要素具有较高集成组装能力，使科研、生产、市场、投资等都能找到相应接口，加快种业创新成果快速产出和成果转化。要紧跟世界畜禽种业发展前沿，集中优势力量，集聚各方资源，打造专业人才队伍，建立高水平专业化育种平台。

未来肉鸭育种仍要坚持常规育种与生物技术育种相结合的做法，扎实做好常规育种的基础工作，重点探索生物育种新技术，依靠信息技术做好数据分析，对有用的数据提取分类，实现育种数据的全方位、全覆盖和有效整合，批量快速分析与评价，提高育种基础数据采集的准确性。在获得海量基因信息后，可将优质基因提取出来，为新品种创制提供强大的基础支撑。